U0050078

餐飲管理

重點整理、題庫、解答

陳堯帝、王佳鳳、許雄傑◎編著

餐旅考試用書　　　　　**2nd edition**

序

　　餐飲觀光是未來趨勢，與餐飲、觀光有關的相關科系更成為重點科系。隨著台灣的產業結構服務業比例逐漸增加，人們也開始重視生活的品質，加上國際化商業活動頻繁，使得餐旅產業除了面臨國內生活品質提升的要求外，亦必須接待國際的商務旅客，為了因應總體環境的改變，業界除了致力提升競爭力外，對餐旅專業人才的需求更是求才若渴。

　　餐旅產業的涵蓋面很廣，包括：旅館、餐廳、主題遊樂區、休閒業、風景區、旅行業、航空服務業、廚藝製備……等。因應需求，國內相關科系的課程設計共分為三大學群：休閒群（包括休閒系、運動健康休閒系、旅運系、航空服務系等相關科系）、餐旅群（包含旅館管理系、餐飲管理系等相關科系）、廚藝群（包含中餐廚藝系、西餐廚藝系、烘焙管理系等相關科系）；課程的設計除了加強餐旅基本學理外，亦配合各群的專業需求開設專業課程，更加強人際溝通、服務品質、外語能力、資訊能力；部分學校更採三明治教學，使學生透過校外實習，讓學生提早適應產業界的運作。

　　目前國內已有許多餐旅類的碩士班，提供餐旅群的畢業生進修管道，有休閒事業研究所、觀光研究所、餐旅管理研究所、旅遊管理研究所，不出幾年將會有學校設立博士所，提供此類學生一條暢通的進修管道。

　　因此，透過完善的學校教育及產學合作，餐飲觀光系將能緊緊抓住社會潮流的脈動，滿足越來越多對於餐飲觀光的市場需求，因為餐旅類各系的教育除強調解決問題能力的傳授外，更非常重視有理論基礎的實務知識。畢業生可修完教育學程至高職擔任教師為一不錯的就業管道，簡介如下：

　　1.休閒群：遊樂區的幹部、運動休閒中心的管理人才、旅行業中

階行政與管理人員，如遊程規劃員、線控人員、導遊人員；航空業中階地勤規劃人員，如空服員、運務督導、訂位管理員、票務督導、客服專員、行銷規劃員。

2. 餐旅群：餐飲外場中階幹部及管理人才，如領班、總領班、主任、副理、經理（中長期目標）；旅館業中階行政與管理人員，如旅館房務及客務管理幹部、人事管理員、業務講習員、訓練管理員、公關人員。

3. 廚藝群：餐飲內場中階幹部及管理人才，如：中西餐副主廚／領班、中西點副主廚／領班、中西餐主廚或行政主廚（中長期目標）及相關採購人員。

在此，也希望這本書能幫助有志於餐飲觀光的莘莘學子們更快掌握餐飲管理的精華，讓大家在餐飲觀光界都能走出屬於自己的康莊大道。

王佳鳳、許雄傑

目　錄

餐飲管理：重點整理、題庫、解答

第三篇　餐務篇　147

 Chapter 7　餐務管理　149

 Chapter 8　餐飲服務　165

 Chapter 9　菜單設計與餐飲製備　201

餐飲管理：重點整理、題庫、解答

第一篇

概 論 篇

Chapter 1

導 論

第一節　餐飲管理概述

邁入二十一世紀，國內餐飲業進入專業經營的時代，餐飲業同時進入經營規模時期，組織複雜，分工專業，管理嚴密，均係為了獲得經營的效率。因此，餐飲管理較以往更加重視管理實務，進一步地促成餐飲業的發展。

一、餐飲在觀光旅館中的份量

(一)餐飲收入是觀光旅館收入的主要來源

在觀光旅館業中，餐飲收入一般佔觀光旅館收入的35％左右。隨著人們生活水準的提高、閒暇時間的增加，觀光旅館的餐飲部分將會有更大的發展，這一比例還有可能再繼續增加。

(二)餐飲是觀光旅館產品的主要組成部分

餐飲服務質量不僅是態度和技術的結合，而且是餐廳裝修水準、音響、色彩、餐飲器具、菜餚、飲料、衛生條件、服務水準的綜合反應。這一切又都取決於一家觀光旅館的管理水準。

(三)餐飲是招徠顧客的主要元素

環境舒適、菜餚精緻、服務親切的餐飲，往往可以給人們創造一種無與倫比的精神享受。所以許多餐飲業者認為，餐飲不僅是觀光旅館的產品，而且是一種旅遊產品，是一種可以吸引人的資源。

二、餐飲部門的任務

餐飲部門擔負著向國內外賓客提供高品質的菜餚、飲料和優良的服務的重任，並透過滿足他們越來越高、越來越多樣化的用餐需求，

國際觀光大飯店的高級餐廳

資料來源：凱悅大飯店提供。

也因此，餐飲部門亦為觀光產業創造更多的營業收入。

餐飲部門的具體任務分述如下：

(一)提供能滿足客人需要的優質菜餚和飲料

為了提供滿足客人需要的優質產品，餐飲部門必須做到下列幾點：

1. 及時掌握各種不同客人的飲食需求，推出他們所期望獲得的餐飲產品，這是獲得客人滿意的前提。必須在日常經營管理中，做個有心人，逐步累積這類經驗。

2. 準確提供優質餐飲產品的涵義，精心策劃飲食產品的各種組合。餐飲的優質不僅僅表現在其本身的質量，還包括就餐者對菜餚食品的評價：口味是否符合自己的飲食習慣；包裝（裝盤）是否美觀誘人；價格是否與其價值相符；食品衛生程度是否能給人安全感。

3. 要加強餐飲產品生產過程的管理，保證優質生產、衛生操作。

應將客人的要求、意見及時與主廚溝通，不斷開發新的餐飲產品，鼓勵符合客人需求的創新，在此基礎上，穩定品質，提高質量。

(二)提供親切而高品質的服務

在用餐過程中，客人更注意的是烹飪技藝、服務態度與技巧、用餐的環境與氣氛等無形商品。也就是說，客人在購買飲食產品的同時，更期望得到與菜餚同時銷售的服務，並期望獲得方便、周到、舒適、親切、愉快等方面的精神享受。

恰到好處的服務還有以下幾個特點：

1.它必須是及時的服務。
2.它又是針對性極強的服務。
3.它還必須是能洞察客人心理的服務。

(三)增加營業收入，提高利潤水準

利潤是餐飲部門的經營目標之一，也是一項重要的任務。餐飲部門的營業收入是飯店實現經營目標的一個重要組成部分。而要達到和超額完成餐飲部門的營業收入計畫與目標利潤，餐飲部門要在以下兩個方面作出努力：

1.根據市場需求擴大經營範圍、服務項目及產品種類。可以擴大用餐場所，增加餐飲接待能力，用外賣、上門服務等方法擴大餐飲服務的外延，來提高餐飲銷售量，以達到和超額完成本部門的營業指標。
2.加強餐飲成本控制，減少利潤流失。為了提高餐飲部門的獲利能力，減少浪費，避免利潤流失，餐飲部門要制訂完整的餐飲成本控制措施，並監督其實施執行，從而提高利潤，完成本部門的獲利指標。

餐飲管理：重點整理、題庫、解答

國際觀光大飯店的裝潢

資料來源：西華大飯店提供。

(四)為建立觀光旅館的高品質形象努力

餐飲部門要為建立觀光旅館整體的高品質形象而努力。由於餐飲部門與客人的接觸面廣、接觸量大，面對面服務時間長，從而對客人的心理因素影響較大，其效果直接反映到客人對觀光旅館的評價。要建立觀光旅館的高品質形象，首先必須加強餐飲部門自身的高品質形象建設。而餐飲部門的形象，也依賴於其硬體和軟體建設兩個部分。

1.硬體建設：包括各餐廳、就餐場所、酒吧的設計、裝潢佈置、服務設施以及其藝術品的陳列等，應力求體現科學、雅緻、先進和較高的品味，要與整個飯店的水準相一致。
2.軟體建設：軟體的質量也直接會影響到飯店及餐飲部門的高品質形象。餐飲部門的軟體質量主要體現在管理水準與管理質量、全體員工的素質、對客人服務態度和禮貌程度。

(五)烹飪藝術的提升

越來越多的外國客人喜愛吃中餐，中餐已成為我國的一項重要旅

遊資源，吸引著世界各地的旅遊者。身為以接待外國客人為主的觀光飯店餐飲部門，向客人宣傳中餐、弘揚中餐的文化藝術，當是我們一項義不容辭的任務。

 ## 第二節　餐飲管理的意義

美國管理學家泰勒（F. W. Taylor, 1856-1915），人稱科學管理之父，曾對管理的涵義加以說明：「使部屬正確地知道要實行的事項，並監視他們以最佳及最低費用的方法去執行這些事項，便是管理。」

但若干其他管理學者均有不同的解釋，茲介紹如下：（參見圖1-1）

1. 管理（management）乃是運用企業的組織，聯繫及配合財務、生產、分配的工作，決定事業的政策，並對整體業務作最終控制的意思。
2. 管理乃是「經由他人的努力，以完成工作」的一種活動。
3. 管理乃是達成組織目標的一種決策過程和技術。
4. 管理乃是運用計畫、組織、任用、指導、控制等管理程序，使人力、物力、財力等作最佳配合，以達成組織目標的活動。
5. 管理乃是將人力、物力、財力等資源，導入動態組織中，以達成組織的預期目標，使接受服務者獲得滿足，亦使提供服務者享有成就感的一系列活動。

餐飲管理就是運用組織、招募、領導、控制、預算、發展、行銷、規劃、溝通、決定等基本活動，以期有效運用餐飲業內所有人員、菜單、生產、服務等要素，並促進彼此間相互密切配合，發揮最高效率，以順利達成某一餐飲業的特定任務，並實現其預定的目標之謂。

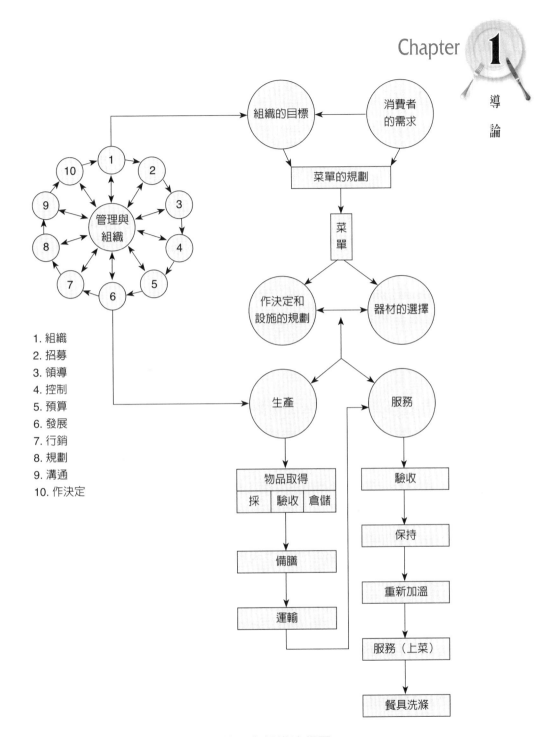

圖1-1　餐飲管理與組織流程圖

第三節　餐飲業的特質與發展

餐飲業的經營，隨著科學的發達與時代的演進，在設備和方法方面，由人力而進入電腦化時代；在組織方面，由小型而中型，目前更發展為大型企業；在市場方面，由地區性而全國性，目前更擴大成為國際性；在管理方面，由過去的慣例管理（conventional management）而觀察管理（observational management），進到制度管理（systematic management），目前則更進而重視管理的「人性化」（humanization）。

茲將現代餐飲業的特質分別說明於後：

一、專業化與標準化

專業化不僅指個人的技術與工作充分發揮專業的特色，在經營方面亦可發揮專業特色，以獲得競爭優勢。尤其在餐飲業，由於其與顧客直接接觸，更具此方面的特色。

二、餐飲業大型化

面對未來對外競爭及經濟規模的要求，餐飲業的大型化是必然趨勢，在未來餐飲業的發展中，餐飲業大型化的問題可能盛行著兩種大型化途徑，一則是創造性大型化，即所謂草根型成長（grass-root growth）的大型化，是經由組織變革、管理更新而獲致的餐飲業成長。另一則是外部發展的大型化，主要是經由併購、合併、兼併等策略來達成的，不論採取何種方式，我們可以預測的是，未來的餐飲業，大型化絕不僅僅是量的增加，而將是邁向資本密集和技術密集的道路發展。

三、餐飲業國際化

　　國際環境的變動越來越頻繁，政治環境變動影響也將相對增加，結果勢必導致各餐飲業業務朝向國際化發展。此一趨勢一方面可以免除許多因政治情勢轉變所造成的可能損害，另一方面也將因此而更進一步介入更多的國際事務，引發更多國際政治環境的變化。

四、資本國際化

　　本來多國性企業已使餐飲業的投資走向國際化，更產生一種落後國家向開發國家投資的資本國際化趨勢。其他如西歐資本及日本資本與美國資本的相互投資，亦屬於資本國際化的一種趨勢。

五、市場多國化

　　隨著國際政治環境的變動影響，以及餐飲業從國內走向國際的必然路向的需求，在未來的企業中，將廣泛地建立海外據點，或為業務授權（franchising）、或為技術授權（licensing）、或為倉儲轉運。政府在政策上亦將越來越開放，不論是在進口限制或在對外投資管制方面，將更趨自由化。

　　因此，餐飲業在未來勢必將更重視國際行銷、國際經營及海外投資策略規劃。故預期未來，「海外設置旅館」及「與目標市場所在地的合資經營」，仍將是未來餐飲業拓展國際市場的重要途徑。

六、經營成長化

　　成長是餐飲業經營的核心問題，未來的餐飲業將繼續維持較高度的成長，而追求理性的成長更是各類型餐飲業經營上的最重要目標。

七、資訊企業化

資訊（information），其原始形式為資料（data），它產生於人類日常的各項活動中，如研究報告、工作報告或是各種交易的原始記錄等。將這些資料經過整理、過濾、分析，即成為正確而有效的資訊。

 ## 第四節　餐飲管理的重要性

一、餐飲管理的特點

餐飲管理是一項集經營與管理、藝術和技術於一體的業務工作，有其自身的特點。要做好餐飲管理，就必須充分認識這項工作的特點和規律，以便合理安排，科學管理。

(一)生產上的特點

生產上的特點包括：

1.餐飲生產屬於個別訂製生產。
2.生產過程時間短。
3.生產量的預測很困難。
4.餐飲產品容易變質、腐爛。

(二)銷售上的特點

銷售上的特點包括：

1.銷售量受場所大小的限制。
2.銷售量受時間的限制。
3.餐飲設備要豪華、有高尚的氣氛供人享受。
4.銷售以收現金為主，資金周轉快。

(三)服務上的特點

服務上的特點包括：

1.服務對客人的心理影響大。
2.寓銷售於服務之中。

二、餐飲管理基本要求

(一)優雅的用餐環境

必須具備以下幾個基本條件：

1.餐廳的裝潢要精緻、舒適、典雅、富有特色。
2.燈光要柔和協調。
3.陳列佈置要整齊美觀。
4.餐廳及各種用具要清潔衛生。
5.服務人員站立位置要恰當，儀表要端莊，表情要自然，能創造
　一種和諧親切的氣氛。

(二)精緻可口的菜餚

精緻可口的菜餚至少應具有五種特性和七個要素。

■五種特性

1.特色性：即餐廳的菜食必須具有明顯的地方特色和餐廳的風
　格，必須在發揚傳統美食的基礎上，推陳出新。
2.時間性：即菜食必須有時令性特點和時代氣息，適應人們口味
　要求的變化。
3.針對性：要根據不同的對象安排、製作不同的菜食。
4.營養性：菜食要注意合理的營養成分。
5.藝術性：即菜食的刀工、色澤、造型等要給人一種美的享受。

■七要素

1.色：色澤鮮艷，配色恰當。
2.香：香氣撲鼻、刺激食慾。
3.味：口味純正，味道絕佳。
4.形：造型別緻，裝飾考究。
5.廣：選料講究，刀工精細。
6.器：器具精緻，錦上添花。
7.名：取名科學，耐人尋味。

(三)嚴格的餐飲衛生

餐飲衛生在餐飲管理中佔據重要的位置，衛生工作的好壞，不僅直接關係到客人的身體健康，而且也直接關係到觀光飯店的聲譽和經濟效益。如果被人們視為衛生不佳或發生過食物中毒案例，那後果是不堪設想的。

(四)親切、高品質的服務

親切、高品質的服務，換句話說，就是必須給客人一種精神上的享受，要達到此要求，必須使餐飲服務具有美、情、活、快這四個特點：

1.美：就是給客人一種美的感受，主要表現為服務員的儀表美、心靈美、語言美、行為美。
2.情：即服務必須富有一種人情味。這就要求服務員在對客人的服務中，態度熱情，介紹生動，語言誠懇，行為主動。
3.活：就是要求服務要靈活，根據不同的時機、場合及對象靈活應變，把規範服務和超常服務有機地結合起來。
4.快：即在服務效率上要滿足客人的需要，出菜速度要迅速，各種服務要及時。

(五)滿意的經濟效益

餐飲經營的最終目標是效益。餐飲部的效益主要有兩個方面：一是直接效益；二是間接效益。直接效益是指餐飲部門的經濟效益，即盈利水準。間接效益是指為客房、飯店以及其他設施的銷售所創造的條件，和對提高整個飯店的知名度和競爭能力的影響。餐飲部應在謀求整體效益的基礎上，努力提高本部門的經濟效益。

第五節　餐飲消費者的需求

著名的心理學家Maslow指出，人類的需求動機有著不同的層次，最基本的是生理需求。只有當人們的生理需求得到滿足或部分滿足之後，才會進一步產生更高層次的需求，包括社會交際、自尊及自我實現等。而且，需求的層次越高，表現在心理需求方面的成分也越多。

一、生理需求

(一)餐飲營養的需求

進入二十一世紀，生活與工作的節奏加快，人們必須具有強健的體質與充沛的精力。營養的好壞與搭配合理與否直接影響著人精力的旺衰，工作效率的高低，甚至影響著人的外貌及個性。餐飲經營者應該從營養的角度，表現出對用餐客人的關心。

(二)餐飲風味的需求

人們光臨餐廳的主要動機是為了品嚐菜餚的風味。風味是指客人用餐時，對菜餚或其他食品產生的總體感覺印象。

人們藉味覺、嗅覺、觸覺等感覺器官體驗菜餚的風味。此外，溫度對於品嚐風味也是個不可忽視的因素。茲簡略介紹如下：

■味覺

　　味覺感受器分布在舌面、軟顎後部，由味覺細胞和支持細胞所組成。味覺有四種基本類型：酸、鹹、苦、甜。雖然食物的第一口總是最美味可口的，但不排斥連續的津津有味的感覺。

■嗅覺

　　氣味是由鼻子的上皮嗅覺神經末梢感覺到的。人類能感知的氣味大約有一千六百萬種之多。嗅覺較味覺靈敏得多，但容易疲勞。人們會對屋中的某種氣味很快由習慣而適應，並對氣味的變化不易察覺。儘管如此，人們覺察另一種突如其來的氣味卻十分靈敏。

■觸覺

　　觸覺即口感。觸覺能感覺食物的質地、澀味、稠度，以及溫辛感、辛痛感等。辛痛感是對神經纖維的一種刺激，刺激量適當時會產生令人愉快的感覺。

■溫度

　　食物的溫度大大影響我們辨別風味的能力。一般情況下，嚐味功能在20℃和30℃之間最為敏感。溫度偏低時，食物分子運動速度較緩慢，感覺器官欠靈敏，其反應較弱。溫度太高時，很可能會燙壞了味蕾，破壞味覺功能。

(三)餐飲安全的考量

　　「安全」是客人的最基本生理需求。茲列舉以下幾點供參考：

1. 桌子裝飾物或其他家具和設備，沒有鋒利或突出的邊角和釘刺。
2. 送餐服務員要有熟練的端盤技巧，湯汁不可溢出。
3. 餐桌之間有足夠寬敞距離的走道，以免發生服務員與客人的碰撞和擁擠。
4. 裝置在天花板和牆壁上附屬物的位置要合適，要防止碰傷客人

頭部。

5. 家具完好無損，經常檢查桌椅有無損壞。及時更換破損和不安全的桌椅及其他設備。

6. 掛衣架釘牢在牆上或其他支撐物上。要牢固，防止脫落。

7. 電燈等固定物或其他牆壁裝飾物，釘掛要牢靠。

8. 大型玻璃上標有安全圖案或警語，掛有布簾或其他標記，以防碰撞。

(四)餐飲環境的衛生

客人非常注意食品、餐具及飲食環境的衛生。每當客人進入餐廳，他們就開始自覺或不自覺地觀察和判斷各方面衛生狀況。他們深知，無論身分地位如何，都逃脫不了「病從口入」的厄運。

以上是餐飲客人的四種基本生理需求，即營養、風味、衛生及安全，其中以風味需求為主。

二、心理需求

人們生活在社會中，每一種活動會相互影響，相互追隨，出現傾向性。隨著文化與科學技術的進步，精神享受的需求反映到了餐廳服務。客人的精神享受慾望愈高，他們對於餐廳的環境、氣氛及服務的要求也愈嚴，或者說，他們的心理需求更為複雜和苛刻。主要表現在以下幾個方面：

(一)受歡迎的需求

餐廳服務中，若無特殊原因，一般應遵循「排隊原則」，即「先來先服務，後來後服務」。受歡迎的需求還表現在客人希望被服務人員認識、被瞭解。當客人聽到服務員稱呼他的姓名時，他會很高興的。特別是發現了服務員還記住了他所喜愛的菜餚、習慣的座位，甚至生日日期，客人更會感到自己受到了重視和無微不至的關懷。

(二)「物有所值」的需求

客人進入高級餐廳，期望餐廳提供的一切服務與其所在飯店的級別相稱。他們不怕價格昂貴，只要「物有所值」。通俗說，花錢花得值得。「高價優質」是高消費層次的需求。

(三)氣派的需求

國內的大飯店將領袖人物或知名人士就餐的菜單，作為招待重要客人的傳統菜單。客人為了某項因素，會前往大飯店用餐，這也含有顯示氣派的需求。因此，餐廳應該有足夠顯示氣派的專用餐廳及宴會廳，配以高標準、高消費的美味佳餚，擺設十分講究的銀器餐具或精緻的瓷器餐具。

(四)方便性的需求

飯店的客人大多是旅遊者，出門在外，難免有諸多的不便。他們希望飯店能提供種種方便。例如，房內用早餐，邊喝咖啡邊看報紙，

氣派的餐廳

提供一些老人、兒童或需特殊照顧者適合食用的菜餚，代客叫出租車等等微小服務都很受歡迎。

(五)享受被尊重的需求

餐廳客人希望受到尊重，因此服務人員處處要禮貌待人。「顧客至上」的精神就是體現出將客人放在最受尊敬的位置上的精神。服務人員任何時候都不可對客人之間的談話表現出特別的興趣或偷聽；絕不允許隨便插話，特別強調不能與客人發生爭執或爭吵，也不可催促客人用餐。

第六節　餐飲市場的調查和預測

飯店的餐飲部門有一定經營獨立的性質。它所屬的餐廳、酒吧不僅面向客人，而且還面向本區域的消費層次較高的居民和居住別處的觀光飯店的客人。餐飲部門除了服從飯店總的目標市場外，還需自行開拓餐飲市場，創造新的產品與服務，以適應不斷變化的消費者需要。

一、餐飲部經營目標

經營目標表示企業經營的目的和努力的方向。飯店總經理制訂總利潤、總營業額、市場佔有率等目標。餐飲部經理考慮本部門的中、短期目標。部門目標主要包括承擔總目標中的一部分營業額、利潤的實現。除此之外，餐飲部經理為了達到部門目標進行的決策，應經常獲取下面的管理參數：

(一)資金周轉率

資金周轉率表示在一定時間內企業使用某項資產的次數。計算周

轉率有助於判斷企業對存貨、流動資金和固定資產的使用情況和管理效率。

(二)空間利用率

每個經營單元如酒吧、餐廳、宴會廳等所佔的合理面積，是根據容納的人員及每個人員所需面積計算得出的，空間利用率是指包括酒吧、餐廳、宴會廳等空間的利用面積佔總面積的比率。

(三)掌握好營業時間內餐飲的需求量

確定餐飲需求量，要求考慮原料的供應、廚房生產力等情況，注意各種菜式的銷售結構，避免有的菜供不應求，有的卻無人問津。

(四)平均服務的座位數

平均服務的座位數是指餐廳服務人員每人負責的餐廳座位數，它可以反映該餐廳服務人員的工作能力與效率。餐飲部門應根據餐廳本身的服務特點與要求，制定出合理的人員配額，以便最大限度地挖掘潛力，減少人力開支，提高效益。

(五)毛利率與成本率

毛利率是指產品銷售毛利對產品銷售金額的比例，它是反映產品銷售盈利程度的指標。成本率是產品的原材料成本對產品的銷售額的比例，是反映原材料成本佔銷售額比重的指標。

餐飲的成本率＝已銷售的食品與飲品總成本÷食品與飲品的總收入×100%。

(六)座位周轉率

座位周轉率是就餐人數與餐廳總席位數的對比值。計算公式為：

座位周轉率＝就餐客人總數 餐廳座位數×實際營業日

停留時間長短，如果不影響服務質量，座位周轉率偏高為好。餐飲部要注意分析怎樣的周轉率是合適的。若發現座位周轉率下降，很可能是由於季節性緣故或服務質量降低、價格偏高或食品質量低劣而引起的。

(七)平均消費額

平均消費額是指營業收入除以就餐人數的值，它關係到客人的消費水準，是掌握市場狀況的重要數據。

(八)營業時間

它是企業服務能力的一個反映。按照客人的需要，確定餐廳開門、結束時間，以及專門的用餐時間，例如有的下午茶從下午兩點鐘到五點鐘，宵夜可以從晚上八至九點鐘開始。

(九)平均銷售額

平均銷售額可以幫助管理人員對各個餐廳的實際經營效益作對比，從中發現效益差、平均營收少的部門，並隨之查找原因，找出解決問題的方法。

二、餐飲市場的調查

(一)餐飲消費者狀況的調查

為了制訂出切實可行的企業目標，有必要對消費者狀況進行以下調查：

1. 消費者希望開設什麼樣的餐廳？包括服務類型、餐廳環境、服務方式項目等。
2. 菜單上應設些什麼項目？希望現燒現賣的呢？還是方便快餐？或外賣的？或可以帶到客房飲食的？

3.餐廳的營業時間如何適合於消費者？這關係到餐廳營業時間、廚房的準備工作。

4.消費者希望菜餚的分量多少較適宜？這關係到菜餚是否合胃口，以及客人的花費是否值得。

5.價格接受度如何？這關係到菜餚的成本及其他花費的投入。

6.客人偏愛什麼樣的裝潢？目前的流行色是什麼？

7.提供哪些飲料最受歡迎？

8.女士對於餐廳服務和菜餚品種、特色菜有哪些偏愛？也應向男士瞭解有什麼要求和嗜好。

9.年齡情況、購買力，以及情趣、生活基調等。

10.娛樂方面有何要求？背景音樂怎麼樣？

(二)餐飲目標市場調查

按照不同消費特徵進行劃分：

1.地理特徵：國家、政治區域、人口密度、相隔距離、氣候條件等。

2.人文特徵：性別、年齡、婚姻狀況、家庭大小、收入、教育程度、職業和風俗習慣。

3.心理特徵：個性、觀念、生活方式、意見態度、興趣等。

4.購買過程特徵：衝動型、理智型、經濟型、猜疑型、享受型等。

現以圖1-2來說明按消費者年齡及收入劃分市場的概況。

若某餐廳決定面向BM市場，就是面向年齡在三十五至四十九歲的客人，意味著開辦中等水準的高雅餐廳，而不是豪華型或普通型餐廳。

市場細分後，餐飲部要分析能從各個細分市場獲取多少利潤，分析各細分市場需求的變化趨勢、競爭情況和本企業的能力，決定取捨，選擇最有利的目標市場。

圖中的點表示市場中的消費者

按年齡劃分市場：18-34歲（A）、35-49歲（B）、49歲以上（C）

按經濟收入的高（H）、中（M）、低（L）劃分市場

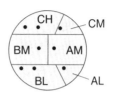

按年齡、經濟收入劃分成六個市場

圖1-2 按消費者年齡及收入劃分市場概況

(三)餐飲市場調查方法

■問卷調查法

常見的提問方法有：

1.開放性提問：調查人員提出問題後，由調查對象自由回答，調查人則須做詳細的記錄，從中取捨自己所要的情況和數據。例如：您喜歡餐廳哪些方面？不喜歡哪些方面？您對餐廳的服務有什麼意見和要求？上述問題回答後，尚可循續再追問幾個問題。

2.封閉式提問：

(1)是非法：

例如：您對餐廳的環境滿意嗎？

是 □ 否 □

(2)順位法：

例如：請您按1-5等級的菜餚質量，評定下列餐廳：

餐廳甲 _____ 餐廳乙 _____

餐廳丙 _____ 餐廳丁 _____

餐廳戊 _____

(3)對照法：

例如：您光臨××餐廳的原因是：

精緻 _____ 美食 _____ 舒適 _____ 服務周到 _____

方便 _____ 熱鬧 _____ 價格合理 _____

(4)多項選擇法：

例如：您來台灣旅行的目的是什麼？

度假 ☐　　公差 ☐　　會議 ☐　　觀光 ☐

品嚐中國菜 ☐　　探親訪友 ☐　　其他 ☐

(5)量度答案法：

例如：××餐廳的服務質量提高

非常同意 _____ 比較同意 _____ 同意 _____

不大同意 _____ 反對 _____

■觀察調查法

　　在不向當事人提問的條件下，透過對調查對象直接觀察，在被調查者不知不覺中，觀察和記錄其行為。例如注意客人的表情神態、桌上剩菜的品種、座位的佔據情況、服務員的儀表儀容等。

■實驗調查法

　　實驗者控制一個或幾個自變數，研究其對其他變數的影響。比如，測定在其他因素不變時，餐飲價格對顧客消費行為的影響。此法花費的時間較長，費用高，測驗結果也難以比較。

■資料調查法

　　蒐集第二手資料，比較簡便，而且節省費用，因此，調查人員應儘可能利用第二手資料，再確定還需蒐集哪些第一手資料。

三、餐飲市場的預測

餐飲市場預測，是在市場調查的基礎上，運用科學的方法和手段，對影響市場變化的諸項因素進行研究、分析、判斷和推測，掌握市場發展變化的趨勢和規律。

(一)預測的類型

1.根據預測範圍分宏觀預測和微觀預測。前者牽涉面廣，是粗線條的、綜合性的預測，包括整個旅遊市場供求變化、發展趨勢，以及與之相關的各種因素的變化，比如對整個旅遊行業前景的預測，就屬於宏觀預測。
2.以預測時間的長短分，可分為長期預測、中期預測、近期預測和短期預測。
3.以預測對象分，有國際市場預測、國內市場預測、某區域市場預測，和某系統市場預測等等。
4.以預測方式分，有判斷預測和統計預測兩種。

(二)預測方法

預測方法可以分為定性預測和定量預測。

■定性預測法

1.經管人員意見法：由營銷、生產、服務、財務等幾個部門主要經管人員根據自己的經驗，對於預測期的營業收入作出估計，然後取平均數作為預測計數。這種方法尤其對新企業來說，往往是唯一可供選擇的預測方法。
2.特爾菲法：特爾菲法即專家意見法。由企業向一批專家進行一系列調查。餐飲業根據專家們對第一次問詢表的回答情況，設計新的問卷調查表，再向他們作調查，直到意見基本一致為止。

3.消費者意見法：對有代表性的消費者或市場進行調查，通常在現有的和潛在的消費者中進行民意測驗，瞭解被調查者是否已經形成消費意圖，或是否計劃消費，從而及時掌握銷售動向。

4.服務人員估計法：餐廳服務人員是最接近客人的，因而對市場供需情況、客人動向比較瞭解，其預測是較有價值的。同時，往往能反映多數消費者的意見和銷售的實際情況。

■定量預測法

隨著現代計算方法和計算機的應用，對市場進行預測的定量方法逐漸增多，而且日趨精確。

第七節　餐飲產品與服務策略

在產品與服務組合策略這一領域內，強調的重點是產品和服務所能給予人們的滿足及利益，而不全是產品與服務的本身。美國一位飯店行銷學家指出：「我們這個行業的產品並不是客房、菜餚和飲料，也不是空間。說得確切一點，事實上，我們並不推銷什麼物品，人們並不是爲了購買什麼物品或其特性，他們購買的是『利益』。」

一、餐飲行銷因素組合

一九九〇年，美國著名旅館行銷學家考夫曼在《飯店行銷學》一書中，將行銷因素組合概括爲六個部分：

1.人（people）：指客人或市場。企業的任務是透過市場調查確定本企業的消費者，然後詳盡地瞭解他們的需要和願望，即瞭解所服務的對象。

2.產品（product）：指飯店建築、商店設備和服務。企業應根據旅客的需要，向他們提供所需的產品和服務。

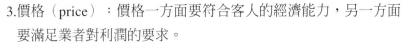

3.價格（price）：價格一方面要符合客人的經濟能力，另一方面要滿足業者對利潤的要求。

4.促銷（promotion）：促銷的任務是使顧客深信本企業的產品就是他們所需要的，並促使他們購買和消費。

5.實績（performance）：指產品的傳遞，這是顧客再來購買餐廳產品的方法，使在餐廳顧客隨機消費的方法，並使顧客在離店後為本飯店進行口頭宣傳和作活廣告。

6.包裝（package）：餐廳的「包裝」是指把產品和服務結合起來，在客人心目中形成本企業的獨特形象。餐廳的「包裝」包括外觀、外景、內部裝修佈置、維修保養、清潔衛生、服務人員的態度和儀表、廣告和促銷印刷品的設計，以及分銷管道等。

二、產品和服務組合

產品和服務組合包括以下三層意思：

(一)產品和服務組合的核心利益

品嚐佳餚是國際客人旅途生活中的一個重要和必不可少的需求，許多客人希望品嚐具有地方風味的特色菜餚，但也有不少客人，至少是有的時候，希望能供應他們本國的食品和風俗菜餚。餐飲部必須仔細分析銷售整體的組成成分，瞭解哪些服務成分是不可缺少的，哪些是不必要的，增加哪些服務項目可以極大地提高使用價值和利潤。

(二)產品和服務組合的形式

餐飲部的產品和服務組合由以下幾個成分組成：

1.輔助性設備。指在提供服務之前就必須存在的各種設備，包括建築物、內部裝潢、服務用具及用品、輔助性設施等。

2.使服務寓於銷售的產品。消費者購買或消費的物品，如佳餚、飲料等。

3.親切的服務。指能使消費者感覺到的各種利益和享受的服務，如各類服務項目、服務人員的技能技巧、服務質量、烹飪技藝等。

4.隱含的服務。指能使消費者獲得某些心理感受的服務，如由服務員態度、等待服務的時間和安排、服務環境的氣氛等引起客人有了方便、安全、舒服、顯示氣派等的心理感受，這 面存在著隱含的服務。

透過產品與服務的組合銷售，在消費者心目中形成企業的市場形象。市場形象既不是產品，也不是服務，而是兩者的綜合，是消費者的看法和感受。好的市場形象是巨大的競爭力，也是產品與服務組合銷售的目的所在。它可擴大銷售的趨勢。

(三)附加利益

附加利益係指餐飲部決定向客人提供的那些額外的服務和利益。不少行銷學家認為，未來的競爭將是企業在所能給予客人的額外價值方面的競爭。

三、產品與服務組合策略

(一)擴大或縮小經營範圍

擴大經營範圍的策略，指擴大產品與服務組合的廣度，以便在更大的市場領域發揮作用，增加經濟效益和利潤，並且分散投資危險。

縮小經營範圍的策略指縮減產品和服務項目，取消低利產品和服務項目，從經營較少的產品和服務中獲得較高的利潤。

(二)「高價位」或「低價位」產品與服務策略

所謂「高價位」產品與服務組合策略，就是在現有產品的基礎上，增加高價位的產品與服務。

　　所謂「低價位」產品與服務組合策略，就是在高價的產品與服務中增加廉價的產品與服務。採用這種策略的原因是：

1. 餐飲業面臨著「高價位」策略的企業的挑戰，從而決定發展低價位產品應戰，以增強競爭力。
2. 餐飲業發現高價位產品市場發展緩慢，因而決定發展低價位產品，以增加營業額和利潤。
3. 餐飲業希望利用高價位產品與服務的聲譽，先向市場提供高價位產品與服務，然後發展低價位產品與服務，以便吸引經濟情況更適合「低價位」的客人，擴大銷售範圍和領域。
4. 餐飲業發現市場上沒有某種低價位的產品與服務，希望填補空缺，擴大銷售量。例如，國內有些飯店設立了一批中等價格的餐廳，該公司利用已有的聲譽，使低價位的產品與服務獲得成功的銷售。

　　上述兩種策略均有風險。如「高價位」不很容易受到消費者相信，或「低價位」可能會影響原有高價位產品與服務的形象。管理者要切實分析企業的市場地位和市場變化情況及企業實力，以便恰如其分地推行相應的策略。

(三)產品與服務差異化策略

　　餐飲業在同性質市場，透過營業銷售推廣強調自己的產品的不同特點，以增加競爭力，希望消費者相信自己的產品更優越，進而使消費者偏愛自己的產品。當然，這種策略同樣適用於服務。這種策略稱作產品與服務差異化策略。產品與服務差異化的理論基礎是，消費者的愛好、願望、心理活動、收入、地理位置等方面存在差別，因此產品與服務也必須有所差別。

(四)發展新產品策略

　　餐飲業應根據市場需求的變化，隨著消費者的愛好，市場技術、

競爭等方面的變化，向市場不斷推陳出新，向市場提供新產品和新服務。這是企業制訂最佳產品策略的重要途徑之一，也是企業具有活力的重要表現。

餐飲部可以經常「改變」產品，有的是小改，有的是大改。例如：

1.更新裝潢，調換餐具和桌椅。

2.組織專題週和美食節，以及各種文化活動。

3.更換人員服飾。

4.菜單多樣化，烹飪靈活化。

5.調整價格，按質論價和按需要論價。

6.散發新的宣傳品、紀念品。

7.改善服務，不斷修改服務項目，提高人員的素質和修養。

8.最大限度地保證服務質量。

餐廳要利用每年一度的喜慶佳節，或重大的社會活動、文藝活動、體育比賽等時機，隆重推出不同凡響的特種菜單，和適應於各種活動的服務項目，作為實施新產品策略的良機和妙策。

 ## 第八節　餐飲業面臨的挑戰

一、內在環境的變化

1.組織的變化：現代組織已由權威式組織演變為權變式、制宜式、矩陣式或彈性式的組織，使組織具有適應環境變化的能力。

2.員工的變化：現代員工除了關心物質條件的需要外，更重視安全感、社會任用感、自尊心，以及追求自我發展和理想的實現。同時，現代員工需要新的觀念、新的技能及新的知識，以

適應變化的時代。

3. 管理的變化：現代經營，有賴新的管理觀念與技術，以發揮管理的效果；員工的參與決策，以及正確和迅速的決策，成為未來管理作業的趨向。

二、外在環境的變化

1. 科技的突飛猛進：近代科技的突飛猛進，帶動了其他環境因素的變化，諸如生產效率的提高、國際距離的縮短以及網路的快速發展等，已使餐飲業競爭日趨激烈。

2. 教育的普及：教育的普及促使服務和生產技術的進步，此外，教育的普及亦使得女性從事餐飲服務業的比率大大增加。

3. 消費者保護運動的興起：消費者對個人權益、服務品質的重視，已日漸擴大，形成不可抗拒的潮流。

4. 環境保護主義的抬頭：社會大眾對生態環境、污染問題、公害問題的關切程度增加，造成餐飲業營運對社會責任之重視。這種變化將會使餐飲業的經營受到更多的束縛，也會使得產品的開發受到相當的影響，目前台北市就有好幾家觀光旅館自願降級為一般旅館即為明證。

5. 消費者行為的改變：消費者因所得的不斷提高，以及對生活品質要求的提升，促使服務品質容易落伍，縮短餐飲經營者的壽命週期。

三、營運作業的變化

1. 研究發展的重視：餐飲業面對激烈的競爭，必須求新求變，研究發展部門的設立，為餐飲業營運的必然趨勢。

2. 電腦的使用：餐飲業正確和迅速的決策，必須仰賴充分的決策資料，對於現代複雜資料的整理分析工作，已非人力所能勝

任，餐飲業勢必建立電腦資訊化，從事決策分析工作。

3.社會責任的重視：餐飲業對於員工、投資者及一般社會大眾的責任觀念日益強化，未來將普遍為餐飲業經營者所接受。

4.行銷作業的改進：餐飲業在成長過程中，將由效率的增加，轉向行銷作業的改進，諸如縮短行銷通路、集中行銷、連鎖經營等均是。

四、就經營方針而言

1.市場資訊的取得：我國餐飲業未來的經營勢必更重視市場的瞭解，亦即在投資前，務必先調查市場，瞭解顧客的生活習俗，並建立系統，迅速傳遞。這可以採連鎖經營的方式來突破。

2.員工流動率問題：國內各餐飲業的員工流動率不斷提高，因應之道是餐飲業界應加強員工職業道德教育，改變他們的觀念，把公司看成是自己的，視老闆為主人，忠於公司、忠於主管，這樣才不會輕言離去。

3.公害污染問題：這是公害防治運動所引起的問題，國內業界經營者在未來必須予以密切注意。亦即對於污染性必須加以排除，應儘量減低製造過程的污染程度；因為反污染法將會在未來幾年內制定。

4.專業經理人之採用：高級管理人員之素質和管理生產力之提高，對改善餐飲業經營績效助益甚大。欲強化管理生產力，須先消除管理瓶頸，其作法應從強化中階層管理人員素質與能力及引用專業經理人著手；如此方不致造成管理脫節，致使餐飲業接棒時產生管理問題。

5.研究發展的問題：餐飲業界應將研究發展視為一種投資，而非費用，不宜過分寄望快速回收，「揠苗助長，難成大器」。

一、簡答題

(一)精緻可口的菜餚至少應具有的五種特性是哪五種？

答：1.特色性，即餐廳的菜食必須具有明顯的地方特色和餐廳的
風格，必須在發揚傳統美食的基礎上，推陳出新。

2.時間性，即菜食必須有時令性特點和時代氣息，適應人們
口味要求的變化。

3.針對性，要根據不同的對象安排、製作不同的菜食。

4.營養性，菜食要注意合理的營養成分。

5.藝術性，即菜食的刀工、色澤、造型等要給人一種美的享
受。

(二)一個服務人員恰到好處的服務有哪幾項特點？

答：1.它必須是及時的服務。

2.它又是針對性極強的服務。

3.它還必須是能洞察客人心理的服務。

(三)市場調查，可以按照哪幾種不同消費特徵進行劃分？

答：1.地理特徵。

2.人文特徵。

3.心理特徵。

4.購買過程特徵。

(四)行銷因素組合概括為哪六個部分？

答：1.人（people）。

2.產品（product）。

3.價格（price）。

4.促銷（promotion）。

5. 實績（performance）。

6. 包裝（package）。

二、問答題

(一)時代在變，在管理上也由過去的哪一種管理轉變為現今的哪一種管理？

答：由過去的慣例管理（conventional management）而觀察管理（observational management），進到制度管理（systematic management），目前則更進而重視管理的「人性化」（humanization）。

(二)餐飲管理環節中就經營方針而言應考慮哪些因素？

答：1. 市場資訊的取得：我國餐飲業未來的經營勢必更重視市場的瞭解，亦即在投資前，務必先調查市場，瞭解顧客的生活習俗，並建立系統，迅速傳遞。這可以採連鎖經營的方式來突破。

2. 員工流動率問題：國內各餐飲業的員工流動率不斷提高，因應之道是餐飲業界應加強員工職業道德教育，改變他們的觀念。

3. 公害污染問題：這是公害防治運動所引起的問題，國內業界經營者在未來必須予以密切注意。

4. 專業經理人之採用：高級管理人員之素質和管理生產力之提高，對改善餐飲業經營績效助益甚大。欲強化管理生產力，須先消除管理瓶頸，其作法應從強化中階層管理人員素質與能力及引用專業經理人著手；如此方不致造成管理脫節，致使餐飲業接棒時產生管理問題。

5. 研究發展的問題：餐飲業界應將研究發展視為一種投資，而非費用，不宜過分寄望快速回收，「揠苗助長，難成大器」。

(三)餐飲部的產品和服務組合由哪幾個成分所組成？

答：1.輔助性設備。指在提供服務之前就必須存在的各種設備，包括建築物、內部裝潢、服務用具及用品、輔助性設施等。

2.使服務寓於銷售的產品。消費者購買或消費的物品，如佳餚、飲料等。

3.親切的服務。指能使消費者感覺到的各種利益和享受的服務，如各類服務項目、服務人員的技能技巧、服務質量、烹飪技藝等。

4.隱含的服務。指能使消費者獲得某些心理感受的服務，如由服務員態度、等待服務的時間和安排、服務環境的氣氛等引起客人有了方便、安全、舒服、顯示氣派等的心理感受，這面存在著隱含的服務。

(四)以預測時間的長短分，何謂長期預測、中期預測、近期預測和短期預測？

答：長期預測的時間通常在五年以上；中期預測時間在一年至五年之間；短期預測時間在一季至一年；近期預測時間在三個月以下。設施的增加與餐廳的重新裝修等預測，屬長期預測；未來旅遊發展趨勢及客源市場變化等預測，屬中期預測；餐飲的一年供需情況預測，屬短期預測；特色菜餚的推出與受歡迎程度預測，屬近期預測。

Chapter 2
餐飲業的類型與組織

第一節　餐飲業的類型

　　餐飲事業依用餐地點、服務方式、菜式花樣和加工食品等而有不同類型。其中依用餐地點可分爲商業型餐飲和非商業型餐；依服務方式可分爲完全服務、半自助式、自助式和完全無人服務；依菜式花樣可分爲中餐、西餐、素食和其他不同國家之料理；依加工食品可分爲冷凍食品微波加熱、販賣機食品以及攤販預先製成的冷熱飲食物。

一、商業型餐飲

　　依功能來分，可分爲旅行事業餐飲和餐廳事業餐飲等兩種。旅行事業餐飲，顧名思義是旅遊過程中，運輸公司所提供之餐飲，如空中廚房、郵輪和鐵路、公路之餐車。一般餐廳事業餐飲之種類繁多，可參見圖2-1。由於餐飲事業競爭激烈，所有業者無不別出心裁，使出渾身解數，來提供佳餚與服務，然而各類餐廳之服務方式不一，有的是完全服務，有的是自助式。

　　以下針對商業型餐飲之種類及其特性，做一詳細之介紹與說明：

(一)旅行事業餐飲

■空中廚房

　　提供長時間在飛機上之旅客餐飲，依用餐時間可分爲早餐、點心、午茶、晚餐、和宵夜，除了免費提供以上餐點之外，還提供免費酒精和非酒精飲料等，其中酒精飲料有香檳、葡萄酒、雞尾酒及啤酒等。非酒精飲料則是各式果汁、碳酸飲料及礦泉水等。

■郵輪

　　參加郵輪旅遊的客人，可以享受郵輪上提供之美食。在郵輪上，各項設施齊全，餐飲種類繁多，提供之餐飲品質不亞於國際觀光五星級大飯店。其客房設備也與國際五星級觀光大飯店並駕齊驅。所以郵

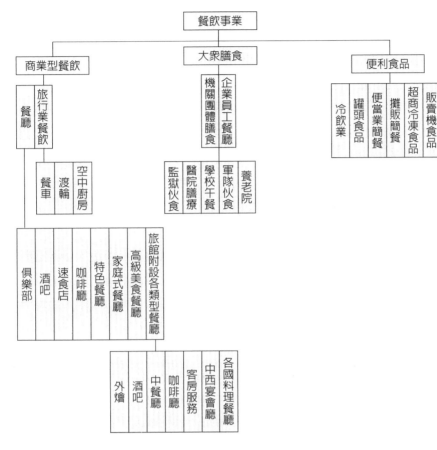

圖2-1　餐飲業的類型SIC分類法

資料來源：林玥秀、劉元安、孫瑜華、李一民、林連聰（2000）

輪集旅遊、美食與住宿於一身。

■餐車

　　長途鐵路運輸之列車一般皆提供餐飲之服務。一般來說餐車所提供的餐飲很簡單，類似快餐，簡餐，甚至用便當盒來取代。至於公路運輸之餐飲是只提供便當而已，其供應地點是高速公路兩旁休息站之飲食區。

(二)餐廳

■國際觀光旅館的各類型餐飲服務

◎中西宴會廳

　　旅館業者餐飲收入從過去的次要收入，轉爲主要收入。餐飲主要收入來自餐廳、酒吧、宴會廳、客房餐飲服務和外燴等。其中又以宴會廳爲主要收入，其次是咖啡廳或是一般中餐廳。宴會廳成爲餐飲部主要收入是黃道吉日的喜慶宴會、各式展示展覽會和國際、國內會議，每次喜慶宴會收入皆相當可觀。

◎咖啡廳

　　咖啡廳是旅館餐飲主要收入之一，也是旅館餐飲特色之一，經營得當、菜色豐富、價錢公道的話，咖啡廳會經常高朋滿座。至於午、晚餐也是採用吃到飽自助餐方式服務，不過顧客也可以單點，單點內容有中西餐飲，可根據個人所需來決定單點菜單。

◎客房服務

　　客房服務是指將餐飲送至客房給顧客享用。除較複雜、不易搬動或易變形之餐飲例外，其他餐飲皆可提供客房服務，故客房服務之菜單也是包羅萬象的。一般而言，客房服務提供早餐服務最多，早餐內容主要以美式早餐爲主，其次也有中式清粥小菜之供應。白天客房服務生意較清淡，因大部分房客洽公外出，晚餐之後，生意逐漸忙碌，消夜時間也是客房服務較忙碌的一段時刻。

◎中餐廳

1. 粵菜：國際觀光旅館具有較多之中餐廳，粵菜館通常是旅館行銷餐飲重點之一，包括港式飲茶，營業時間通常較長，因許多顧客喜歡於早餐時享用港式飲茶，所以旅館也會因此需求提早營業時間來滿足顧客需求。

2. 湘菜：湘菜爲中國菜色中極具有特色菜餚之一，較具規模之旅館皆有湘菜館，提供顧客高級中餐服務。傳統湖南菜是以辣味爲主，爲了適應不吃辣之顧客，各湘菜館也適當地調整成清淡

爽口的味道，以迎合更多顧客。

3. 北方菜：北方菜包含清宮菜、回教菜、蒙古菜、東北菜、山西菜、山東菜和河南菜等七、八種地方菜。北方菜用料實在，大體以家禽、家畜的肉類為主，很少用到海鮮。這和北方之物產有關。

4. 川菜：因市場改變較偏向粵菜、湘菜和江浙菜等，所以川菜之盛況似已一去不返，這是在目前台灣的情況。比較著名之川菜有棒棒雞、宮保雞丁、乾燒明蝦、豆酥鱈魚、鍋巴蝦仁、麻婆豆腐、魚香茄子、乾煸四季豆等。

5. 台菜：台菜之特色以清淡簡單為主，目前台菜除傳統之清粥小菜、菜脯蛋、瓜仔肉、豆豉生蠔、鹹酥蝦及三杯雞之外，也加入福建菜、潮州菜、粵菜和江浙菜等，使其較具變化性，也較具競爭力。

6. 江浙菜：江浙菜亦稱上海菜，包括以寧波菜為代表的浙江菜，以上海、蘇州為代表的江蘇菜，以及淮陽菜。江浙菜之特色是重油、味濃、糖重、色鮮，擅長海鮮之烹調，變化頗多。

7. 素食：素食者其主要原因是宗教信仰，如佛教、一貫道等；其次是為了健康、不攝取動物食品或是減肥等。比較有名之素食菜餚有羅漢齋、紅燒栗子、鐵板豆腐、山珍粉絲、素膾香菇、八寶五丁、春捲香絲等。

◎各國料理餐廳

1. 法式西餐：法國菜提供了視覺、品味、裝盤擺飾、表演性桌邊烹調、手推車展示服務、葡萄美酒、親切個人化的服務以及舒適柔和用餐氣氛（如鮮花、燭檯和燈光的佈置）等。傳統法式西餐廳逐漸式微，以適當綜合美式菜餚及美式服務，來突破傳統法式菜餚及法式服務之瓶頸，是法式西餐廳應走的一條路。

2. 義大利菜：由於義大利菜風味特殊，且無法式餐飲之缺點，加上價位不高，使得義大利菜大受國人喜愛。但是若要吃較高級的義大利菜，那就非國際觀光大飯店附設義大利餐廳莫屬。

3. 鐵板燒：日式鐵板燒類似法式餐飲之桌邊烹調，故日式鐵板燒在美國大受歡迎。主要材料有牛肉、豬肉、雞肉、龍蝦、花枝、干貝、鱈魚和蔬菜類。定食之鐵板燒包含了甜點及咖啡或紅茶。

4. 日本料理：日本菜並沒有中國菜之烹調技巧，但由於它能自創一格，所以日本料理在世界各地也頗受歡迎。生魚片、壽司、味噌湯、烤鰻、甜不辣等是著名日式料理，其中以生魚片、壽司吸引最多顧客。

◎酒吧

1. 大廳酒吧：設立於旅館大廳之角落，代表旅館風格之正統酒吧，設備高尚，備有各式葡萄酒、名酒以及雞尾酒，設立主要目的是讓旅客在長途旅程中放鬆，或是讓旅客消磨等待之時間。

2. 鋼琴酒吧：通常設立於旅館頂樓或是較靜之樓層，並提供優美之鋼琴伴奏或輕音樂，亦使人陶醉在酒吧氣氛中，可稱此類之酒吧為鋼琴酒吧。

3. 服務酒吧：此類型酒吧是附設於餐廳，主要提供給至餐廳用餐的客人，不單獨對外營業，其酒類供應也相當齊全，各式葡萄酒、名酒雞尾酒都應有盡有。

4. 開放酒吧：開放式的可移動酒吧，是臨時設置供應飲料及酒類之吧台，一般是提供雞尾酒會，餐會等之使用，其飲料及酒類之種類有所限制，不能像固定式之酒吧應有盡有。

5. 客房酒吧：在某些國際觀光旅館中，每間客房皆設有一吧台，此設施稱為客房酒吧，在房間內設置冰箱，飲料及一些小瓶的洋酒，是專為客房所設一種經濟實惠的小酒吧。

6. 會員酒吧：僅招待所屬會員及其家屬、朋友之酒吧，一般而言，此類酒吧要收會員費及年費，其設施及供應的酒精及非酒精飲料與旅館所設之大廳酒吧相當。

◎外燴

在餐廳生意競爭日趨激烈之情況下，許多國際觀光大飯店之餐廳或宴會廳，不得不積極開發外燴市場，為自己營業單位製造更高的業績。通常外燴提供之菜色依顧客之要求而定，可選擇中、西餐外燴或特殊料理，但在選擇何種料理之餘尚需要考慮到人手、設備和材料，所以一個成功的外燴，務必要做到仔細規劃。業者和顧客必須詳細溝通，否則很容易產生彼此之抱怨，但大型外燴之收入相當可觀，業者在業績導向之觀念下，不要忘記服務品質。

■美食餐廳（Gourmet restaurant or fine dining room）

所謂Dining Room是指較正式的餐廳，菜色種類不多，以講究精緻為主，以高品質服務著稱，並營造高雅的用餐氣氛。

■家庭式餐廳

顧名思義，此類型餐廳適合全家大小一起用餐，價格也較美食餐廳低，在一般中等收入之家庭可負擔的範圍內。由於菜色要老少適宜，所以其菜色種類也相當多，此類型餐廳菜色廣泛、價錢合理、食物新鮮，再加上有快速及親切服務，所以在歐、美、日各國皆非常受歡迎。

■特色餐廳

此類型餐廳有的以某一道美食為其特色，有的以餐廳裝潢為其特色，有的是以經營者性格之喜愛所延伸出的感覺為其特色，又稱為個性化餐廳。此類型之餐廳易褪流行，經營者必須努力維持它的生命，經常要有新的市場行銷策略，來延續其生命週期。

■咖啡廳

特點是大眾化口味，快速服務，簡單烹調和合理消費。此種獨立之咖啡廳銷售菜餚以簡餐為主，菜色內容也有所限制，不易如旅館咖啡廳，經常有各國文化美食節的促銷。其次，平常菜餚的供應方式，有時會採用吃到寶自助餐的方式來增加營業額。

■速食餐廳

　　速食店餐廳特色可歸類為快速的服務、價格低廉、菜單有限、標準化作業，以及半成品食物原料，配合全自動或半自動機器設備，操作時間短暫。除了顧客在餐廳以自助方式至櫃檯點菜之後用餐外，外賣生意也是速食餐廳另外一個營業額之來源。

■酒吧

　　國際觀光旅館酒吧有大廳酒吧、鋼琴酒吧、服務酒吧等不同酒吧。而獨立酒吧則通常有樂隊伴奏，歌手駐唱，主要音樂以西洋老歌、西洋流行歌曲為主，以時段不同來安排演奏演唱歌曲之種類。

二、非商業型

(一)員工餐廳

　　企業業主為解決員工午餐及提高工作效率，往往會設置員工餐廳，免費提供員工用餐。大都會中小企業因場地取得不易，故無此項服務。至於大型企業，如旅館、大型餐飲事業，皆會有員工餐廳之設置。

(二)機關團體飲食

　　這類型餐飲事業種類有養老院、軍隊、學校、醫院、政府機關及監獄伙食等，其設立主要目的是服務屬於該團體之職員或特定顧客，不以營利為其主要目的。凡是屬於大眾膳食，其菜單皆採用週期性菜單，以增加菜色變化來滿足使用者之口味。

(三)便利食品

　　此類餐飲事業含販賣機食品、超商冷凍加熱食品、攤販簡餐、便當業簡餐、罐頭食品及冷飲業。

第二節　餐飲業的組織

　　餐飲部經理除管理餐飲部辦公室運作外，也要管理督導其營業單位。隸屬餐飲部門之單位有宴會廳、中餐廳、西餐廳、客房服務、飲務組、器皿餐務組、點心房以及各營業單位之廚房。

　　國際觀光旅館的餐飲部是最大的生產單位，它的組織是極為複雜的，所有的作業凡「內場」與「外場」，按組織原則，把相互有關聯的各部門，排列為一系列的程序，以適合本身環境與需要，讓人與事密切組合；所謂「管理系統化」，組織型態採縱向與橫線混合式的編組，縱者實施「逐級授權、分層負責」，橫者使「朝向一連串的有效活動管理督導與工作協調」。

一、餐飲組織的基本原則

　　餐廳的種類為數甚多，就以美國一地而言，即有二十幾種之多。一般而言，其餐廳組織的原則均一樣，即統一指揮、指揮幅度、工作分配、賦予權責等四項。謹分述於後：

(一)統一指揮（unity of command）

　　即一個員工僅適宜接受一位上級指揮，不宜同時受命於數人，避免無所適從，甚而紊亂體制，失去效能。

(二)指揮幅度（spend of control）

　　係指一個單位主管所能有效督導指揮的部屬人數。若是工作愈複雜、地區愈分散時，其負責監督的單位愈應該減少。但此幅度大小並無一定客觀標準，以美國為例，一家餐廳之主管以一人督導一至十二人為宜。

(三)工作分配（jobs assignments）

所謂「工作分配」，係指按每位員工本身的個性、學識、能力等因素，分別賦予適當的工作，使其各得其所，人盡其才，以達最高工作效益。

(四)賦予權責（delegation of responsibility & authority）

係指工作分配後，再逐級授權、分層負責之意思。至於權責之劃分宜分明，以增進工作效率，並可藉此培育主動負責的幹部人才。

二、餐飲組織的基本型態

近年來，現代化新穎餐廳不斷問世，僅台北市餐廳據統計就有近千家之多，餐廳數量不但與日俱增，且種類亦繁，但其餐廳內部組織型態大致雷同，一般而言有下列三種：

1. 直線式：此型式的指揮系統，係由上而下，宛如直線垂直而下，每位員工的職責劃分十分清楚，界限分明，部屬須服從上級所交下的任何命令，並努力認真去加以執行，每人權限職責劃分明確為直線式之特色。
2. 幕僚式：此型式之特色是這些「指揮者」均是幕僚顧問性質，僅能提供各部門專業知識或改進意見，但不能直接發佈或下達行政命令。易言之，這些人員之建議或指示，必須先透過各級主管人員，才可到達各部屬。
3. 混合式：此型式之特色為該指揮系統乃綜合上述二種組織型態之優點，加以綜合交錯運用。目前此型式為現代企業經營的餐廳所最常見，且普遍為人採用之一種。

三、餐飲組織系統與概況

現代化之餐飲經營管理已由傳統家族式之經營逐漸走向企業化科學管理，講究統一指揮、分層負責，因此每個餐廳均有其特定的組織系統，在這個系統下分設許多不同部門，使其分工合作、相輔相成，以達餐廳最高營運目標（**圖2-2**）。

(一)餐廳部

係負責飯店內各餐廳食物及飲料的銷售服務，以及廳內的佈置管理、清潔、安全與衛生，內設有各餐廳經理、領班、領檯、餐廳服務員、服務生。

(二)餐務部

負責一切餐具管理、清潔、維護、換發等工作，以及廢物處理、消毒清潔、洗刷炊具、搬運等工作。它在餐飲部門中居於調理、服務和外場三單位之協調工作。

(三)飲務部

係負責館內各種飲料的管理、儲存、銷售與服務之單位。

(四)宴會部

係負責接洽一切訂席、會議、酒會、聚會、展覽等業務，以及負責會場佈置及現場服務等工作。

(五)廚房部

係負責食物、點心的製作及烹調，控制食品之申領，協助宴會之安排與餐廳菜單之擬訂。

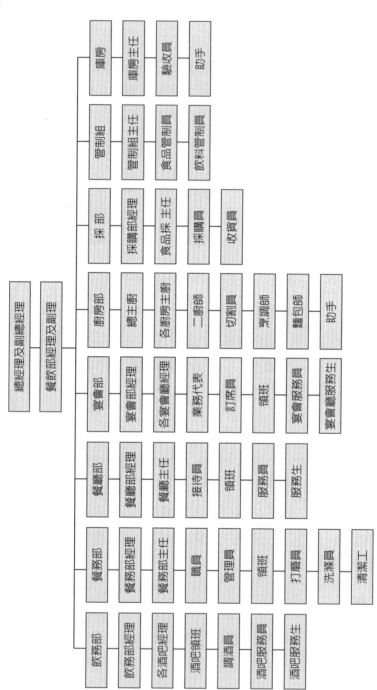

圖2-2　大型旅館餐飲組織系統圖

(六)採購部

負責飯店內一切用品、器具之採購,對餐飲部甚重要,凡餐飲部所需一切食品、飲料、餐具、日用品等等,均由此單位負責採購之。此外採購部尚有審理食品價格、市場訂價、比價檢查之責。

(七)管制部

負責餐飲部一切食品、飲料之控制、管理、成本分析、核計報表、預測等工作。它不直屬於餐飲部,爲一獨立作業單位,直接向上級負責。

(八)庫房

負責倉儲作業之驗收,儲存及發放等工作。主要成員有庫房主任、驗收員與助手。

第三節　餐飲工作人員之職責與工作時間

今日餐飲的經營管理已逐漸走向科學化、企業化的管理,一切分層負責,分工合作,因此對於餐廳各部門之工作時間與職責,所有餐飲從業人員務必全盤瞭解,才能勝任愉快。

一、餐廳工作人員之職責

(一)餐廳經理

主要任務:爲使餐廳達到最有效率之營運,因此他必須與各部門保持密切聯繫與協調,以提供客人最好的服務與佳餚。

(二)領檯

　　主要任務：務使每位客人能被親切招呼，而且迅速引導入座。

(三)領班

　　主要任務：負責轄區標準作業維護，督導服務員依既定營業方針努力認真執行，使每位客人得到最友善之招呼與服務。

(四)服務員

　　主要任務：遵照上級指示，完成標準作業，以親切之服務態度來接待顧客。

(五)服務生

　　主要任務：輔助餐廳服務員，以確保餐廳順利地運作，達到最高服務品質。

(六)餐廳出納

　　主要任務：隸屬於餐廳經理（或公司會計組得受經理督導），監督餐飲出貨手續正確，防止漏單、漏帳與損及餐廳財務之情事發生。

二、餐廳工作人員時間之分配

　　由於餐廳種類繁雜且性質不一，因此餐廳營業時間也就不同，其所屬員工之工作時間安排隨之而異，不過一般餐廳其排班大多以三班制及二班制為主，即早班與晚班或早、中、晚等三班。謹舉例說明如下：

　　目前一般國際觀光飯店各餐廳人員工作時間為：

　　1.咖啡廳：
　　　(1)早班：上午六點半～下午二點半。
　　　(2)中班：中午十二點～下午八點。

(3)晚班：下午四點～凌晨十二點。

2.酒吧：

　　(1)早班：上午十點～下午六點。

　　(2)晚班：下午五點～凌晨十二點，或下午六點～凌晨一點。

3.正式西餐廳或牛排館：

　　(1)早班：上午十點半～下午二點半，下午五點半～晚上十點半。

　　(2)晚班：中午十二點～晚上九點。

4.中餐廳：

　　(1)廣東菜兼茶樓及供應早餐

　　　A.早班：上午七點～下午二點半。

　　　B.晚班：下午二點～晚上十點。

　　(2)江浙菜、川菜、湘菜館

　　　A.早班：上午十點半～下午二點半，下午五點半～晚上十點半。

　　　B.晚班：中午十二點～晚上九點。

5.宴會廳：上班時間不一定，視當所訂之宴會表爲實施依據。

第四節　廚房工作人員之職責

　　由於每家餐廳之組織系統並不相同，所以其廚房內部編制也不一樣，不過一般而言，廚房人員大部分有主廚、副主廚、廚師、切肉師、麵包師、助手……等等（**圖2-3**），茲將其職責分別介紹於後：

一、廚房工作人員之職責

(一)主廚之職責

　　1.負責菜單之製作及食譜之研究創新。

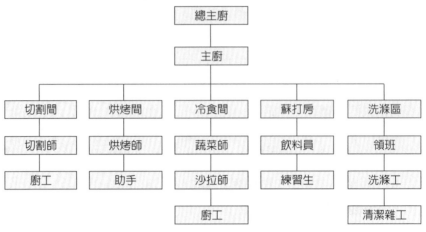

圖2-3　廚房組織系統

2.每日菜單之各項食品價格擬訂。

3.檢查食物烹調及膳食準備方式是否正確。

4.檢查食物標準份量之大小。

5.檢查採購部門進貨之品質是否合乎要求。

6.須經常與餐飲部經理、宴會部經理及各部門經理聯繫協商。

7.負責廚房新進員工之訓練及員工考評。

8.負責廚房人事之任用及調配。

9.參加例行餐飲部會議。

10.直屬餐飲部經理，向餐飲部經理負責。

(二)副主廚之職責

協助主廚督導廚房工作，其任務與主廚同。

(三)廚師之職責

1.負責食品烹飪工作。

2.爐前之前煮工作。

3.各種宴會之佈置與準備。

4.檢查廚房內之清潔、衛生與安全。

5.工作人員調配及考核品性之報告。

6.申領廚房內所須一切食品。

7.直接向主廚負責。

(四)切肉師之職責

1.烹飪前之切割工作。

2.各類菜單上魚肉之準備工作。

3.調配工作。

4.申請所需物品,及直接向主廚負責。

(五)麵包師之職責

1.負責製作及供應餐廳麵包類。

2.負責製作及供應餐廳甜點類。

3.蛋糕及特訂之點心類。

4.申請所需物品及製作數量之報告。

5.直接向主廚負責。

(六)助手員之職責

1.搬運清理工作。

2.準備遞送工作。

3.收拾剩品及整理工作。

4.副食品及佈置品之佈置工作。

二、工作時間分配

廚房工作人員之工作時間均與餐廳服務人員之工作時間一樣,是採取輪班制,有些二班制,有些是早、中、晚等三班制。

一、簡答題

(一)現代的餐廳依服務方式可分為哪幾種？

　　答：餐桌服務型、櫃台服務型、自助式、機關團體型。

(二)一家具有規模的旅館餐飲部應設置有哪些餐廳？

　　答：中式餐廳、西式餐廳、宴會廳、各國料理餐廳、客房餐飲、
　　　　酒吧或酒廊、咖啡廳、夜總會。

(三)請簡述餐飲組織的基本原則。

　　答：統一指揮、指揮幅度、工作分配、賦予權責。

(四)機關團體型的餐廳因設置地點的不同可分為哪幾種？

　　答：員工餐廳、學校餐廳、醫院餐廳、工廠餐廳、空中廚房。

二、問答題

(一)請詳述餐廳經理的主要職責。

　　答：餐廳經理的主要職責：

　　　　1.務使餐廳在有效率情況下營運，且隨時提供良好服務。

　　　　2.負責管理所有餐廳工作人員。

　　　　3.根據各項營業資料來預測及安排員工之工作時間表。

　　　　4.預測銷售量、營運計畫之釐訂與業務推廣。

　　　　5.建立有效率之訂席系統，使主廚便於控制安排菜單。

　　　　6.擬訂各項員工訓練計畫及課程安排。

　　　　7.顧客抱怨事件之處理。

(二)為何中級餐廳較高級餐廳和大眾餐廳難經營？

答：大多數人開餐廳喜歡開中等級的餐廳，裝潢、菜餚、服務不是很講究，但也不差；餐飲賣價不算高昂，但也不便宜。這類餐廳經營者的想法是，中間路線客源最廣，存活最容易，加上賣價有合理的利潤，最可能賺錢。

在這種想法影響下，目前市面上開得最多的就是中級餐廳。但事與願違的是，客源最不易掌握，生意最不穩定，最常遭客人抱怨又最不容易賺錢的，正是這種走中間路線的餐廳。

為什麼中級餐廳反而比高級餐廳和大眾餐廳難經營？道理很簡單，因為消費者要應酬會想到高級餐廳，只為填飽肚子會選擇大眾化餐廳，中級餐廳「高不成、低不就」，成為應酬和填飽肚子之間的灰色地帶。同時中級餐廳不容易建立特色，替代性太高，競爭又非常激烈，更造成經營上的困難。

第二篇

管 理 篇

Chapter 3
餐飲行銷與資訊管理

第一節　餐飲行銷技巧與促銷活動

　　餐飲行銷指餐廳與顧客雙方互相溝通訊息。行銷的過程也就是訊息傳遞的過程。餐飲行銷的任務是使目標市場上的顧客知道他們可以在哪個餐廳或其他就餐場所支付合理的價格，享用到適合他們口味的菜餚和服務，說服、影響和促使消費者購買餐廳的產品和服務，並透過他們影響更多的就餐者前來餐廳大量消費、反覆消費，吸引更多的消費者。

一、餐飲行銷的目的

　　餐飲行銷的目的有以下幾個方面：

1.讓消費者知曉你的餐廳。也就是要透過各種形式的推銷，讓消費者知道某餐廳的存在，知道其提供的菜餚產品和服務；還要提高他們對其形象和內容的認識程度，這也要透過各種形式的推銷來實現。

2.讓消費者喜愛你的餐廳。餐廳要著重宣傳自己的菜餚質量、價值、績效和其他優點，造成消費者在同行競爭中偏好你的餐廳。

3.讓消費者信服你的餐廳。信服是導致購買的前奏，也是促使其反覆光顧餐廳的基礎。因此，要透過行銷和實實在在的經營管理，使消費者對光顧你的餐廳所獲得的質量、價值深信不疑。

4.促使消費者光顧你的餐廳。通過行銷和各種促銷活動，爭取使信服你的餐廳的客人立即光顧你的餐廳。

　　明確了行銷的目的以後，要確定行銷的內容，即向客人提供哪些訊息，然後必須確定推銷的媒介和形式。

二、餐飲行銷的原則

餐飲行銷的原則如下：

1. 滿足顧客的需求與慾望：行銷的首要重點，在於滿足顧客的需求（顧客已擁有及他們會想擁有這兩者之間的差距）與顧客的慾望（顧客察覺到的需求）。
2. 行銷的永續本質：行銷是一種持續不斷的管理活動，並非一次就做完的決策。
3. 行銷是連續性步驟：好的行銷是遵循一系列連續性步驟的過程。
4. 行銷研究的關鍵角色：有效的行銷充分利用行銷研究的結果來預期與確認顧客的需求與慾望。
5. 餐飲旅館與旅遊組織間的相互依賴：在此產業中的所有組織，有許多在行銷方面相互合作的機會。
6. 全體組織內及多部門間的共同努力：行銷並非只由某個單一部門來全權負責。要想獲得最佳的成果，需要所有的部門或單位共同全力以赴。

結合上述六項基本行銷原則，則行銷學的定義便躍然浮現，行銷乃是一種持續不斷及連續步驟的過程。藉由這項過程，餐飲旅館與旅遊業的管理階層致力於計畫、研究、執行、控制及評估各種滿足顧客之需求與慾望及組織本身目標的各種活動。

三、餐飲行銷機會分析

(一)餐飲行銷環境分析

五種行銷環境要素包括：競爭、經濟環境、政治與立法、社會與文化，以及科技。分析這些要素，有助於突顯各種長期的行銷機會

與威脅。就組織來說，當它喪失對行銷環境的洞察力時，很可能就會遭受致命的傷害。形勢分析對每一項行銷環境要素不斷地核對，再核對，是預測未來重要事件的有效方式。

那些完全超乎個別組織所能控制的各種要素，諸如經濟、社會、文化、政府、科技……及人口的趨勢等，都是無法控制的。競爭者與顧客行為型態則是可以影響，但卻無法完全控制；至於餐飲旅館與旅遊業、供應者、債權人、配送管道，及其他大眾團體等，亦復如此。

由以上討論結果可知，行銷環境可分為三種層次，參見**圖3-1**。第一個層次是能夠被控制的「內部環境」，亦即餐飲旅館與旅遊的行銷系統。第二個層次則是可以影響但卻無法控制的環境。

(二)餐飲行銷地點與區位分析

公路設計的改變、新的建築物、新的主要競爭者，及其他因素，

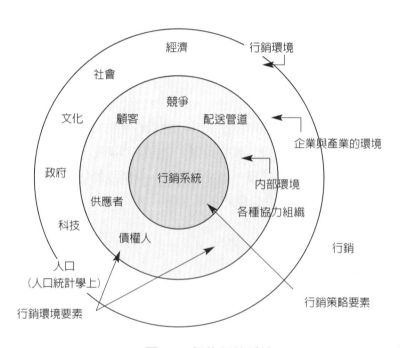

圖3-1 餐飲行銷系統

資料來源：王昭正譯（1999），《餐旅服務業與觀光行銷》，台北：弘智出版社，頁167。

都可能使某個位置的吸引力大爲降低。請切記一件事：設置地點可以讓一個餐飲旅館與旅遊的企業蓬勃發展，也可以使其一蹶不振。地點與市場有關的各種特性，都必須不斷地重新評估；其中最重要的，乃是提供給潛在顧客的接近性、取得性及可見性。

地點與地區分析分成兩部分。首先是對整個區域，亦即對各種社區資源進行盤點；第二部分則是評估社區趨勢及其影響衝擊。

(三)餐飲主要競爭者分析

主要競爭者都應仔細觀察，以分析出其各種主要強弱處。進行評估時，各種不同的資訊都應該加以運用。假如他們的行銷是相當有效的，這些就是他們最主要的長處所在。接下來，便是實際檢視、觀察及抽樣。大部分旅館及餐廳的顧問人員，使用標準化檢核表，實際檢視競爭者的營運。

(四)餐飲市場潛力分析

■以注顧客分析

每一個餐飲旅館與旅遊的組織都應該持續追蹤顧客數量及其特性。儘可能多瞭解這些以往的顧客，乃是一個組織在時間與金錢上的最佳投資之一。隨著目前企業對「關係行銷」與「資料庫行銷」（data base marketing）日益重視，針對組織以往的顧客做更深入的瞭解，也因而變得極爲重要。

■潛在顧客分析

所有組織都必須對各種新顧客來源保持高度警覺性；而形勢分析則能以許多不同方式，來幫助這項目標的達成。「地點與社區分析」能夠指出各種源自設置地點（亦即接近性）及與其他協力企業合作所產生之新市場機會。而「主要競爭者分析」則可指出各競爭者的目標市場及其成功的行銷活動。最後，「行銷環境分析」則可以指出各種新的潛在市場。

(五)餐飲服務分析

在完成了主要競爭者分析與市場潛力分析之後，再進行這項自我分析，那將更為實際，且更有效益。它是屬於一種兩個部分（two-pan）的過程，盤點各種設施與服務，及現場檢驗各種狀況。

(六)餐飲行銷定位與計畫分析

形勢分析的最後一個階段衍生自先前所有的階段，為整個資訊蒐集與分析過程的最高潮。必須考慮兩項關鍵問題：我們在以往與潛在顧客的想法 是佔何種地位，及我們的行銷效果又如何。

四、餐飲行銷策略與目標

(一)餐飲行銷的目標

餐飲促銷的最終目的，是要透過傳播來修正或改變顧客的行為。要達此目標，就必須在購買過程的不同階段對顧客提供幫助，使他們購買或再次購買某特定服務。對於各種新推出（即產品生命週期的初期階段）的服務或產品，以及處於購買過程初期階段（即需求的察覺與資訊的蒐集）的顧客來說，以提供訊息為訴求的促銷活動發揮的效果最好。對於那些處於產品生命週期之後期階段（即成熟期與衰退期）的服務或產品，以及處於購買過程之後期階段（即購買後的評價與採用）的顧客來說，以提醒為訴求的促銷活動可發揮最佳效果。

(二)餐飲行銷組合

行銷組合中的八項構成要素（產品、價格、地點、促銷、包裝、規劃、人員及合夥）是發展行銷計畫時必須處理的。促銷組合只不過是行銷組合的一項構成要素；促銷組合必須要能對其他七個要素產生互補的效果。促銷組合的五種構成要素分別為：廣告、人員銷售、銷售促銷、展售、公共關係與宣傳。

■廣告

廣告是促銷組合最廣泛可見而且最易辨認的構成要素；大部分的促銷費用，也都花在廣告上。

◎定義

廣告是「透過各種媒介之付費的、非個人式的傳播；是公司行號、非營利性組織與個人，希望以某種方式讓自己在廣告訊息中能夠被確認，以及希望藉此告知與人或說服某一群特定成員」。廣告使用的方法是非個人式的——也就是說，不論是出資者或代表人，都不會實際現身來把這項訊息傳播給顧客。廣告中的訊息，不見得都以創造銷售為直接訴求。有時候，出資者的目標只是為了要傳遞一種對該組織是屬於正面的觀念，或一種有利於該組織的形象而已（也就是我們常說的「公益性」廣告）。

◎優點

廣告有下列優點：

1.每個接觸對象的平均成本低廉。
2.延伸業務人員無法涵蓋之地點與時間。
3.具有更寬廣的空間來創造訊息的多樣性與戲劇性。
4.具有重複訊息的潛力。
5.大眾媒體廣告帶來的名氣、聲望與深刻印象。

◎缺點

廣告所具備的強大勢力、高度說服力，以及無遠弗屆的本質，是不容否定的。雖然如此，它還是存在著某些限制與缺點：

1.不具有「完成」交易的能力。
2.廣告的「騷亂」現象。
3.顧客可以不理會廣告訊息。
4.不易獲得立即的反應或行動。
5.缺乏獲得迅速回饋與修正訊息的能力。

6.不易測定廣告的效果。

7.「浪費」的因素相對較高。

■人員銷售

◎定義

　　人員銷售牽涉到口語交談，是由業務人員與潛在顧客以電話或面對面的方式進行的一種銷售方式。

◎優點

　　1.具有「完成」交易的能力。

　　2.具有掌握顧客注意力的能力。

　　3.立即的回饋與雙向溝通。

　　4.針對個別需求提供「量身訂做」的說明。

　　5.具有精確鎖定目標顧客的能力。

　　6.具有培養關係的能力。

　　7.具有產生立即行動的潛力。

◎缺點

　　1.每個接觸對象的平均成本昂貴。

　　2.缺乏有效接觸某些顧客的能力。

■銷售促銷

◎定義

　　銷售促銷指提供某種短期的誘因給顧客，讓他們做出立即的購買。例如：各種折扣優惠券、競賽與彩金、樣品，以及獎品等。

◎優點

　　1.可將廣告與人員銷售的某些優點做一組合。

　　2.具有提供迅速回饋的能力。

　　3.具有添加某項服務或產品之刺激性的能力。充滿想像創意的銷售促銷活動，可以為餐飲服務添加刺激性。

　　4.折扣優惠券可以附加在各種外帶或外送食物的包裝上。

5.使用時機深具彈性。

6.銷售促銷也相當具有效率。

◎缺點

1.短期的利益。銷售促銷最誘人之處，在於能夠讓銷售量在短期間內立刻激增。

2.建立對公司或「品牌」的長期忠誠度之效果甚微。

3.就長期而言，若缺乏其他促銷組合要素的配合，則沒有單獨使用的能力。

4.經常被誤用。

■展售（購買點廣告）

將展售歸類於銷售促銷的技術，是常見的事，因為它並不會牽扯到媒體廣告、人員銷售，或是公共關係與宣傳。在本書中，將展售與其他銷售促銷方式分開討論，是因為展售具有的獨特性，以及它對這個行業的重要性。

◎定義

展售，或稱為購買點「廣告」，指為了激勵營業額所使用的各種內部材料；這些材料涵蓋例如菜單、酒類名單、直立式桌上型菜招牌、海報、展示品，以及銷售點內的其他促銷物品。

◎優點

展售的優點與所有銷售促銷的好處都相當類似，包括：

1.可將廣告與人員銷售的某些優點做一組合。

2.具有提供迅速回饋的能力。

3.具有添加服務或產品之刺激性的能力。

4.可提供傳播的額外途徑。

5.使用時機深具彈性。

展售的兩項額外優點是：

1.可激勵「衝動性購買」，以及更高的每人平均消費額。

2.對各種廣告活動提供支持。

◎缺點

　　展售與其他銷售促銷技巧之間的主要差別，在於展售並不見得會提供顧客財務上的誘因，而且某些展售產生的影響也可能是長期性的。展售雖然可能帶來持續期間較長的正面影響，但是在建立長期性的「品牌」忠誠度上，它的成效依舊相當有限。雖然它在缺乏其他促銷組合構成要素的支持下，還是可以運用，但如果能將展售與人員銷售及廣告加以結合的話，效果必然更明顯。

■公共關係與宣傳
◎定義

　　公共關係指餐飲旅館與旅遊組織，為了維持或改善自己與其他組織及個人之間的關係，而採行的所有活動。宣傳則是一種公共關係的技巧，指與某個組織的服務有關，但並不需要付費的各種資訊傳播。

◎優點

1.成本低廉。與其他的促銷組合構成要素相較之下，公共關係與宣傳的成本相當少。

2.由於未被視為商業訊息，因此會比較有效。宣傳具有滲透而越過認知防衛的能力。

3.具可信度與「暗示性的保證」。

4.具有大眾媒體報導所能帶來的名氣聲望與深刻印象。

5.可添加刺激性與戲劇性。

6.可維繫一種「公開的」參與。各種公共關係的活動，可以確保組織在各種「群眾」中維持一種持續的、正面的參與。這些「群眾」包括了當地的、媒體的、金融的、員工的，以及相關業者。

◎缺點

1.在安排上不容易維持一貫性。要想獲得正面的宣傳，通常是一項「缺乏穩定性」的工作。

2.不易控制。在缺乏控制方面，另一個相關問題是：沒有能力確保報導與陳述的內容與你希望的完全一致。

五、促銷活動

(一)店內促銷活動

店內促銷活動是以招徠客人和娛樂爲目的而製造出具有話題性且能吸引客人參加的一種促銷方法。餐廳原本是提供食品、飲料的場所，而現在它已脫出昔日的巢臼，具有愈來愈多的功能。

■店內促銷的原則

舉辦店內促銷活動，必須掌握幾項原則：

1.第一話題性：舉辦的活動要具有新聞性，能夠產生話題，引起大眾傳播媒介的興趣，從而吸引客人。

2.新潮性：也就是要有現代感，陳腔濫調的花樣，非但不能起到推銷的作用，還可能影響餐廳的聲譽。

3.新奇性、戲劇性：人們普遍有好奇的心理，一個世界最大的漢堡會吸引許多人去觀賞、品嚐；一根世界最長的麵條也具有同樣的推銷效果。

4.即興性和非日常性：既是促銷活動，一般只能在短期內產生效果，否則就毫無話題性、新奇性可言了。

5.單純性：這一原則常常被忽略，有時一件極富創意的促銷活動，卻由於過分地拘泥細節，而變得複雜化，失去了效果。

6.參與性：舉辦的活動應儘量吸引客人參與，歌星駐唱、鋼琴演奏遠不如卡拉OK的參與性高，後者也更能調節氣氛。

■店內促銷的方法

下面介紹幾種店內促銷活動的方法：

1.組織俱樂部促銷：各種餐廳、酒吧都可以吸引不同的俱樂部成

員，酒店是俱樂部活動的理想場所。

2.節日推銷：推銷要把握住各種機會，甚至創造機會吸引客人購買，以增加銷量。各種節日是難得的推銷時機，餐飲部門一般每年都要做自己的推銷計畫，尤其是節日推銷計畫，使節日的推銷活動生動活潑，有創意，取得較好的推銷效果。

3.內部宣傳品推銷：在店內餐飲推銷中，使用各種宣傳品、印刷品和小禮品。店內廣告進行推銷是必不可少的，常見的內部宣傳品有：

(1)定期活動節目單：飯店或者餐廳將本周、本月的各種餐飲活動、文娛活動印刷後放在餐廳門口或電梯口、接待櫃台發送，傳遞訊息。

(2)餐廳門口的告示牌：張貼諸如菜餚特選、特別套餐、節日菜單和增加新的服務項目等。

(3)菜單的推銷：固定菜單的推銷作用是毋庸置疑的，很難想像沒有菜單客人將如何點菜。

(4)帳蓬式台卡：用於推銷某種雞尾酒、酒類、甜品等等，印刷比較精美，也應印上店徽、地址、電話號碼等資料。

(5)電梯內的餐飲廣告：電梯的三面通常被用來做餐廳、酒吧和娛樂場所的廣告，這對住店客人是一個很好的推銷方法。

(6)小禮品推銷：餐廳常常在一些特別的節日和活動時間，甚至在日常經營中送一些小禮品給用餐的客人，這些小禮品要精心設計，根據不同的對象分別贈送，其效果會更為理想。

(二)店外促銷活動

■外賣促銷活動

外賣是指在飯店的餐飲消費場所之外進行餐飲銷售、服務活動：

1.外賣促銷活動的組織：外賣部通常屬於宴會部的一個部門。由宴會部負責推銷和預訂，交由外賣部落實安排。外賣部擁有專

門的外賣貨車和司機、雜工，負責搬運家具、餐具。

2.外賣促銷的對象：

(1)外國派駐的使館和領事館等官方機構。這在首都和一些大型
口岸城市較多。

(2)外國的商業機構、辦事處。他們頻繁的商業往來會給飯店帶
來許多生意，在他們的住所舉辦宴會比較隨便、隱密。

(3)「外資企業」。外國企業大都有周年慶、酬謝員工的活動，
自己的店慶、新產品研製成功、單項工程落成等都會舉行一
些活動來慶祝。這些企業往往有一定規模，場地條件好，是
外賣的好買主。

(4)金融機構。金融機構舉辦的活動也比較多，尤其是銀行的年
會等。

(5)政府機構和國營企業。到飯店大吃大喝是一種浪費現象，但
如果在本單位舉辦適當規模的酒會、餐會，既花錢少，又可
起到聯歡作用。

(6)大學院校。適合於舉辦一些酒會、自助餐等，通常開學、畢
業、結業等時候舉行。

(7)有條件的家庭。隨著人民生活水平的提高、住宅條件的改
善，家庭外賣筵席在城市地區也同樣有一定的市場。

3.外賣的促銷方法：推銷者要做好詳細的本地企業名錄蒐集工
作，分類記入檔案，尋找推銷的機會。另外，良好的公共關
係、頻繁地與顧客接觸，都會產生推銷的作用。

(三)針對兒童的促銷活動

兒童常去的餐廳是快餐店，因為這些餐廳往往設有專門為兒童服
務的項目。針對兒童的推銷有以下幾個要點：

1.提供兒童菜單和兒童份量的餐食和飲料。多給一些對兒童的特
別關照，會使家長備感親切而經常光顧。

2. 提供為兒童服務的設施。為兒童在餐廳創造歡樂的氣氛，提供兒童座椅、兒童圍兜、兒童餐具，一視同仁地接待小客人。

3. 贈送兒童小禮物。禮物對兒童的影響很大，要選擇他們喜歡而又與餐廳宣傳密切聯繫的禮品，以起到良好的推銷效果。

4. 娛樂活動。兒童節目中常常露面的卡通人物在餐廳露面，對兒童也是一種驚喜的誘惑。另外，餐廳還可以放映卡通片、講故事、利用動物玩具等吸引兒童。這樣做的另一個作用，是兒童盡情玩耍的時候，其父母也可悠閒地享用他們的佳餚。

5. 兒童生日促銷。餐廳可以印製生日菜單進行宣傳，給予一定的優惠。現在兒童生日越來越受家長的重視，飯店通常推銷的生日宴有「寶寶滿月」、「周歲宴會」等等。

6. 抽獎與贈品。常見的做法是發給每位兒童一張動物畫，讓兒童用蠟筆塗上顏色，進行比賽，給獲獎者頒發獎品，增加了兒童的不少樂趣。孩子離開餐廳時，也可送一個印有餐廳名稱的氣球，作為紀念。

7. 贊助兒童事業，樹立餐廳形象。飯店可為孤兒院等兒童慈善機構進行募捐，支持兒童福利事業，樹立企業在公眾中的形象，也可設立獎學金，吸引新聞焦點。贊助兒童繪畫比賽、音樂比賽等也可起到同樣的轟動效應。

第二節　餐飲管理資訊化

餐飲業快速發展過程當中，如何善加運用現代資訊科技，是身為現代餐飲管理階層所應面對的重要課題。尤其餐飲的結構和市場的狀況，經常一夕數變，經營管理者想要在多變環境中應付自如，就必須從資訊系統中，及早獲得充分有利的相關資訊，再參酌當時情況，依據既定的總政策，加以分析、研判，得到結論，作為決策行動的綱領。因此，管理資訊系統（management information system）遂在這種

環境之下應用而生。

　　如果以「顧客的滿意度」來考慮提升服務品質的方法，員工，尤其是與顧客直接接觸的服務人員，是影響顧客滿意度的關鍵，除了加強訓練、提高待遇及實施獎勵制度外，運用先進的科技來支援第一線員工作業，以提高生產力，已成爲提升服務品質必要的工具。因而「顧客」、「員工」、「科技」的掌握，成爲餐飲業者突破困境、擬訂競爭策略的核心。

一、餐飲管理資訊化的效益

　　外場管理系統是整個餐飲業自動化系統的重心，其所帶來的效益亦即是整體自動化的效益，下面分別就顧客、服務人員、廚房及經營者四個方面加以說明。

(一)顧客方面

　　對顧客而言，他們可以獲得親切、適時、正確的服務：

1.服務人員隨時可以招呼得到，立即提供需要的服務。
2.服務人員主動推薦口味符合的菜色，使顧客能愉快地用餐。
3.顧客隨時聽到親切的問候，感覺受到禮遇。
4.點菜、出菜、加菜、結帳正確而迅速。
5.主動告知顧客新菜色、優惠活動，可做爲安排餐會的參考。
6.各種節慶及親友生日的提醒，倍感貼心。

(二)服務人員方面

　　服務人員可以減少顧客抱怨，工作愉快，並有較高的待遇，樂在工作，以服務業爲終生事業。

1.不用擔心是否出錯菜，少出菜……可以專心地招呼顧客，針對顧客的需求立即予以解決，減少顧客抱怨。

2.可以有更多的機會與客戶建立良好的關係，加強顧客的掌握力，增加業績。

3.櫃台出納人員不用擔心結帳錯誤，可以保持輕鬆的心情，以親切的態度服務顧客。工作更有效率，責任感加重，但是心情愉快，有成就感。

(三)廚房方面

廚房可以迅速獲得所有客人的點餐資料，順暢地執行餐點的準備工作，提高工作效率，降低成本：

1.每一桌的點餐內容，透過電腦連線，由廚房的專用印表機清楚地列印出來，完全避免掉以往口述或手寫點餐單，因為記憶不清及字跡辨識困難所造成的錯誤，減少損失。

2.有的點餐資料可以清楚而且快速地傳達到廚房，在餐點的製作上，可以做最佳的安排，提高生產力。

3.可根據餐點的銷售分析資料，瞭解顧客的喜好，調整菜色，或開發新的菜色，提供顧客最滿意的餐飲品質。

(四)經營者方面

經營者可以全盤掌握餐廳的營運狀況，利用即時、正確的各種資訊，研擬提升營運績效的改善方案，以獲取更高的利潤：

1.改變營運策略，以顧客的需求為中心，運用自動化技術，提供更能滿足顧客需求的餐飲與服務。

2.提高服務人員待遇，以第一線人員為重心，全力支援他們對顧客提供更好服務。

3.用年營業額的一定比率（通常是1%），投資於改善資訊系統，掌握市場變動趨勢，適時調整，以維持更高的競爭優勢。

二、餐廳營運資訊化

在餐飲營運方面，餐飲資料系統可提供的協助或服務，主要在於下述三項：

1.顧客的帳單及現金管制。
2.生產線（廚房）與服務線（餐廳）之間的聯絡。
3.經營或管理之監控。

服務人員將其所經手的銷售資料輸入系統後，所有的帳款會以不同的方式表現出來，因而獲得詳細的分類與嚴格的分析，這是餐飲經營或管理的監控上最可靠、也最有效的方式。在歐洲，結帳時已發展出最新的信用卡刷卡機，利用電腦連線統計出來消費額，刷卡機帶到客戶面前將信用卡插入，確認金額，即完成手續，非常簡便。

在經理部門中，運用電腦系統便可取得各種精確的報告，其中包括：

1.餐廳營收統計。
2.餐廳銷售額分析。
3.廚房存貨使用情況。
4.餐廳勞務成本。
5.餐廳服務人員的生產力。
6.餐廳可能獲致的利潤。

這裡要附帶一提的是，如果餐廳是觀光旅館內部的附屬賣點，則其電腦系統要與旅館櫃台的系統連線，這樣便可將顧客的住宿費與餐膳費一併計算，不致遺漏（如圖3-2）。

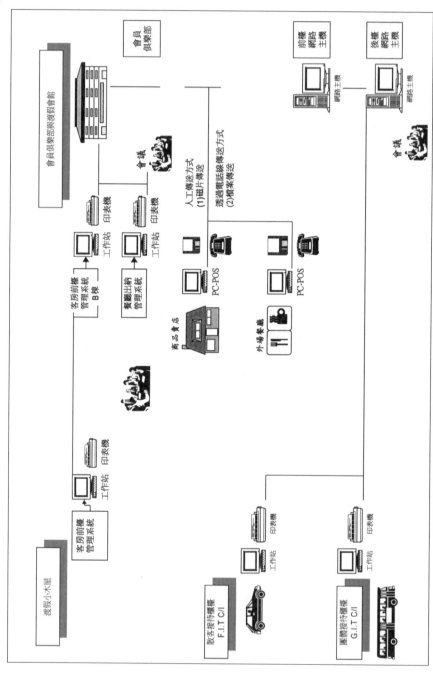

圖3-2　德安大飯店網路硬體系統架構圖

資料來源：德安大飯店網路硬體系統架構圖

三、餐飲資訊化系統的功能

(一)管理的方向

　　餐飲資訊系統可依餐廳營運的需求而作各種不同方式的運用。即以一般事務而言，餐飲資訊系統可用以管制及處理員工的薪津、會計帳務、菜單製訂，以及各個賣點終端機的監控。在具體的餐飲作業方面，餐飲資訊系統更快算出食物流程中由採購、生產到銷售各階段的成本費用，使其獲得精確而密切的管制。

(二)廚房與前場之間作業系統

　　餐廳中消耗人力與時間最多的環節，是服務人員往返廚房與餐室之間的點菜與上菜工作。廚房的大師傅往往會因各種不同的點菜單大量湧到，導致手忙腳亂，應接不暇。但是這問題都可利用電腦終端機的連線作業解決，並且加速了生產線與服務線之間的作業流程。

(三)服務人員間與顧客之聯繫系統

　　這種系統最適用於廚房與餐廳的員工之間的作業聯繫。它以螢幕顯示出某種召喚或行動之催促，例如需要催促廚房上菜時，他可透過系統將其需要的菜顯示於廚房系統的螢幕上，廚房烹飪廚師見了，自會加緊烹製某菜餚。

(四)手持終端機

　　這是餐廳中所使用的一種最先進的電腦連線工具，它像是一個電子計算機，只有手掌大小，可以隨身攜帶。侍者接受顧客點菜時，可以將其立即輸入手持終端機，用無線電遙控技術傳送到廚房的電腦中去。這種手持終端機稱之為「快速點菜上菜系統」，手持終端機的最大優點是節省服務人員的時間，不必依那種設置於固定地點的普通終端機來發送訊息。

四、餐飲資訊系統的管制

餐飲事業經理部門的主要職掌之一是管理或監控其所屬各個賣點的營運作業，尤其是現金收入的管制。而在電腦化之後，中央處理機（CPU）裝置與終端機的連線作業已使經理部門的工作更有效率，更能發揮其管理與監控的功能。

(一)銷售收銀機網路與電腦連線

在終端機網路中插入一座電腦，而與主機櫃台直接連線，則可發揮另外三種功能：營業管制、財務管制、餐飲管制：

1. 在營業管制方面：收銀機記憶系統中的所有菜品均可由中央電腦終端機訂定價格。
2. 在財務管制方面：一切有關營收帳目的資訊可隨時提供給財務經理，其中還包括每一菜品的毛利分析和每一營業過程（每四小時或六小時）中的營收毛利綜合報告。
3. 在餐飲管制方面：收銀機網路中有了電腦連線作業，餐飲經理即可隨時瞭解各種菜品的供需情形、廚房在生產方面的應變能力，以及個別菜品銷售分析，藉以評估原先擬訂的生產規劃，促進餐廳營運的成本效益。

(二)收銀機網路化作業

很多餐廳中所使用的電腦系統，僅是單純的收銀機網路作業，而其所能發揮的作用，完全依賴終端機的連線，因為它有記憶系統，也具備程式製作功能。

這種餐飲資訊系統中最重要的工具是視覺顯示裝置，所謂智慧型終端機即指此而言。它能製作各種報表，使經理人員隨時可以瞭解勞務成本及員工生產力，並且可以做系統化的銷售分析、營收中心的銷售分析、特定菜品的銷售量、特定時間內銷售量及所需配置的員工、

服務人員的銷售分析、員工的工時及勞務、彙列帳單報表，以及出納員的收支情形。

五、餐飲資訊系統設備與架構

在選擇一種適用於餐飲的資訊系統時，業者應注意其基本功能是否完全滿足餐廳的需要（如圖3-3）。且以餐飲銷售系統為例，它必須能改進菜單、現金收入、生產力、存貨管理以及經理的文書作業等方面管制。至於其他重要功能應為：

1.系統必須全然可靠，如有任何差錯或不符規格的情事，保證立即維修。
2.系統必須具有擴展的功能，能適應餐廳營業規模擴大時的需要，免得日後成為障礙。
3.系統所具有的軟體必須能夠隨時且立即地處理菜單定價及價位結構之改變。
4.系統必須具有可投資性，換言之，電腦不應被視為是一種單純的事務機器，它應當具有某種形式的生產力。
5.如果旅館係連鎖事業的成員，則系統應具有傳輸資料到總公司的功能，否則便會陷於孤立營運狀態。而其所購置的系統即是不合格的。

第三節　廚房管理電腦化

廚房中設置電腦系統的主要用途，在於協助其與餐廳取得有效的聯繫，使生產線與服務線連成一線，進而順暢地推動餐飲供應流程。

餐飲管理：重點整理、題庫、解答

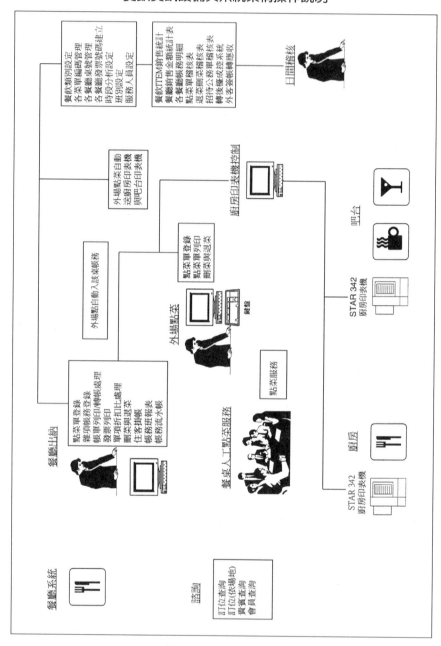

圖3-3　餐飲資訊管理架構圖

資料來源：德安大飯店網路硬體系統架構圖

80

一、餐廳聯絡

一般說來，餐廳中最令人困擾的問題是服務人員爲了點菜與上菜，而將其大部分的服務時間消耗於餐廳與廚房之間的往來奔走中。有時候爲了在廚房中等菜，不得不將顧客置之於腦後，致使顧客多少有點受冷落之感。但在餐廳與廚房電腦化系統的作業下，這種困擾可以順利消除。

二、營養分析及特定餐飲之電腦管制

近年來，愈來愈多人注意到飲食控制與健康食品的重要性，他們甚至到餐廳去大快朵頤的時候，也不會忽視營養成分。而所謂健康菜餚的銷售量的大幅度增加，足以證明顧客此一心理傾向。

三、菜單選擇及特定膳食的歷史

大型企業 總會有一具有效的膳食管理的電腦系統，爲員工的膳食施行營養分析，並以此爲配菜的基本依據。由於時勢所趨和事實上的需要，餐廳的廚房中，當然也應設置這樣的系統，俾爲顧客提供周全的服務，以免營養上偏而不全。

四、特定膳食之管制

所謂特定的膳食係指一種依據食物營養分析的結果，而製訂的菜單。這類菜單製訂後，可以供應某些特定的顧客，而他們很可能會成爲餐廳的主顧。所謂健康餐膳的開發與否，實際上就是行銷上的策略之一。

餐飲管理：重點整理、題庫、解答

 第四節　庫存管理電腦化

一、酒類存貨管制

　　酒類（包括其他飲料）進貨時，有關的資訊，諸如品牌、數量（瓶數或箱數）、成本價、銷售價等等都依序輸入電腦。其後即可由電腦計算出每天存貨消耗量、成本價與銷售價之間的相對變動、邊際毛利，各個酒吧提貨量的比較，以及可達到預定的邊際毛利的正確售價。

二、食物存貨管制

　　在電腦處理的手續上和酒類存貨管制是一樣的，但由於食物材料的種類繁多，用途更是五花八門，電腦也就必須能夠提供更多的服務，例如計算出某一種食物材料價格發生變動時，會在食譜和菜單上有多少成本的影響；分析食物材料使其做出菜來更具成本效益；預測某一種菜餚的銷售趨勢，從而計算材料的需求量，鑑定進貨的成本價，並從比較中決定是否需要更換供應廠商。

三、電腦化存貨管制的好處

　　這種系統可以做到：提供正確的存貨資訊；減少存貨的過分累積，尤其是易於腐敗的食物材料；管制發貨收據；提供相當的管理資訊；節省文書作業時間（例如食譜、採購單、存貨單等製訂）；防止失竊；促進生產力。

四、資料蒐集

　　用電腦清點存貨時可以節省相當多的人工與時間，因為存貨清點

人員利用手提式電腦將其清點的存貨數目記下，並輸入主電腦施行存貨分析及計算，而且當時就可以印出報表來而完成盤存的工作。這種手提式智慧型電腦可將其記錄所得的產品及價格，和銷售的數目互相比較，而能作出更迅速、更正確的管制。

五、單一系統或綜合系統

如果業者使用電腦清點存貨僅需瞭解現有存貨數量，及其售出的種類及數量時，那只要使用單一電腦系統就夠了。若是需要更廣泛的分析時，則應使用綜合電腦系統，因為那可以施行訂貨處理、會計核算，以及其他功能。

六、電腦管制膳食餐飲生產

膳食生產資訊系統可以確實掌握與推動生產作業，這是目前一般餐飲業者已經有的共識。電腦在膳食生產線上所發揮的功能是協調與統合各個不同的生產單位，使他們在生產流程上齊一步伐，分工合作。這 就生產流程的各個階段分別說明電腦作業可能扮演的角色。

(一)規劃或設計

廚房接收顧客的訂單（點菜後，即由電腦規劃出一個生產程序表），廚師依其順序進行生產或烹調菜餚。於是一切作業便可有條不紊，不會像傳統式生產那樣發生手忙腳亂的情形。

(二)食品採購

由於每一菜品所需要的食物材料或成分，都已在電腦中有了記錄，如果某一菜品在某一定時間（例如某天的中午或晚上別行）銷售特別旺盛，則其所需的材料或成分可能會有所短缺，那時電腦會自動提出警示，提醒有關人員進行採購或補貨。

(三)存貨管制

廚房生產的一個重要條件是在倉庫中儲存足夠調製菜餚的食品原料，否則便很難因應顧客點菜的需求。電腦系統可以在這方面保持原料儲存量與生產需求之間的平衡。

(四)菜單設計

廚房中完全電腦化的生產程式，決定於烹調菜餚的標準食譜。而輸入電腦的資訊，則靠主廚或廚師提供正確而詳細的資料，尤其是各種菜餚所需的食物原料的名稱及數量。

(五)生產控制

廚房生產的集中化與烹調作業的組織化，是餐飲生產線上的重要課題。想要做到這一點，首先要考慮到廚房的所有員工及所有的設備是否能夠發揮其最大的效用。

(六)儲存

任何食物材料由倉庫中提交到廚房後，通常都是先放在小型冷藏室中儲存，等要用時再由廚師自行取用。電腦會隨時提醒廚師使其預作準備，免得臨時拿不出材料以致手忙腳亂。

(七)帳目

廚房生產統計的基本資料，由電腦處理更能精確地掌握統計數字，並可分析廚房生產的成本效益及人工費用，這對於廚房生產管制當然會有一定程度的助益。

課後評量

一、簡答題

(一)請寫出餐飲公關活動策略的種類。

答：1.積極的公關策略。

2.消極防守性的公關策略。

(二)餐廳在使用特殊的推銷服務花招時，在推廣時需要注意哪些事項？

答：1.有一定的新奇性，不落俗套。

2.有話題性，能吸引人們的注意並產生影響。

3.具有幽默性，生動活潑。

(三)請簡述使用「建議式促銷」應注意的關鍵。

答：1.儘量用選擇句。

2.要多用描述性的語言。

3.要掌握好時機。

(四)在餐飲營運方面，餐飲資料系統可提供協助或服務，主要在於哪三項？

答：1.顧客帳單及現金管制。

2.生產線（廚房）與服務線（餐廳）之間的聯絡。

3.經營與管理之監控。

(五)餐飲資訊化系統的功能為何？

答：1.管理的方向。

2.廚房與前場之間作業系統。

3.服務人員與顧客之聯繫系統。

4.手持終端機。

二、問答題

(一)餐飲促銷的目的為何？

答：讓消費者知曉你的餐廳；讓消費者喜愛你的餐廳；讓消費者
偏愛你的餐廳；讓消費者信服你的餐廳；促使消費者光顧你
的餐廳。

(二)請問餐廳常見的推銷方法有哪幾種？

答：1.餐廳的主題與創意設計。

2.服務花招與推銷。

3.建議式推銷。

4.餐廳烹飪與推銷。

5.試吃。

6.讓客人參與的推銷。

(三)餐飲刊登廣告有哪些優點？

答：1.每個接觸對象的平均成本低廉。

2.延伸業務人員無法涵蓋之地點與時間。

3.具有更寬廣的空間來創造訊息的多樣性與戲劇性。

4.具有重複訊息的潛力。

5.大眾媒體廣告帶來的名氣、聲望與深刻印象。

(四)在餐飲管理資訊化的效益中，有哪四方面？

答：1.顧客方面：對顧客而言，他們可以獲得親切、適時、正確
的服務。

2.服務人員方面：服務人員可以減少顧客抱怨，工作愉快，
並有較高的待遇，樂在工作，以服務業為終生事業。

3.廚房方面：廚房可以迅速獲得所有客人的點餐資料，順暢
地執行餐點的準備工作，提高工作效率，降低成本。

4.經營者方面：經營者可以全盤掌握餐廳的營運狀況，利用

即時、正確的各種資訊,研擬提升營運績效的改善方案,
以獲取更高的利潤。

(五)廚房管理電腦化有哪些特點?

答:1.餐廳聯絡。

2.營養分析及特定餐飲之電腦管制:電腦軟體可以做營養分析,從而管制特定的膳食。

3.菜單選擇及特定膳食的歷史:由於時勢所趨和事實上的需要,餐廳的廚房中設置這樣的系統,俾為顧客提供周全的服務,以免營養上偏而不全。

4.特定膳食之管制:所謂特定的膳食係指一種依據食物營養分析的結果,而製訂的菜單。這類菜單製訂後,可以供應某些特定的顧客,而他們很可能會成為餐廳的主顧。

Chapter 4

餐飲人力資源管理

第一節　餐飲人力資源規劃與管理

一、人力資源管理的意義

　　就餐飲業組織言，其組成的要素，不外人、事、財、物四者，因此，餐飲管理原則上亦可概分為人的管理、事的管理、財的管理及物的管理四部分。

二、人力資源管理的範疇

　　人力資源管理的範圍，在基本及實質方面言之，是從如何羅致所需要的人才與人力，舉凡員工的考選任用、升遷調補、薪給待遇、訓練進修、考核獎懲、員額編制、組織職掌、人事動態、安全保障、退休撫卹、保險福利等問題均屬之。人力資源管理研究的範圍，詳言之為：

(一)徵募遴選

　　關於員工之徵募遴選，為餐飲業人事管理之首先步驟，如研究所需人力之來源、遴選員工之有效方法，以期作到為事擇人。徵募合格之員工，任以適當的職務，以期事得其人，人盡其才。

(二)薪資待遇

　　關於員工之薪給及工資之設計、薪額之訂定及支領薪資之原則以及獎勵薪資方式等問題。

(三)員工之訓練進修

　　為期發揮員工潛能，提高工作效率，對於員工之訓練種類、規劃程序、訓練成效以及進修考察等實施問題。

(四)考核獎懲

所謂員工之考核獎懲，在於研究考核其工作績效，以便達到獎優汰劣，留良去蕪，而期發揮用人唯才之鵠的。

(五)安全保障

餐飲業中之人事管理，對於員工之安全與保障，是重要的一環，如良好之安全措施、有效之適當保障、雇主與勞動者之責任，以至互相違反時之處罰等。

(六)保險福利

餐飲業界之員工保險，為現代人事管理之重要措施，如保險項目之設置、保險費率之高低、保險給付之多寡，均為主要研究之對象。至於員工之一般福利，包括衛生設施、醫療設施及康樂設施等，以便促進員工的身心健康。

(七)退休撫卹

如退休種類之劃分、退休條件之制定、退休金計算之標準等，均關係到員工退休後之生活甚為密切。至於撫卹方面，應注意遺族請領撫卹金之條件、撫卹金計算之標準以及領撫卹金之年限等，事關遺族之生活，極為重要。

(八)員工間之關係

此處所說員工間之關係，則係包括人群關係和勞資關係，前者在於研究增進人際關係的瞭解、人際關係的和諧，與合作精神的發揮。後者在於研究促進勞資雙方意見的溝通、勞資利益的調和，以及勞資糾紛之處理。

(九)組織編制

組織是實施餐飲業管理的重要工作之一，它是企業管理的骨幹。因為沒有組織或組織不健全的餐飲機構，是談不上餐飲業管理的，更說不上企業的人事管理。

(十)人事資料之保管與運用

上述各項，均屬人事管理範圍之動態方面，至於其靜態方面，即為本項所說的人事資料的保管與運用。所謂保管與運用，是在研究人事資料之設立、管理、統計與分析；人事意見之蒐集、編排與運用。故凡健全的人事管理，必須有豐富的人事資料，並加以妥善保管與運用，然後方可發揮其功能。

三、人力資源規劃的重要性

人力資源規劃在餐飲業管理上有其重要性。餐飲業界要想獲得優

激勵員工樂於工作

餐飲管理：重點整理、題庫、解答

良的員工,與確保員工的優秀,就不能不賴於健全而完整的人事管理制度。也就是說,事在人為,物在人管理,財在人用,故欲求業務之管理得法,必須先求人力資源管理上軌道:

1.具有事前之計畫性:計畫是在執行前所訂的工作藍本,它是針對未來工作的估計或對將來情況的打算。

2.具有綿密之連貫性:人力資源管理對於工作人員,從甄選任用到退職,應有整套一系列連貫的作業資料。

3.具有伸縮之適應性:人力資源管理雖有了周全的計畫與綿密的連貫,仍不足以完全解決人事上的問題,而人力資源管理必須具有彈性,以資適應。

4.具有靈活之機動性:蓋組織不僅為靜態的技術結構體制,同時亦為動態的心理行為體系。

5.具有多方之廣泛性:人力資源管理的目的與內容,不僅在管人,尤在於管人以治事,而人為的因素最為複雜。

 ## 第二節　餐飲人力資源之運作

一、員工之甄選與任用

(一)員工之甄選

員工的來源很多,下列是幾種主要的來源:

1.從在職員工中調遷:如某部門缺人,可從其他部門的員工物色調用。

2.在職員工的推薦:由在職員工介紹或推薦適當的親友參加甄選。

3.職業介紹所的介紹:向職業介紹所、國民就業輔導機構接洽,

請其介紹適當的求職者參加甄選。

4.與餐飲科系學校建教合作及訓練機構的推薦：與學校及人才訓練機構聯繫，請其推薦學生或學員參加甄選。

5.公開徵求：利用廣告及其他大眾傳播方式，向社會各界公開徵求，使具備適當條件的求職者報名參加甄選。

6.自己培養：自設員工培訓中心，招收學員加以訓練，培養所需的員工。

(二)甄選之方式

業者在初步甄選人員確定後，可進行進一步的甄選核定，其主要方式如下：

1.考試（examination）。

2.推薦（recommendation）。

3.測驗（testing）。

4.面試（interviewing）。

5.保薦（recommendation with guarantor）。

二、員工之升遷、調職與去職

(一)升遷

■升遷之依據

升遷之依據對象，通常不外四種：

1.個人才能。

2.個人品格。

3.服務年限。

4.工作效率。

■升遷之方法

升遷依照工作研究與分析，事先確定制度，使人人知曉，有所勤奮努力，向上圖進。其工作成績優良，合於規定之標準者，遇有機會，應予以升遷。一般升遷方法有三：

1.循序升遷。
2.考試升遷。
3.考核升遷。

(二)調職

調職（transfer）是為人事管理上解決若干困難問題之重要工具，是僅為工作或工作部門之變換，不必具有較強之能力或較優之技術，一般調任人員因未加重責任，故不加薪。調職亦即在同一機構內，不升任或降任。

(三)去職

人員之聘用必須慎重，聘用後，即應有所保障。惟應有試用時期，注重其品行、能力、服務精神、生活等，以補考試用人方法之不足。如發現重大缺點無法勝任者，可即時辭退，以免日後因用人不當蒙受損失，但應慎重處理。餐飲業中員工異動率大，易造成餐飲業之損失。

員工之去職可分為自動離職與被動離職兩種。

三、員工在職訓練與進修訓練

(一)員工在職訓練的重要性

■理論方面的理由

1.學校教育，是著重於啟發人類的思考，課本上介紹許多原理原

則，可以增加學生對問題發生的原因、問題與問題間的關鍵、解決問題的基本方針與態度等的瞭解。換言之，就是學習處理事務的基本條件，如理解能力、判斷能力等。訓練乃是學習工作經驗與技巧，使受訓者對自己擔任這項工作的任務、責任及處理方法等，能完全瞭解，以免造成錯誤與浪費。因此對新進員工的訓練是十分必要而不可缺乏的。

2. 現代餐飲業分工精密，從業人員在工作中學習的機會與範圍異常狹小，必須予以訓練，以擴大其知識技能領域，並增加其適應新工作的能力。

3. 現代科學日新月異，新工具、新技術、新原料不斷發明，如不對在職員工隨時予以訓練，則難免因彼等的知能落伍，而影響餐飲業發展的前途。

■實際方面的效果

1. 減少新進人員初期工作的各種浪費，如時間、原料等浪費。

2. 減少新進人員可能造成的損害，如對機器設備及產品品質等損害。

3. 減少災害，促進安全。

4. 消除新進人員因技術生疏所可能引起的同僚的反感與隔閡，促進團結合作。

5. 減少因技術生疏而被淘汰的人數，降低人事流動率。

根據成人學習方法的統計，用手學習可記憶90%；用眼學習可記憶10%。故對員工的訓練，不必過分重視形式，必能提高學習興趣，增加訓練的效果。

(二)訓練的種類

員工訓練一般可以分為以下幾種：

■在職訓練

在職訓練可分兩方面進行：

1. 技能方面：遇有採用新設備、新原料、新方法之時，隨時予以必要之短期講習，使原有員工逐漸改進其技能，以適應新工作的需要。
2. 精神方面：目的在培養員工的優良氣質，如自動自發的工作精神、任勞任怨的服務態度，以提高其服務精神。應由主管人員以身作則，隨時提醒啟發，並無固定的方式。

■職前訓練

此種訓練應著重工作有關知識及技術的研習，使新進人員不致對工作茫無頭緒。其主要項目如次：

1. 餐飲業組織概況：目的在使新進人員瞭解其在整個組織中的地位，及其與他人的關係，以免動輒得咎，徒勞無功。
2. 餐飲業業務性質：目的在使新進人員瞭解執行工作時應持的態度，以免違反餐飲業的宗旨與政策，引起外界的指責與批評，危害餐飲業的信譽。
3. 處理工作的程序：目的在使新進人員處理工作時瞭解其來龍去脈，以免發生延誤與脫節現象，造成誤會與磨擦。
4. 處理工作的方法：目的在使新進人員瞭解正確有效的工作方法，以減少浪費及損失，並提高效率。

■始業訓練

對新進的員工，介紹其認識新的工作環境，訓練主要項目包括餐飲業的歷史、組織、政策、規章、工作程序及方法，使新進人員能以最短的時間，學習擔任工作所需的一切知識。

■師資訓練

乃對擔任訓練工作的教師的訓練，以教學方法及指導能力的培養為主。

■進修訓練

　　進修訓練或稱管理人員訓練（management training），進修訓練主要以一般主管人員及高級主管人員爲主：

1. 工作方法訓練：目的在使管理人依照科學管理原則改進工作方法，以節省不必要的工作和稽延。此項訓練約可分爲四個步驟：第一步充分瞭解現行的工作方法；第二步來檢討現行工作方法是否合理；第三步根據檢討結果，發展新的工作方法；第四步將新的工作方法付諸實行。
2. 工作聯繫訓練：目的在使人員應用適當的方法處理工作上的人事問題，以獲致和諧的勞工關係。
3. 工作教導訓練：目的在使管理人發布明確的指示，並明瞭教導工作人員的方法。
4. 組織原理：解釋公司各部門的組織概況，及工作部門與幕僚部門的責任與關係。

第三節　獎勵與溝通

一、獎勵的觀念

　　獎勵成爲今日餐飲業管理的重要課題。其主要原因如下：

1. 餐飲業面對著與日俱增的外在環境壓力，如國內或國際間市場的競爭、社會和政府政策之變化等，迫使管理上須採取新的技術方法，以提高或至少維持組織的效率和效果。
2. 基於組織內人力資源長期發展和成長之考慮，主管須使用各種不同策略，如工作再設計、目標管理和各種組織發展技術等，以獎勵和培養出一般人員的知識、技術和能力。
3. 對於人性的看法發生重大的改變，過去餐飲業將人力資源和其

他自然資源視爲相同的生產要素，殊不知人是有思想、有意志、有情感的資源，除追求物質需要的滿足外，尚有更重要的心理和社會需要有待滿足，包括追求責任感、成就感、認同感、自尊心、榮譽感等。如同心理學家Maslow所提的人類五大需求，分別爲：（如**圖4-1**）

(1)生理的需求（physical needs）：指的是維持個體生存所需的各種資源，並促進個體處於均衡狀態（homeostasis）。例如獲得食物、水、衣服和性滿足等；並需要休閒、運動及睡眠，以及具有怠惰與最小努力的傾向。

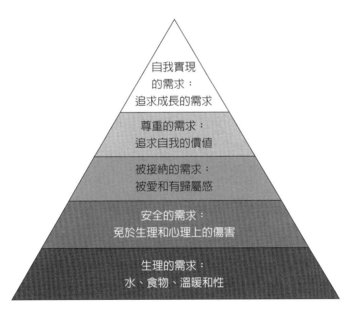

1.生理的需求：水、食物、溫暖和性。
2.安全的需求：免於生理上的傷害，免於心理上的恐懼與傷害。
3.被接納的需求：被愛和有歸屬感，以一個人的本像被接納，而非所作所為。
4.尊重的需求：追求自我的價值感，我是有能力、能勝任工作和有用的人。
5.自我實現的需求：最高的需求層次，指個人有追求成長的需求，將其潛能完全發揮，且人格的各部分協調一致。

圖4-1 馬斯洛（Maslow）的人格理論：人的五個需求層次（金字塔型）

資料來源：Chip Lonley (2007), *Peak: How Great Companies Get Their Mojo from Maslow.*

(2)安全的需求（safety needs）：主要使個體免於害怕、焦慮、混亂、威脅、危險及緊張等情況，對於陌生的、奇特的或無法應付的刺激情境，均會引起恐懼的反應。

(3)愛與歸屬的需求（belongingness and love needs）：指避免孤立、陌生、寂寞、疏離等痛苦，希望給予別人，愛和得到別人的愛，並與他人建立親密的關係。

(4)尊重的需求（esteem needs）指的是人的自尊與他尊的需求，前者是指人希望能尊重自己，例如有能力、有成就、有支配力、自信、獨立及勝任感等；後者則是指人需要受到他人的尊重，有聲望、地位、優越感、受人注意、重視、尊敬及讚美等，此種需求會使人覺得自己在世上有存在的價值。

(5)自我實現的需求（self-actualization needs）是在成全、展現個體的目標與個性，並發揮自己的潛能、協助他人的成長等。自我實現者在追尋自我成長、自我改進、自我突破時，並在其成長過程中，不會排斥及侵犯他人、更不會違反社會規範，而能充分融合小我與大我。

4.一般員工都有豐富的創造力、想像力和其他潛能，但並沒有完全發揮，故應利用各種手段加以獎勵之。

二、獎勵的意義、程序和影響因素

獎勵就是改變員工行為的過程，由消極而積極，由被動而主動，由低效率而變高效率。茲將此種過程以**圖4-2**表示。

三、員工之工作滿足

■工作滿足的涵義

學者認為組織氣候和工作滿足（job satisfaction），實屬名異意同的概念，其所持理由有二：一人對於一組織的描述，常常就是他對這

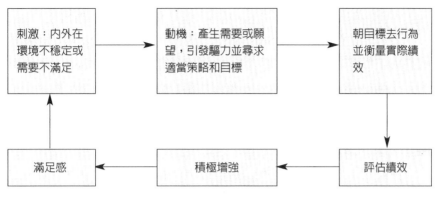

圖4-2　獎勵的程序

一組織的評估，二者很難在衡量時分得清楚；一般衡量組織氣候所用之量表項目亦是衡量工作滿足的項目。不過，這些乃是屬於衡量上的問題，在觀念上，組織氣候和工作滿足應係迥然不同的構念。特別是工作滿足本身具有下列三大價值，乃值得吾人研究之必要：

1. 工作滿足具有其本身所代表之社會價值：如果有所謂「心理上的國民生產毛額」（psychological GNP）的話，則一社會內成員所獲工作滿足多少，應構成其中之一重要部分。
2. 工作滿足可做為一組織健康與否之一種早期警戒指標：如能對員工之工作滿足保持繼續不斷的監視的話，則可及早發現組織的問題，採取補救措施。
3. 提供組織及管理理論研究以一個重要變數：即可做為衡量種種管理或組織變數的影響後果，亦可做為預測各種組織行為之指標。

■工作滿足的要素

一般可歸納為十四個構面，這十四個構面即工作滿足的構成要素，茲將此各構面之重要性順序臚陳如次：(1)安全；(2)升遷機會；(3)工作興趣；(4)上級讚賞；(5)公司及管理當局；(6)工作內容；(7)主管領導；(8)工資；(9)工作社會性；(10)工作環境（不包括工作時

間）；(11)溝通；(12)工作時間；(13)工作難易程度；(14)福利。

最近，席舒爾（S. E. Seashore）及湯博（T. D. Tobor）兩位學者試圖將與工作滿足有關的主要變數——包括前因（antecedents）及後果（consequences）因素在內——整理如**圖4-3**所示之一構架。對研究工作滿足的相關因素頗有助益。

■工作滿足的有效途徑

由前述工作滿足的涵義及其構面（要素），我們以為下列五種途徑可能是改進或提高工作滿足之道，茲列述如下：

1.改善工作的內涵。

2.建立公平的薪資制度。

3.報酬的多寡應儘量與績效配合。

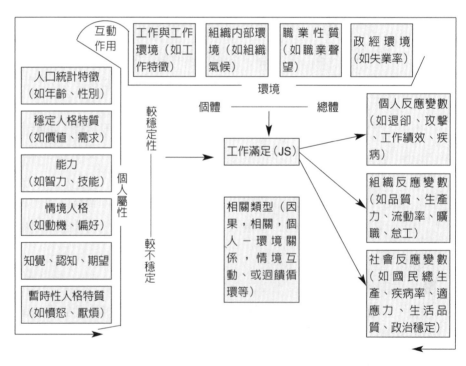

圖4-3　有關工作滿足之前因與後果相關變數圖

4.領導監督的型態須權變運用。

5.事前防患，事後抑制。

四、溝通的意義與種類

(一)溝通的重要

在現代的餐飲業管理中，溝通有著十分重要的地位，其理由如下：

1.現代餐飲業組織較大，人員眾多，業務繁雜，利害衝突，意見分歧，溝通即在於消除這些弊端。

2.溝通可以使餐飲業中人員的思想一致，大家有共同的瞭解，能為團體的目標努力奮鬥。

3.溝通可以加強人員的責任心、榮譽感，並能提高士氣及服務精神。

4.有效而迅速的溝通，足以應付緊急事件，免遭意外損失及發生不幸事件。

5.在有效的溝通下，足以瞭解情況，易作對症下藥的措施及合理的餐飲業管理。

(二)溝通的方法

1.拉近屬員間的距離。

2.改善合理的組織。

3.注意語言文字的使用。

4.社會文化的交流。

5.不偏見自私。

6.溝通的內容應具伸縮性。

7.培養員工為組織效忠的信念。

8.調和各方的衝突。

9. 領導者自身的改善，自己不能存有優越感，溝通要虛心從本身做起。

10. 溝通的手段必須正確，先分別各種情況，決定用何種手段最為有效，採其最適切者應用之。

11. 注意被傳達者之理解與良好之社會關係，對問題重要性之認識，以及接受之熱忱等。

12. 機構中一定要建立起良好的人群關係。

(三)溝通的種類

■正式溝通

1. 上行溝通：上行溝通的作用有下列數項：

    (1)上行溝通提供了屬員參與的機會，因此，高階主管能作較好的決定，並可滿足屬員的自重感，辦事會更有責任心，而屬員更樂於接受高階主管的指示。

    (2)由上行溝通工作可以發現屬員對於下行溝通中所獲得之消息，是否按上級的原意瞭解。

    (3)有效的上行溝通可以鼓勵屬員發表有價值的意見。

    (4)上行溝通有助於滿足人類之基本需求。

    (5)員工直接與坦白地向上級說出心中想法，可以使他在緊張情緒和所受壓力上獲得一種解脫，否則他們不是批評機關或人員以求發洩，就是失去工作興趣和效率。

    (6)上行溝通是符合民主精神的。

2. 下行溝通：下行溝通就是依組織系統線，由上層傳至下層，通常是指由管理階層傳到執行階層的員工，其作用為：

    (1)幫助餐飲業達成執行目標。

    (2)使各階層工作人員對其工作能夠滿意與改進。

    (3)增強員工的合作意識。

    (4)使員工瞭解、贊同，並支持餐飲業所處的地位。

    (5)有助於餐飲業的決策和控制。

(6)可以減少曲解或誤傳消息。

(7)減少工作人員對工作本身的疑慮及恐懼。

3.平行溝通：

(1)平行溝通可以彌補上、下行溝通之不足。

(2)現代組織中各單位間存在著許多利益衝突，但單位之間的工作又必須依賴其他單位的有效行動，避免事權的衝突和重複，各單位間、各職員間在工作上應密切配合。平行溝通給人員以瞭解其他單位及人員的機會。

(3)平行溝通可以培養人員間的友誼，進而滿足人員的社會欲望。

■非正式溝通

1.非正式溝通的特質：

(1)非正式溝通系統是建立在組織份子的社會關係上，也就是由人員間的社會交互行為而產生。

(2)非正式溝通來自人員的工作專家及愛好閒談之習慣，其溝通並無規則可循。

(3)非正式溝通對消息的傳遞比較快速。

(4)非正式溝通大多於無意中進行，可以發生於任何地方、任何時間，內容也無限定。

2.非正式溝通的功能：

(1)可以傳遞正式溝通所無法傳送的消息。

(2)可以傳遞正式溝通所不願傳送的消息。

(3)將上級的正式命令轉變成基層人員較易瞭解的語文。

(4)非正式溝通具有彈性，富有情味，並且比較快速。

(5)減輕餐飲業或高階主管的工作負擔。

(四)有效的溝通的原則

1.以身作則。

2.信任度的維繫。

3.溝通內容簡單清晰。

4.維持餐飲業組織系統完整。

5.溝通意見的雙方責任。

6.非正式溝通徑路的運行。

7.溝通與組織角色之配合。

8.良好溝通的九個方法。

美國管理學會（American Management Association）提出下列「良好溝通的九個方法」來改善溝通的效果：

1.在溝通前，應先澄清觀念。

2.檢討每次溝通的真正目的。

3.在溝通時，應考慮整個實質的人性環境。

4.在計畫溝通時，應諮詢別人的看法。

5.在溝通時，應留意語調與訊息的基本要旨。

6.應把握機會向受訊者表達有助或有利的事。

7.應著重於現在與未來的溝通。

8.應採取行動支持溝通。

9.應相互瞭解及相互信任。

 第四節　衝突

一、衝突的成因

(一)衝突不一定有害

作為一個有效的管理者，在處理組織衝突或歧異這類問題時，首先應注意下列二點：

1. 個別間之差異並沒有絕對的好壞，有時歧異的產生，對改善組織效果有利，有時候則會減低個人與組織之工作績效。

2. 沒有處理差異之絕對正確方法。對於某些有利的差異，領導者可以直接利用之，使問題之解決更恰當。但對於另一些差異應如何處理，實無簡答，唯有靠領導者在面對差異時，做些比較系統性及客觀性之診斷，瞭解造成差異之真正原因，方採取各種有利於目標之可行對策。

(二)診斷衝突之成因

當部屬之間意見有所不合時，他們多半不會自動地把事情之因果關係弄清楚，而是任差異繼續存在，使得爭論愈來愈不清楚。領導者面對這種情況，應該從事診斷分析工作，把事情弄清楚。

■性質（what）是什麼

意見差異的性質為何（what）？差異的性質常決定於這些部屬所爭論的相關問題，包括事實、目標、方法、價值等等：

1. 事實之不同（facts）。
2. 目標之不同（goals）。
3. 方法之不同（methods）。
4. 價值之不同（values）。

■成因為何（why）

1. 訊息的不同（information）。
2. 認知的不同（perception）。
3. 角色因素（role）。

二、有效處理衝突之方法

當領導者對部屬間之衝突做全面瞭解後，則應設法處理之。若是

有充分的時間做周詳之計畫，則可以採取以下四個方式，使組織得到最大的利益：

1. 避免衝突之產生（avoidance）。
2. 壓制衝突（repression）。
3. 擴大衝突（sharpen）。
4. 化解衝突為合作（solution）。

三、將衝突導入正途

當部屬已陷身在衝突的漩渦中時，領導者應有辦法對付這種情況：

1. 領導者可以明確表示歡迎部屬各種意見的衝擊態度，使雙方均認為自己的建議對問題的解決有所幫助，省除孰勝孰敗之患得患失心理。
2. 領導者可以傾聽雙方論點而不要評估孰是孰非。有時爭論愈來愈兇，是為使對方聽到自己在說什麼，所以此時領導者就應運用溝通技術，使意見融合。
3. 領導者可以使爭論的性質明確，讓雙方所爭論之點相同，如此爭論方有意義。
4. 領導者可以瞭解並接受雙方之特定感覺，諸如害怕、嫉妒、生氣或焦慮，而給予同情，不要批評。
5. 領導者可以指定一方佔有決定權的職位。
6. 領導者可以建議解決差異的程序及途徑。
7. 領導者可以小心維持爭論雙方的關係。

諸如此類均有助於領導者解決正在水深水熱中之爭論，但是由於領導者本身也是人，亦無法完全置身事外，保持最客觀的態度。領導者應認清這樣的事實，隨時警惕自己。

→ 課 後 評 量 ←

一、簡答題

(一)人力資源管理的範圍？

　　答：1.徵募遴選。

　　　　2.薪資待遇。

　　　　3.員工之訓練進修。

　　　　4.考核獎懲。

　　　　5.安全保障。

　　　　6.保險福利。

　　　　7.退休撫卹。

　　　　8.員工間之關係。

　　　　9.組織編制。

　　　　10.人事資料之保管與運用。

(二)有效處理衝突的方法？

　　答：1.避免衝突之產生（avoidance）。

　　　　2.壓制衝突（repression）。

　　　　3.擴大衝突（sharpen）。

　　　　4.化解衝突為合作（solution）。

二、問答題

(一)良好溝通的九個方法？

　　答：美國管理學會（American Management Association）提出下列

　　　　「良好溝通的九個方法」來改善溝通的效果：

　　　　1.在溝通前，應先澄清觀念。

　　　　2.檢討每次溝通的真正目的。

3.在溝通時，應考慮整個實質的人性環境。

4.在計畫溝通時，應諮詢別人的看法。

5.在溝通時，應留意語調與訊息的基本要旨。

6.應把握機會向受訊者表達有助或有利的事。

7.應著重於現在與未來的溝通。

8.應採取行動支持溝通。

9.應相互瞭解及相互信任。

(二)員工訓練的重要性為何？

答：1.理論方面的理由：

(1)訓練乃是學習工作經驗與技巧，使受訓者對自己擔任這項工作的任務、責任及處理方法等，能完全瞭解，以免造成錯誤與浪費。

(2)現代餐飲業分工精密，從業人員在工作中學習的機會與範圍異常狹小，必須予以訓練，以擴大其知識技能領域，並增加其適應新工作的能力。

(3)現代科學日新月異，新工具、新技術、新原料不斷發明，如不對在職員工隨時予以訓練，則難免因彼等的知能落伍，而影響餐飲業發展的前途。

2.實際方面的效果：

(1)減少新進人員初期工作的各種浪費。

(2)減少新進人員可能造成的損害。

(3)減少災害，促進安全。

(4)消除新進人員因技術生疏所可能引起的同僚的反感與隔閡，促進團結合作。

(5)減少因技術生疏而被淘汰的人數，降低人事流動率。

Chapter 5
餐飲財務管理

餐飲管理：重點整理、題庫、解答

 第一節　餐飲財務管理的概念

一、餐飲財務的意義

財務（finance）一詞，從餐飲業經營觀點言之，是指涉及餐飲業資金有關的活動或事務。現代餐飲業由於科技的進展與組織的擴大，資金需求日殷，舉凡餐飲業的開創、土地的購置、設備的增添、人員的僱用、原料的採購、市場的拓展等活動或事務，若無資金，則一籌莫展，資金遂成為現代餐飲業營運的主要基礎，財務有關問題的處理因而逐漸繁鉅，亦日益重要。

二、餐飲財務管理的意義

財務管理（financial management）係根據餐飲業的規模與性質，對餐飲業營運資金的募集、分配、運用等問題，予以妥善的規劃與控制，並隨時加以分析檢討，以利餐飲業的營運，爭取最高的利潤。

餐飲財物倉儲管理

三、餐飲財務管理的重要性

　　財務管理如果欠當，餐飲業必因資金調度不良，使資金不能充分利用，流於浪費，造成賠累。當餐飲業無力負擔賠累時，則必因而失敗而結束。因此，一個健全的餐飲業，必須有良好的財務管理制度與方法，才能確保營運的成功。

 ## 第二節　餐飲財務管理的功能與規劃

一、餐飲財務管理的功能

　　近年來，餐飲業財務管理工作日趨專精，餐飲業紛紛設置專業的財務部門，負責財務管理的工作。財務管理運用妥當可發揮以下各種功能：

　　1.促進餐飲業組織安定。
　　2.促使餐飲業的收益增加。
　　3.協助餐飲業快速成長。
　　4.充實餐飲業生產增加。

二、餐飲財務管理的規劃

　　餐飲業營運目標不外乎利潤（profit）和服務（service）兩項，而利潤是餐飲業生存所必需，為餐飲業營運的主要目標。從餐飲業財務觀點而言，若餐飲業業主的投資額固定，餐飲業資本淨值若增加，則表示營運利潤的增加。餐飲業資本淨值是指資產總值扣除負債總額而得；因此，如何增加餐飲業資本淨值，是餐飲業營運的主要目標。

(一)利潤規劃

制定利潤計畫時，需具備下列兩項資料：

1. 餐飲業內部資料：過去的銷售金額、成本費用、獲利金額、股息、紅利、公債金、利息費用等詳細資料。
2. 餐飲業外部資料：經濟景氣資料、現行利率、同業利潤率、稅捐負擔、同業股利股息分派情形、資金市場供需情況等項影響未來收入與支出的各項因素。

餐飲業就上述兩項資料，預估未來一年或某特定期間內的營業收入計畫、製造成本計畫、銷售成本計畫、營業外（非經常性業務）收入計畫、資金籌集計畫、資金運用計畫。各項計畫之重點在於作為日後營運的參考依據，因而構成餐飲業的利潤目標。若以財務報表形式表示各項計畫的結果，當以「預估損益表」為利潤規劃的總結。

(二)利潤訂定

餐飲業從事利潤規劃，對於目標利潤的設定，可以參照下列四種方式予以單獨或調和使用：

■投資報酬率法

投資報酬率（總資產收益率）的算法如下：

投資報酬率＝營業淨利／總資產
＝銷貨收入／總資產×營業淨利／銷貨收入
＝資產週轉率×營業淨利率

依投資報酬率法決定目標利潤，也就是總資產額收益率訂為目標利潤，亦就是預定營業淨利應為總資產的百分之幾。

■營業資產收益率法

營業資產收益率＝營業淨利／營業資產

自總資產扣除不直接使用於營業活動的資產後，即成爲營業資產。將目標利潤（即預估營業淨利）定爲營業資產的百分之幾。

■員工每人平均年淨利法

依餐飲業員工每人每年平均所獲淨利應爲若干，定爲目標利潤。此法對提高生產力有其特別意義。此法並可發揮獎勵作用，當員工每人每年平均獲利超過預定目標時，可隨之獲得若干比例的紅利，可促使餐飲業經營業績蒸蒸日上。

■以所需盈餘作爲目標利潤

餐飲業爲償還借款、增加設備、提升技術或種種支出計畫，需要資金作爲支應，因而訂定目標利潤，並依以推算出銷貨收入與成本等項數值，作爲努力的目標，惟該項目標仍不宜與現實脫節。

(三)損益平衡分析

餐飲業利潤規劃涉及「收益」與「成本」兩基本要項。兩者間的差額方係「利潤」。損益平衡點（break-even point）係指餐飲業在某項銷售量時，其「銷貨收益」（sales revenue）恰好等於「成本（costs）支出」，在此點時餐飲業既不虧亦不賺。

■成本的直接性與變動性

成本之劃分爲固定與變動兩類，在餐飲業管理上，極其重要。對於成本變動性的把握，是許多管理工具運用的先決條件。舉凡損益分析、成本分析、彈性預算、利潤計畫等及許多其他管理決策，皆有賴於對於成本的變動性的把握。

◎直接與間接成本

餐飲業所謂成本的直接或間接，往往是取決於耗用此項成本的目的而定，而不是成本項目的本身。此外，餐飲業的成本除可依產品之歸屬而分爲直接成本與間接成本外，尚可依餐飲業的部門，作爲歸屬的標準，進而分析此項開支係由甲部門或應由乙部門負擔。

◎變動、固定與半變動（半固定）成本

　　餐飲業所發生的成本，亦可看它是否依生產數量的多寡而有所變動（在既定的設備與生產能量之下）。所謂固定成本，即是與產量無關，而在固定的生產能量下所生的成本。簡言之，即每日生產數量雖有不同，而若干項目的每日開支則係相同，即屬固定成本。由於固定成本是在一定時期內發生的既定成本，故亦可稱為不可避免成本。

　　變動成本每日不同，係隨產量增加而增加。惟若將此項變動成本總額分攤至各件產品中，則每件產品所負擔者卻係相等，為固定不變者。

　　半變動（半固定）成本係指此項成本隨產量的增減而增減，但不以同比例變動。

■ 損益平衡點

　　餐飲業管理主管所最關切的問題之一，係在多少銷售量時，公司收支可以平衡。亦即，銷貨達到若干，銷貨收入可以收回產品的產銷總成本，既不虧亦不盈。當然，此項銷售量可以產品單位、銷貨金額或工廠能量百分比等方式表示。具體言之，管理當局關心者至少有下列各項問題：

　　1.在某數量的銷售量時，利潤可能為若干？

　　2.變動成本改變時，對於利潤有何影響？

　　3.為達到預定的利潤目標，需要多少銷售量？

　　4.產品售價的變動，對於利潤有何影響？

　　5.增加固定設備，對於利潤有何影響？

　　6.增加廣告或其他推銷費用後，需增加多少銷售量，始可彌補所增加開支？

　　7.若減低售價，需能因減價而增加多少銷售量，始可彌補因減價而減少之收入？

　　8.至少有多少銷售量（業務量），收支始可平衡？

第三節　餐飲財務管理評估與預算之編製

一、餐飲財務管理評估

　　餐飲業利潤經過預估規劃之後，可據以評估營運上所需的資金，進而編訂預算。餐飲業所需資金的預測，對於餐飲業的開創、土地的購置、設備的增添、人員的僱用、原料的採購、市場的拓展等，有重大的影響，如果事先不妥為規劃和籌備，極易發生週轉失靈或積壓資金的現象：

1.餐飲業內在環境：應預期餐飲業在未來一段時間內，餐飲業可能採行的生產與銷售等項活動所可能導致的現金流入與流出，並要為各種突發性事件所需資金預作適當準備。餐飲業內部的營運效率必然影響利潤目標的達成，管理控制制度的是否完善亦必然影響各項成本費用的控制。

2.餐飲業外在環境：財務評估的外在環境主要為經濟環境的景氣循環情形，通貨膨脹率、利率水準以及市場需求、科技發展等項因素，均會影響到餐飲業未來的現金收支情況，亦就是會影響到餐飲業的財務規劃。

二、餐飲預算的籌編

■預算的意義

　　預算係指對未來一定期間內預定實施的各項業務以及由於各項業務營運的可能發生的財務收入與支出，予以估計，並用金額表示的一項會計形式的計畫書。

■預算的功能

　　預算的功能或作用，主要有下列各項：

1. 規劃未來：為預算的最大功能，可促使各級管理主管前瞻未來，預測未來可能變動情況，並預作準備。

2. 確立餐飲業整體經營目標：經由預算程序，促使餐飲業高級主管具體地確定餐飲業未來發展方向。例如確定營業預算時必須先確定營業的項目、營業的重點、營業的拓展以及種種的基本策略。

3. 加強內部協調：預算程序可提供餐飲業內部各部門間的意見溝通機會（溝通時難免發生爭執）。

4. 執行標準：預算不但為各項業務與活動的財務計畫書，亦為衡量各項業務與活動的成果標準，成為財務控制的主要依據，使得餐飲業的內部稽核與控制有統一的衡量標準。

■預算的期間

預算期間的長短，須視該項預算的性質。餐飲業的預算一般均以一年為期，配合會計年度訂定各項預算。尤其是營業預算與財務預算均應以一年為基本期間。若有需要再以年度計畫為單位，訂立多年度的長期財務或營業預算。

■預算的種類

餐飲業財務預算的種類有以下幾種：

1. 營業預算：為餐飲業一般營運活動之預算，包括行銷預算、生產預算、員工薪資預算、管理費用預算、銷貨成本預算。

2. 財務預算：為現金收入支出預算、預估資產負債表、預估損益表、預估資金來源運用表。

3. 資本預算：係建造硬體、增造設備等項長期投資的支出預算。餐飲業的資本支出預算係將餐飲業策略計畫以及中程計畫予以逐步實現，它是有關固定資產投資的長期財務計畫。

4. 計畫方案預算：通常係餐飲業生產及銷售活動的計畫方案計畫，尤其是有關專案計畫的預算。

5.預估財務報表：有些餐飲業將預估財務報表的範圍擴大，包括
　會計學上的傳統財務報表、成本報表、各種形式的分析表、計
　算表，甚至不同預測情況下的多套預估財務報表。其作用已偏
　離正規預算功能，供決策分析參考之用。

■預算控制的步驟

　　預算工具可以控制餐飲業營運上的各項作業，其控制的實施步驟
如下：

1.編訂各部門預算。
2.依據所定預算，執行和指導各項業務活動。
3.比較預算與實際作業，分析差異原因。
4.採取改善措施。

 第四節　餐飲財務控制

餐飲業財務的一般控制事項如下：

1.資金成本控制：資金成本控制是有效控制餐飲業營運資金的籌
　措方式，期能獲得成本較低的資金，成本的評估種類有舉債成
　本、優先股成本、普通股成本、保留盈餘成本等。
2.資金結構控制：資本結構控制是控制餐飲業長期資金的分布狀
　況，謀求各種資本的最佳配置，以確保財務的穩定與健全。
3.風險控制：風險控制是餐飲業各種可能風險，予以有效的管
　制，期能減少風險的程度和損失。
4.流動資產控制：流動資產控制是控制餐飲業的現金、存貨、應
　收帳款等流動資產。
5.固定資產控制：固定資產控制是控制餐飲業的土地、房屋、機
　器、設備等固定資產。

6.現金流量控制：現金流量控制是對餐飲業每一方案的現金流入和流出予以估計，以控制餐飲業支付帳款和購買資產的資金狀況。

7.成本控制：成本控制是對餐飲業整個產銷過程中，控制各項成本支出，包括生產成本控制、行銷成本控制。

8.其他財務控制事項：諸如收入控制、標準成本控制、利潤控制、投資控制等。

 ## 第五節　餐廳出納作業管理

餐廳出納結帳是服務流程的一部分，出納人員除了要具備良好的結帳技能，更要有親切的態度，所以餐飲經營主管必須重視出納人員之訓練，讓顧客留下美好印象，增加顧客再度光臨的機率：

1.親切問候：顧客到出納櫃台時，態度親切地問候客人，協助結帳。

2.確認帳單：當顧客要結帳時，應主動提示點菜內容給顧客，並確認。

3.詢問付款方式：
　(1)現金付款。
　(2)信用卡付款。
　(3)房客帳付款。
　(4)簽帳付款。

4.處理付款流程：
　(1)詢問統一發票編號。
　(2)付款處理。
　(3)遞交發票。

一、餐廳出納作業準則

1. 客觀性：所謂客觀性，意指會計記錄及報導應該根據事實，並依據一般公認之會計原則來處理，而藉以增進會計資料之準確性，避免會計人員評價之主觀與偏見。

2. 一致性：所謂一致性，是指某一餐廳對於某一會計科目之處理方法，一經採用後，應前後一致，不得任意變更，而且得以使各期間之財務報表，能夠互相比較分析，並且也可顯示該餐廳各期間經營變化之趨勢，不受會計方法變動之影響。

3. 穩健性：所謂穩健性，係指會計人員從事會計工作時應保持穩健的態度，要做到「寧願估計可能發生之損失，而勿預計未實現之利益」，亦即強調「資產與利潤應被適當地表達，而非過分地強調」。

二、餐廳收入之分類

1. 食品收入：屬於貸方科目，員工或經理人員的帳單應不屬於銷售帳目。另外，牛油、骨頭以及其他廚房副產品的銷售，則屬銷售成本的貸方，而非收入。

2. 食品折讓：屬於食品收入相反的帳目，亦即銷售後之折扣。

3. 飲料收入。

4. 飲料折讓：屬於飲料收入相反的科目，是表示飲料銷售後之折扣。

5. 服務費收入：一般餐廳其收入之10％爲服務費收入。在歐美許多餐廳的會計科目中，並沒有這個科目，因爲他們把服務費全數歸給服務員，以提升並鼓勵他們能提供顧客更好的服務態度。

6. 其他：如香煙、口香糖、開瓶費、最低消費額等，均屬於其他收入，當然這些雜項收入，在餐廳分析食品與飲料收入比率

時，或分析毛利時，是不被包含在內的。尤其在分析食品成本及飲料成本時，只會針對食品與飲料的收入作比較與分析。

另外，小費的會計處理問題，往往為各餐廳所忽略，甚至於被認為是一種不存在的問題。往往等接到國稅局之通知單時，才警覺到事情之嚴重。

三、餐廳費用之分類

(一)直接費用

這些費用係指與餐廳之營業有直接關係，只要餐廳開門營業，就會連帶發生的費用，當然這些費用是該餐廳經理所能夠掌握的。

直接費用又可細分為下列各項：

1.銷貨成本。

2.員工薪資。

3.與員工有關的費用：勞保、加班費、年終獎金。

4.顧客用品：火柴、牙籤、報紙、紀念品等。

5.重置費用：瓷器、玻璃器皿、銀器、布巾類等營業生財設備破損之「重置」。

6.各種布巾及制服之洗衣費、乾洗費。

7.文具印刷費：信紙、信封、原子筆、報表紙等。

8.清潔用品：清潔劑、桶子、抹布、拖把、掃帚。

9.菜單：包括菜單設計及印刷所需之費用。

10.外包清潔費：包括與清潔公司簽訂餐廳地區清潔之契約。另外，抽油煙機、下水溝、除蟲及消毒，也可能包括在契約內。

11.執照費：所有經濟部及市政府之執照、特殊許可證，都應列在此科目。

12.音樂及娛樂費：包括藝人、鋼琴租用、鋼琴調音、錄音帶、散

頁樂譜、專利權使用費、管弦樂團及提供給藝人之免費餐飲的所有成本。

13.紙類用品：本科目包括所有紙製品的費用，例如餐巾紙、杯墊、包裝紙、紙杯、紙餐盤、吸管等。

14.本科目包括食物調理過程中所需工具之費用，如蒸籠、砧板、鍋子、攪拌器、開罐器及其他。

(二)間接費用

間接費用所能控制的，是屬於最高管理階層的責任：

1.信用卡收帳費：各種所接受之信用卡，其手續費均列入此科目。

2.交際費：各種因公宴客或送禮之費用。

3.現金短少或溢收：本科目係出納所經收現金的短少或溢收，均列入管理部門的這個科目。

4.捐獻：指慈善捐款的捐獻。

5.郵票：因公郵寄物件之郵票費用。

6.旅費：員工因公出差之旅行費用。

7.呆帳費用：本科目係指應收帳款無法收回的損失，後文將較詳細說明各種呆帳費用不同的會計作業處理規定。

8.電話費：各種因公所打之電話費用。

9.會費：本科目係指參加各商業組織的費用。

10.專業人士：如聘任會計師、律師及顧問等費用。

11.廣告費：本科目係指餐廳業者在國內外利用各種型態或媒體以便推銷其商品之費用。其廣告方式可列舉如下：

(1)直接郵寄廣告：包括信封、信函、印刷、郵票及其他郵寄工作委外承包的工作費用。

(2)戶外廣告：包括海報、看板及其他用以推銷餐廳標誌的費用。

(3)媒體廣告：包括在報紙、雜誌上刊登廣告之費用。

(4)電視及收音機廣告：即在電視或收音機打廣告的費用，以及其他相關的支出。

12.業務推廣費：本科目係餐飲業者為了推廣業務，在國內或國外所作一系列之參觀拜訪所需要之費用。甚至為了更直接開拓國外市場，而在國外設立事務所之費用，也可以列入本科目中。

13.能源成本：亦即我們常用的水、電、瓦斯費用。

14.維修費用：在美國餐飲業標準之會計制度及費用辭典中，並非只採用單一科目來記錄所有的維修工作，而是將維修費用分配到下列科目中：

(1)工程用品：係指用以保養餐廳設備的用品，例如小工具、燈泡、水管、溶劑、黑油、保險絲、螺絲等。

(2)各種設備維修合約：如電梯、空氣調節系統、廚房設備、冷凍、冷藏設備等。

(3)庭院及景觀工程：係指與庭園維護有關之所有物料與契約之費用。

(三)固定費用

固定費用係指不論餐廳當日之營業與否都會發生之費用，亦即這些費用與營業額無關，餐廳經理人無法控制這些費用，這些費用之控制乃是餐廳負責人或董事長之責任。其費用可分類如下：

1.租金：本科目係指租賃土地或建築物之費用。

2.財產稅：如土地及建築物是屬於公司的，那麼本費用係指餐廳所繳之土地稅及房屋稅。

3.利息支出：本科目係指各種抵押貸款、信用借款及其他形式之負債而產生之利息支出，如果利息支出面額很高，則必須設立個別之科目，來顯示其利息支出產生之主要來源為何。

4.保險費：本科目係指投保建築物及設備之費用，以防止因火

災、天災及其他意外而導致損害。在歐、美、日等先進國家，其對餐飲業「保險」範圍之要求特別嚴格，主要目的除了保障它的名譽及可能遭受之連帶損失外，對餐廳之永續經營，以及對員工、顧客生命安全之保障，也相對地提高。

5.折舊費用：本科目係指可以折舊之固定資產的分期性成本分攤，應使用個別之科目，來區分折舊費用的來源。

6.攤銷費用：本科目係指租賃權、租賃改良及其他無形資產之分期成本分攤。

 ## 第六節　餐飲業之現金管理作業

現金是所有資產中最敏感的，因此餐飲業擁有一套有效的內部控制系統來管理現金，乃為當務之急。經常使用的控制方法有以下各點：

1.一切銀行往來帳戶及支票簽署，都須經由財務主管之授權。

2.一切銀行往來帳戶應每月製作調節表，並由查帳員檢查。

3.包括已註銷支票在內的銀行對帳單，應由銀行直接送給準備編製銀行調節表的人員。簽署支票或從事與現金交易有關職務之人員，不可調節銀行往來帳戶，而且調節過程應包括簽名和背書的檢查。另外，應為現金收入和現金支出之記錄，作一般準確度的結果測試。

4.現金的保管應為總出納之職責，但已收現金的會計及現金交易的查核工作，應分派給另一位員工。這種職務分離的方式，可以看出出納員之工作表現。

5.總出納每年必須強迫休年假，而其休假期間的職務由另一位員工擔任。如有弊端，將可乘機發現。

6.庫存現金及零用金，應由獨立於現金控制業務之外的員工不定

期作檢查，而對於非現金項目如借款條或顧客之私人支票等，應特別注意其是否適當。

7.來自零用金的支出必須有發票及收據或其他文件，作為附件加以證實。

8.出納人員應注意事項包括：

(1)每完成一筆交易，應即關上抽屜。

(2)收銀機記錄帶上若出現斷裂、夾紙或用完時，出納必須在記錄帶上圈畫並簽名。

(3)出納不在場時，收銀機一定要上鎖，並帶走鑰匙。

(4)交易一定要在誠實的系統中進行，任何一筆現金交易進行完後，一定要有鈴聲明示。

(5)出納不可將手提袋、手提包、皮包、化 包或其他種類之袋子，置放在收銀機附近。

(6)若遇收銀機發生問題，出納須立即告知經理。

(7)出納應在結帳點錢並簽名於繳款袋時，立即證實並確認現金的數額，不應在事後才計算。

一、簡答題

(一)餐飲財務管理的功能？

答：1.促進餐飲業組織安定。

2.促使餐飲業的收益增加。

3.協助餐飲業快速成長。

4.充實餐飲業生產增加。

(二)餐飲預算的功能是什麼？

答：1.規劃未來。

2.確立餐飲業整體經營目標。

3.加強內部協調。

4.執行標準。

二、問答題

(一)餐飲業從事利潤規劃，對於目標利潤的設定，有哪四種？

答：1.投資報酬率法：投資報酬率（總資產收益率）的算法如

下：

投資報酬率＝營業淨利／總資產

＝銷貨收入／總資產×營業淨利／銷貨收入

＝資產週轉率×營業淨利率

2.營業資產收益率法：

營業資產收益率＝營業淨利／營業資產

自總資產扣除不直接使用於營業活動的資產後，即成為營

業資產。

3. 員工每人平均年淨利法：依餐飲業員工每人每年平均所獲淨利應為若干，定為目標利潤。

4. 以所需盈餘作為目標利潤：餐飲業為償還借款、增加設備、提升技術或種種支出計畫，需要資金作為支應，因而訂定目標利潤，並依以推算出銷貨收入與成本等項數值，作為努力的目標，惟該項目標仍不宜與現實脫節。

(二)餐廳出納作業的流程為何？

答：1. 親切問候：顧客到出納櫃台時，態度親切地 問候客人，協助結帳。

2. 確認帳單：當顧客要結帳時，應主動提示點菜內容給顧客，並確認。

3. 詢問付款方式

(1)現金付款。

(2)信用卡付款。

(3)房客帳付款。

(4)簽帳付款。

4. 處理付款流程

(1)詢問統一發票編號。

(2)付款處理。

(3)遞交發票。

Chapter 6

餐飲連鎖經營管理

連鎖經營是一種授權給一個人或一群團體的權利。它可以由政府或私人授權而來。從經濟面來看，它是在授權者的規定下一項操作生意的特權。換言之，「連鎖經營」是一種法律的協定；「餐飲連鎖總部」同意授權並給予執照給「加盟者」，在設定的情況下，銷售產品及服務。連鎖經營是主導生意的一種方法，常見於行銷，並且廣泛運用到任何產業上。

第一節　餐飲連鎖國際擴展的因素

一、餐飲市場的增加

餐飲國際市場擴展給餐飲連鎖經營權的發展，提供了新的領域，部分國家人口增加，可利用的所得增加，業已建立了一個擴張的市場。

二、經濟與人口持續成長趨勢

此項因素有利於對國外市場餐館連鎖經營權發展者包括下列各項：

1.當地人口教育水準的提升。
2.技術進步有助於國與國之間的旅行及文化交流。
3.年輕一代嘗試新產品與非傳統式食物的意願。
4.農村地區發展迅速與人口集中都市或工業區域。
5.消費者可利用所得的增加。
6.婦女就業人數及雙薪家庭數目的增加。
7.交通或服務業增加。
8.外帶或送貨到家的菜單項目的普及。

　　詳研上列因素，即可看出其均屬導致餐館連鎖經營權之所以普及的要素。

三、旅行與旅遊人口的增加

　　旅行與旅遊業的增加，來自世界各國訪客的迅速增加，間接促使餐飲業的多元化發展，也吸引來自各國的企業家發展或投資餐飲業的興趣。

四、重視產品服務的品質

　　餐館連鎖經營者，以良好的產品及服務品質聞名於世，受到其他各國的重視，可用作連鎖經營管理的有力號召。事實上，在對其他業者的安全標準或食物品質缺乏信心的地區，大家覺得在連鎖餐館進餐比較安全。

國際觀光旅館加入連鎖高效率的經營管理

五、經營管理技術進步

技術進步導致餐飲業控制精緻化及各國對經營技術的引進，使得在各國設置連鎖經營權系統更加容易。技術進步也導致人口向都市或工業地區移動，造成便利食物需求的增加。電腦、錄影機及其他電子產品，正在創造人類無與倫比的需要。

六、餐飲企業化經營

大部分國家業已學會了連鎖經營做生意的方式，其中連鎖經營者扮演了一個主要角色。由於大部分國家在技術、教育水準及經濟方面的進步，使其經營取向的企業家人數日增，連鎖經營餐館的運作與經營的成功，具有極大的潛力。多媒體教學工具、出版物及電腦化課程安排，使經營訓練較為有效。

七、貿易與收支平衡

近年來國際貿易與財政收支平衡有了重大改進，這些變化，造成美元在國外市場投資以及在某些情況中反其道而行非常有利，波動的幣值受到外國投資者關切，其在國內外投資者的決策中，扮演重要角色。

八、政治穩定

大部分國家的政治氣候已有改進，創造了一種對連鎖企業投資有利環境。一個國家的政治穩定，有助於企業發展，世界觀的主要變化由東歐政治制度改變與歐洲經濟共同體的統一展現出來。統一將造成：

1.共同體內貨品、勞務、人民、資本與資源的自由移轉。

2.購買與分配功能的集中化。

3.人類資源的共同經營。

4.一致的法典、規格與管制。

5.一致的通貨與貨幣管制。

這一切變化均會對正在經營或計劃在未來經營的特許企業，具有深遠的影響，跡象顯示，由於計畫的改變，連鎖經營的潛力將會有較大增進。

 ## 第二節　餐飲連鎖經營優缺點

一、優點

(一)連鎖經營者

餐飲業採加盟連鎖制度會有許多的優點，茲將最重要的優點列舉出來：

1.具備完整的經營理念。

2.快速通往成功的捷徑。

3.純熟技術在管理上的協助。

4.餐飲生產作業標準化和品質控制

5.連鎖加盟者承擔最少的風險。

6.連鎖加盟者負擔較少的經營資本。

7.連鎖加盟者貸款方面的援助。

8.精確的比較性評估。

9.連鎖加盟者研究發展的助益。

10.擴大廣告和促銷的助益。

(二)連鎖總部

1.大量生意的擴展。

2.市場購買力的增強。

3.增加經營上的便利性。

4.加盟者的貢獻。

5.激勵和合作。

二、缺點

(一)連鎖經營者

餐飲業採加盟連鎖制度亦有許多的缺點，茲將最重要的缺點列舉出來：

1.連鎖經營理想與預期的落差。

2.連鎖經營缺乏彈性。

3.連鎖經營增加廣告和促銷的費用。

4.支付總部提供的服務成本。

5.過於依賴連鎖總部。

6.連鎖經營流於單調和缺乏挑戰。

(二)連鎖經營總部

1.管理上缺乏彈性。

2.加盟者的財務狀況不一。

3.需負責加盟者的招募、遴選及任用。

4.溝通的情況好壞不一。

第三節　連鎖餐廳標準化總部的服務

　　總部提供的服務項目，是連鎖權裏基本的成分。加盟者支付一筆實際的連鎖費、版稅或廣告費，以取得此服務。大部分連鎖餐廳是商業模式化連鎖，提供多元化的服務。這項服務表現出的風格，描繪了連鎖系統的效率。總部所提供的標準服務，將於下面詳細敘述：

1.地點選擇之建議和協助。

2.協助建築工程及設備。

3.加盟者不同階層的訓練。

4.試行營業及開幕協助。

5.餐廳經營的持續性建議。

6.提供經營的手冊。

7.關於菜單、成分、製法及準備方法的技術。

8.總部和加盟者間的溝通管道。

9.協助行銷、廣告及促銷。

10.使用商標、服務標誌及標幟的許可。

11.加盟連鎖發展及支持。

12.產品研究與發展。

13.採購及詳細的貨品說明書。

14.原料發展。

15.標準及控制的維持及視察。

16.實地服務的營運支持。

17.法律事宜的諮詢。

18.會計及成本分析方面的財務協助。

19.研究及發展。

20.便利的社區活動及特別公關事件。

一、地點選擇

　　建立一間餐廳的第一步，是選擇地點。由於一個餐廳的成敗與否，與其位置有很大程度的關係，所以地點選擇必須非常的謹慎。藉由有經驗的專業人員，審慎地評估地點，是非常重要的。負責營建的總部，擁有具專業的地產及財產發展人員，並提供加盟者協助，從事一個完整的市場可行性分析，包括所有的市場資料、人口統計、交通方式、地點大小及成本、損益平衡銷售量，以及競爭。地點選擇之後，餐廳的設計變成最重要的。

(一)連鎖加盟的地理分布

　　總部決定加盟者的地理分布位置。並非所有的加盟店皆在相同地點營運。加盟的區域選擇權，基於許多不同的因素。消費者的購買能力指數，也用於決定加盟單位數量的決定。

(二)地點分析所考慮的因素

1. 區域劃分：區域劃分是商業餐廳最重要的一個考量。
2. 地區特徵：餐廳的賺錢機能，在一定範圍內，仰賴於地區的特徵。
3. 物理特徵：某些物理特徵提供了地點是否適合餐廳建築的線索。
4. 成本考量：土地成本及改善成本皆應列入考量。
5. 能源：在任何的餐廳營運上，能源都扮演一個基本的角色，而且取得能源及可用能源種類也很重要。主要能源的位置，例如水電、瓦斯、蒸氣等，都必須考慮。
6. 通道：通道路線對餐廳而言是很重要的，尤其是在氣候不良的區域。
7. 地點的位置：餐廳的位置應基於往來不同中心地點的開車距離作考量，例如工業區、住宅區、文教區及商業區的中心。

8.交通資訊：除了地點特徵之外，交通流動類型也很重要。

9.服務的有效性：在資料分析中，常被忽略的一個因素是服務的動線。

10.可見性：餐廳藉由好的可見度，可促進用餐氣氛。

11.競爭：一個餐廳要成功地經營，很明顯地，要考慮其實際及潛在的競爭者，必須根據其數量、座位數、翻桌率、菜單的種類、平均消費額及每年銷售額加以考慮。

12.市場：與顧客相關的資料應予以蒐集，並應包括有關於其年齡、性別、職業、收入、飲食偏好、前來餐館的動線、交通工具及未來成長和發展的潛力。

13.餐廳類型及服務的種類：餐廳類型和所提供的服務的種類應列入考量。例如，一個披薩餐廳、咖啡店、快餐店、櫃台服務及漢堡店，都需要不同型式的營業設計。

14.餐廳設計重要考慮因素：在設計餐廳時，應考慮下列要點：

(1)外觀應引人注意，並能代表所屬之加盟連鎖。

(2)屋外及餐廳入口，應設計得端正醒目、整潔，並且藝術化。

(3)「停車購餐」設施應完善地規劃，並不應引起交通擁擠或使顧客的安全受到危害。

(4)驗收區域應遠離並避開顧客主要出入口或用餐區域。

(5)倉儲區域的設計，應便於清潔整理，並儘可能靠近廚房區。

(6)所有設備應依序安排，並應符合方便、有效率的食物流通動線。

(7)空間應基於功能的重要性及優先性來加以配置。

(8)在放置及操控設備時，應考慮員工的安全。

(9)所有員工的衛生區域及設施，應便於員工使用。

(10)主要及次要的色彩，應有效地結合，以提供餐廳內適當照明及放鬆的氣氛。

(11)與顧客舒適程度相關的室內溫度、聲量、座位和氣味，應仔細地規劃。

(12)餐廳的設計和裝潢應符合餐廳主題。

二、連鎖餐廳的訓練

(一)訓練的種類

任何一個加盟連鎖系統的成功，均仰賴總部所提供的訓練課程。如同在前面章節所提到的，加盟連鎖系統的成功，乃基於產品及服務的一致。這個一致性，唯有在有效的訓練課程中，方能達到。總部和總部之間，訓練課程並不同。

一個規劃完備且有組織的訓練課程有下列幾項益處：

1.總部能夠解釋其加盟連鎖的理念、哲學及營運。

2.幫助加盟者得到餐廳營運及管理的實際經驗。

3.提供加盟者最後的機會去評估是否這是他想投資或從事的事業。

4.指導加盟者的能力，以成功地經營總部的業務。

5.藉由事前的參與問題，以減少當餐廳營運時的詢問。

6.一旦加盟者瞭解總部全部的業務之後，可刺激加盟者盡其所能。

7.增加加盟者及在該加盟連鎖單位工作的員工的滿意。

8.減少顧客及員工的抱怨。

9.幫助並維持總部訂下的產品及服務品質。

10.增進遵循在所有功能性區域的衛生標準。

11.減少加盟單位營運中的破損及浪費。

12.減少意外。

13.創造並認證加盟連鎖系統中的加盟者，並促成加盟連鎖忠誠度的發展。

14.改善加盟者的營運技巧。

15.建立總部和加盟者的團隊默契。

16.打開總部和加盟者間的溝通對話。

總而言之，訓練課程提供了許多好處。訓練幫助了對於加盟連鎖觀念的理解、營運的瞭解和標準化作業流程的宣導。

(二)訓練課程的種類

通常總部提供的訓練有幾種形式，包括開幕前訓練、開幕訓練及持續性訓練。這些訓練課程是針對潛在加盟者或老闆、餐廳營運者或全部員工來設計的。

三、行銷支援

餐廳加盟連鎖非常依賴廣告和促銷。預算的一大部分通常會做為廣告之用。加盟者支付平均為總銷售額百分之四的金額做為廣告費。總部僱用有資格的行銷人員，幫助從事行銷的每個方面，例如廣告、促銷及公共關係。主要致力於國際、全國性、區域及當地的行銷層級。特別在當地區域的範圍，加盟者被建議利用電視台、收音機、文宣等打廣告。從加盟者集資而來的資金，提供了綜合購買力，以增強總部具影響力的行銷能力。

四、材料管理

材料在餐廳營運中扮演著重要的角色。材料包括原料、供給及設備。因為品質及一貫性是加盟運銷成功的基本成分，所以一致性的原料及設備是不可或缺的。總部為此可能提供不同的選擇。有些總部同時是代理商的身分，所有的原料、供給及設備皆從他們那購買。這不但有助維持營運及設施擺設的一致性，更由於總部強大的購買力而節

省成本。只要正確地經營及管理執行，便是加盟者的利多。某些原料配方的專賣秘方，使總部成為將產品賣給加盟者的代理商。例如，有些總部的甜甜圈及冷凍優格的調配秘方，不能洩露給加盟者。

五、營運支援及當地服務

加盟者面對偶發的問題及困難時，需要營運支援。許多總部有當地代表人員，訓練並協助加盟者在餐廳營運中的一切。總部推出的任何新產品或服務，藉著協助與服務，使之與餐廳營運整合。加盟者的資訊及意見往來或互換，也經過這些當地辦公室而傳遞。

六、財務性控制與協助

有些總部協助與成本及存貨相關的控制，他們協助加盟者或其會計師，設立會計系統及準備財務報表。在財務報表的分析上，也提供協助。總部可能提出電腦化上線資料處理系統的協助。總部亦提供加盟連鎖財務表現評估的協助，也可能設計一個藉控制而增大潛在利潤的計畫，以供加盟者使用。

七、研究與發展

加盟連鎖餐廳面對著強大的競爭及新產品不斷地引進餐飲市場，這種競爭需要做持續的研究和發展。所有的加盟餐廳需要總部持續且有效率的研究和發展服務，總部中的研發部門幾乎每天在試驗新的菜式，以符合流行及適用性，許多流行的菜式都是經由研究及發展而來的。研究和發展單位通常設於公司的總部或接近公司的單位，以圖方便。企業的趨勢、顧客的態度及喜好，以及加盟連鎖的觀念，皆列入研發部門的考量。

第四節　加盟連鎖概念的發展

一、成功概念的基本特點

由餐館所提供的產品及服務為本節所謂的「概念」（concept）。我們將從菜單、餐館的平面配置、設施、服務、行銷力及管理等方面來討論。

(一)菜單簡化

大部分經營得很成功的加盟連鎖餐廳，擁有非常簡化的菜單概念。使用簡化的菜單，比使用複雜的菜單，更適於加盟連鎖餐廳，因為連鎖餐廳的廚房準備工作和服務均應更簡化。較正式而且提供完整服務的餐館比較無法成功地套用連鎖加盟制度，其主要原因乃是「複雜性」。

(二)應用能力

加盟連鎖餐廳的整體營運概念，應是易於應用的。同一產品或服務，必須「放諸四海皆然」；反之，則不應實施此制度。大部分的種族性菜單和其他手工菜，不適用於一般經營成功的加盟連鎖餐廳，不管他們在當地經營得多成功。

(三)供餐即時性

倘若前述兩項均符合，再下來就是供餐的即時性。廚房準備餐食的步驟應簡化，並且易於被員工瞭解。

(四)品質

餐廳所提供的產品和服務，應全年性保持穩定。舉凡備餐步驟、季節性變化和不同的地點，均不應該嚴重影響到品質。在此制度下，

所有產品及服務的營養和清潔品質,均應維持一定水準。

(五)原料適用性

菜單上所有菜式,在準備過程中所需用到的原料,均應注意其適用性。不僅是其品質標準方面,在量的供應方面也無虞缺乏,是基本的考量。特別是季節性的差異,不應影響原料的供應。

(六)食物特性

餐館內的食物,應被大多數的人所接受。某些食物例如羊肉或肝臟,有些人喜歡,有些人不喜歡,比較不容易普及化。食物的特性與其被接受性息息相關。我們所討論的食物特性如下:

1. 顏色:有趣的和協調的色彩,能提高食物的被接受程度及刺激食慾。

2. 組織和形狀:食物的組織和形狀,亦會影響消費者的偏好。不管是硬的或是軟的食物組織,均有偏愛者。因此,菜單上有包含兩者的菜式,是必要的安排。

3. 一致性:一致性指的是食物比重及稠度一致與否的程度。常用來形容一致性的形容詞包括了薄的、厚的、黏的、膠狀的等字眼。食物的一致性在加盟連鎖餐廳裏是很重要的。食物內含的水份,直接影響食物的一致性。

4. 口味:在菜單安排方面,挑選菜色時,口味是首先要考慮的因素。食物口味可以是酸、甜、苦、鹹的或綜合口味。任何一項單一主導的口味,通常不甚受歡迎。所以,較清淡的食物,不妨加些較辛辣的料或甜酸醬,使其更讓人食指大動。

5. 準備方式:食物準備方式須仔細地考慮。因為不同的準備、烹飪方式,會決定所需器材的種類。準備的方式,包括了油炸、烤、煮、燉、蒸等烹飪方式。隨著加盟連鎖餐廳的競爭日趨激烈,提供不同烹飪作法調理的食物,對於消費者來說變得非常

餐飲管理:重點整理、題庫、解答

的重要。

6.上菜的溫度：上菜的溫度應該要好好地控制住。不管在餐館內
用餐或外帶的食物，應儘量保溫至顧客享用時依舊差不多的用
餐溫度。菜單設計上最好列出何者上菜時應保持高溫以及何者
上菜時應低溫的兩種不同溫度的食物群。除了熱的主餐外，可
供應低溫的奶昔、冰淇淋或沙拉來平衡。

7.食物的外觀：不管食物最後完成時是在餐盤上、在自助餐的櫃
台上、在托盤土、在包裝盒子、在展示櫃，或在外帶包裝袋，
其外觀都是很重要的。最重要的是，要有乾淨簡要的外觀。所
以要好好地規劃裝飾，讓完成的料理在送抵客人面前時有吸引
人的外觀。

二、營養品質

對顧客而言，食物所含的營養品質愈來愈重要。在概念發展的初
期，就應規劃好食物的營養品質，如此一來，日後才可避免一些不必
要的批評和考慮。當規劃營養均衡的菜單時，每日每人應攝取的所需
營養成分應列入考慮。

另一種評估食物所含營養是否均衡的方式，是根據下列幾項來評
估：

1.吃各種不同的食物：不管是三明治、沙拉或其他主食，餐館必
須提供多樣化的食物。不管是肉類、蔬菜、水果或是穀類、乳
製品，均應小心地選擇來做搭配。

2.維持健康的體重：為了保持健康的體重，可藉由攝取較小份量
以及選擇健康食物來達成，包括了減少油脂、糖的攝取。

3.選擇少油脂、可滲透油脂以及低膽固醇的食物：這項目標可藉
由選擇較瘦的肉類、魚、家禽，合理攝取蛋類及海鮮等食物來
達成。同時，限制奶油、鮮奶油、動物性油脂、豬油等相關產

品的攝取量，儘可能摒除肉類所含的油脂。在烹調方面，以燒烤、烘焙、蒸煮等方式來取代油炸的方式。

4.選擇大量的蔬菜、水果和穀類產品：纖維對人體的健康而言是十分重要的。可藉由蔬菜、水果、全麥麵包及燕麥的攝取來達成纖維的攝取。

5.適量使用糖：減少糖的使用量有助於卡洛里的控制。方法乃除了減少糖的使用之外，儘可能使用自然食品來取代糖。

6.適量使用鹽及鈉：一般國人所攝取的鈉蠻高的，應稍加限制。許多人有錯誤觀念，認為鹽是鈉的惟一來源。其實，像罐頭、零嘴、飲料、汽水和調味料，均是鈉的來源。鹽可由其他口味，例如萊姆或檸檬汁來取代。減少食物中鹽的使用，是值得大力推行的。

課後評量

一、簡答題

(一)加盟者的缺點是什麼？

答：1.連鎖經營理想與預期的落差。

2.連鎖經營缺乏彈性。

3.連鎖經營增加廣告和促銷的費用。

4.支付總部提供的服務成本。

5.過於依賴連鎖總部。

6.連鎖經營流於單調和缺乏挑戰。

(二)加盟連鎖成功概念的基本特點是什麼？

答：1.菜單的簡化。

2.應用的能力。

3.供餐的即時性。

4.品質的保證。

5.原料的適用性。

6.食物的特性。

二、問答題

(一)餐飲連鎖國際擴展的因素？

答：1.餐飲市場的增加：餐飲國際市場擴展給餐飲連鎖經營權的
發展，提供了新的領域，部分國家人口增加，可利用的所
得增加，業已建立了一個擴張的市場。

2.經濟與人口持續成長趨勢。

3.旅行與旅遊人口的增加：旅行與旅遊業的增加，來自世界
各國訪客的迅速增加，間接促使餐飲業的多元化發展，也

吸引來自各國的企業家發展或投資餐飲業的興趣。

4. 重視產品服務的品質：餐館連鎖經營者，以良好的產品及服務品質聞名於世，受到其他各國的重視，可用作連鎖經營管理的有力號召。

5. 經營管理技術進步：技術進步導致餐飲業控制精緻化及各國對經營技術的引進，使得在各國設置連鎖經營權系統更加容易。

6. 餐飲企業化經營：大部分國家業已學會了連鎖經營做生意的方式，其中連鎖經營者扮演了一個主要角色。

7. 貿易與收支平衡：近年來國際貿易與財政收支平衡有了重大改進，這些變化，造成美元在國外市場投資以及在某些情況中反其道而行非常有利，波動的幣值受到外國投資者關切，其在國內外投資者的決策中，扮演重要角色。

8. 政治穩定：亞洲市場的開放，為連鎖經營餐館在當地的成長創造了一種好奇心及一種巨大的潛力。

(二)餐飲連鎖經營對於連鎖總部的優點是什麼？

答：1. 大量生意的擴展：連鎖總部提供加盟者機會去擴展生意，擴展的資本可由採用加盟連鎖而獲得。

2. 市場購買力的增強：餐館生意牽扯到大量的原料、器材和供應品的採購。加盟總部由於集中採購，故可在財務方面上獲利。

3. 增加經營上的便利性：從總部的立場來看，此制度提供了其他非此系統所缺乏的經營上之便利性。

4. 加盟者的貢獻：有一項優勢是常被忽略的，就是一名加盟者對此系統非財務面的貢獻。

5. 激勵和合作：連鎖經營者受激勵並且對於成功抱著莫大的志趣。

第三篇

餐務篇

Chapter 7

餐務管理

餐務部的管理是餐飲部的主要職責之一。餐務部是餐飲運轉的後勤部門，擔負著為前後檯運轉提供物資用品、清潔餐具，和保障餐飲後檯環境衛生的重任。作為餐飲部要明確設立餐務部的意義，規定其職能與職責範圍；合理、科學地設立餐務部的組織機構；明確餐務部主管的責任制；確定各種餐飲物資和設備的管理方法；減少餐飲經營物資和餐具的損耗；只有這樣，才能保證有一個行之有效的餐飲後勤，並確保各項餐飲活動的順利進行。

第一節　餐務部的功能

　　餐務部是隨著餐飲部門的發展應運而生的。由於餐飲部門的經營範圍和規模不斷擴大，專業設備和餐具不斷更新和增加，餐具的清潔和衛生要求也愈來愈高，使餐務部這一餐飲運轉過程中必不可少的專業部門得以產生，並正發揮著愈來愈重要的作用。

一、餐務部的重要性

　　餐務部在許多飯店也被稱為餐務組。它負擔著餐飲運轉過程中最基本的任務之一。在實際管理活動中，它常常也是最令餐飲部經理頭痛的一個部門。然而我們絕不能因此而放鬆或放棄對這個部門的管理，而應該正確地認識該部門的特點，學會科學地、合理地設置和管理這個重要的後勤部門。

　　餐務部是一個非營利的部門，往往得不到追求利潤的經理們應有的重視。人們口頭上也都承認該部門的重要性，但每當需要增加開支以增加設施、設備或人手，或者需花費時間進行培訓時，往往又受到忽視。

餐務部的重要工作之一是維護餐具的清潔和衛生

二、餐務部的職責

　　餐務部是餐廳和廚房的後勤部門，工作中和這兩個部門的運轉密切相關。其主要職責有：(1)負責餐務部門請領、供給、儲存、蒐集、洗滌和補充等工作；(2)負責制訂檢查、清潔保養計畫；(3)負責有關部門和區域的清潔衛生工作；(4)餐具的基本洗滌程序及其檢查方法；(5)垃圾處理；(6)銀器的清潔；及(7)有害昆蟲及動物的防治。

(一)請領、供給、儲存、蒐集、洗滌和補充等

1. 請領：餐務部根據實際經營的需要，負責為餐廳、廚房領用各種餐具設備、清潔衛生設備和其他物品，申請購買其他新設備、新餐具，並負責提供樣品。
2. 供給：餐務部負責按正常的損耗率向餐廳和廚房提供足夠的餐具設備和物資，保證其正常經營活動的需要。
3. 儲存：通常餐務部的二級庫房設在餐廳或廚房附近的後檯場所，根據經營活動的需要制定其合理的庫存量，設專人負責保

管，以便及時提供常用的餐具設備和特殊活動所需的物品。

4.蒐集：餐務部還負責督促餐廳和廚房做好餐飲物資的回收工作。

5.洗滌：負責各餐廳洗碗間的日常洗滌，保證及時地清洗所有餐具，並做好洗碗間、廚房的衛生工作，以維持正常的經營需要。

6.補充餐具：餐務部根據標準存量的限額，負責及時補充庫存，並統計各使用部門的餐具損耗數字，填寫損耗報告表，以便加強對餐具的損耗控制。

(二)檢查、清潔保養計畫

負責制訂並實施每天、每週、每月的機器設備的檢查、清潔保養計畫。

(三)部門和區域的清潔衛生工作

這些衛生工作分為日常衛生和計劃衛生兩種，要分別制訂日常衛生和計劃衛生的具體方案，定時、定人、定點，分工負責，並得到檢查督促，確實保證所管轄範圍的清潔衛生符合規定的標準。通常歸餐務部清潔的區域有：

1.洗碗間和餐具庫房：這兩處是管事部工作人員的作業場所，必須保持其清潔衛生。

2.宴會備料間和倉庫：宴會備料間和倉庫擁有各種桌椅等設施設備和裝飾用物資，餐務部要負責衛生和擺放保管。

3.員工餐廳：員工餐廳的清潔衛生和餐具洗滌等工作也是餐飲部的職責之一。

4.員工通道和走廊的衛生：餐飲部所管轄區域內的這些通道衛生是餐務部的職責範圍，應定時清掃。

(四)餐具基本洗滌程序與檢查

　　餐具的洗滌是餐務部的一項主要工作，其質量的好壞，直接影響到對客服務的質量，影響到整個餐飲經營活動，也會影響到餐飲的經營成本。因此，作為餐務部的經理，必須瞭解餐具洗滌的全部過程，以便指導、監督和檢查各環節的運轉，及時發現問題，解決問題。

　　餐具的洗滌通常分為八個步驟，只有每一個步驟都按正確的方法有效地進行，才能保證整個洗滌程序運轉正常，取得理想的洗滌效果：

1. 蒐集髒盤：指將餐桌上髒盤收到一個容器中，運送到洗滌間，它是洗滌程序的第一個步驟。
2. 殘渣處理：在將餐具放進洗碗機前，要檢查是否都已將碗碟中的髒物倒刮乾淨。
3. 餐具分類：指將各種餐具用品分類放到一個洗滌筐中，以便更合理地洗滌。
4. 餐具裝架：合理使用洗碗機是很重要的。裝機容量不足，會讓機器空轉，造成浪費，裝機過滿或碗盤擺放不當，則會使碗盤洗不乾淨。
5. 沖刷：裝好筐的餐具要先用噴水器沖刷，以保證在用洗滌劑洗滌前，將明顯的污物沖去，來延長洗滌溶液的使用周期。
6. 清洗：在清洗過程中，餐具受到來自上、下方熱的清潔劑溶液的來回循環沖洗，然後是乾淨的熱水的沖刷，並受到脫水劑的作用，出機後自行脫水。
7. 餐具卸架：在這個環節上，檢查的要點是：保持清潔衛生、留有準確的風乾時間、拿放中減少破損。
8. 餐具存放：餐具的存放地點必須是既方便廚房和餐廳的使用，又便於洗碗工的操作的位置上。

(五)垃圾處理

■固體垃圾的處理

固體垃圾是相對於液體垃圾而言的，它的處理，如交由城市的環保部門負責，則通常是根據垃圾的重量、體積或數量來計算費用的。

目前大型觀光大飯店設有冷藏庫，將垃圾處理後加以冷藏，以免發出臭味。

■液體垃圾的處理

液體垃圾主要包括洗滌後的污水，烹製過程中的廢水，以及使用過的食油、油脂等。液體垃圾的處理，著重在注意防止下水道的堵塞，在水池或地漏處加一個過濾網就行了，很明顯，此處是經常要進行清潔的重點。

(六)銀器的清潔

銀器的清潔必須注意：

1.所有銀器每年必須大洗和拋光兩到三次。
2.保養的設備和清潔劑必須品質優良，以免損傷餐具。
3.必須由專門的技術人員處理。

銀器受損的最主要原因有：

1.高溫使表面受損。
2.銀器表面上有刀痕或刮痕。
3.硬刷子或金屬絲刷擦壞銀器表面。
4.操作使用中不小心的撞擊。
5.接觸酸性物品或其他化學物品留下的斑跡。

最後一種情況可用洗滌劑手工擦洗，其他四種情況則需送回廠商重新加工。

(七)有害昆蟲及動物的防治

有害昆蟲及動物的防治不僅僅是餐務部的任務，也是餐廳每位員工和管理人員的任務。有害昆蟲主要指蟑螂、臭蟲、蒼蠅、蚊子等，有害動物是指鼠類動物。牠們不僅使人感到噁心，更重要的是會引起疾病。

 第二節　餐務部的組織

一、組織機構

根據餐飲部門的規模和所賦予餐飲部的職責範圍的不同，餐務部的組織機構也不一樣。

較大型的餐務部組織中，通常包括宴會部、各餐廳的餐具洗滌和餐具供應、保管庫存三個部分。在這個組織中，餐務部一般是二十四小時運轉，需要「三班制」。

在較小型的餐務部組織中，結構比較簡單，員工主要分為洗碗工、保管和擦銀工、雜役等。

有些更小型的餐務部，則設在廚房的組織機構中，由主廚直接領導。

下面，我們摘要地介紹這個組織結構中各個主要崗位的職責，供餐飲部經理在設置餐務部或進行分工時參考。

二、崗位職責

(一)餐務部經理（主管）

■職責綱要

1.直接向餐飲部經理報告工作，全權負責整個餐務部的運轉，包

括制定與實施工作計畫、培訓餐務部的員工、合理控制餐具破損數目和遺失數目。

2.確保其管轄範圍內之清潔衛生，餐具用品衛生要達到標準衛生、消毒標準，負責各種清潔用品、銀器、不鏽鋼餐具、瓷器、玻璃器皿及部分廚房用具的儲存保管。

3.負責每月、每季及每年度之盤點工作。

4.按工作要求，直接向餐飲部經理提議有關適當人選資料。

■職責

1.監督餐務部的日常工作，瞭解所有內部設備及機器的用途。

2.分派每日的工作，並監督員工按正確的工作程序完成本職工作。

3.負責維持其管轄範圍內的清潔衛生，以及員工個人衛生。

4.制訂屬下員工培訓計畫，提報餐飲部經理核准，確保員工正確操作洗碗機，正確保管和使用各種清潔劑。

5.統計、記錄各餐廳及廚房之餐具，控制在各點的流存量，安排補充及申購。

6.按照推銷活動計畫，為各種宴會或特別活動準備餐具用品。

7.與財務部配合，安排每月、每季及每年度之盤點工作，將意見或報告呈交餐飲部經理。

8.協調內部矛盾，處理員工的不滿及糾紛，與餐飲部經理商討可行的處理方法。

9.統計每年餐具採購計畫，報餐飲部經理核准。

(二)區域領班

主要負責督促員工維持日常運轉的順利進行，負責宴會等活動的各項餐務工作，向餐務經理負責，下屬有洗碗工、雜役等。主要職責是：

1.保持所管轄區域內的清潔衛生和整潔。

2.安排本區域員工的任務，根據工作需要合理安排人手。

3.負責向廚房、餐廳和酒吧提供所需用品和設備，籌劃和配備宴會活動的餐具、物品。

4.根據使用量配發各種洗滌劑和其他化學用品。

5.協助餐務部經理進行各種設備、餐具的盤點工作。

6.負責洗滌過程中的餐具破損控制，發現問題立即採取措施或交給餐務部經理處理。

7.監督本區域員工按規定的程序和要求工作，保證清潔衛生的質量，做好員工的考勤考核。

8.與廚房和餐廳保持良好的合作關係，加強工作中的溝通。

9.協助餐務部經理落實有關培訓課程。

10.督促屬下員工遵守所有飯店的規章制度、條例和紀律。

(三)擦銀工（silverman）

主要任務是根據餐飲部所制定的銀器擦洗計畫表，進行所有銀器、銅器等設備的擦洗、拋光工作。其主要職責是：

1.保證飯店所使用的金、銀餐具和銅器始終清潔光亮。

2.負責每天擦洗各種烹飪車、切割車等。

3.保證各種銀器所使用化學清潔劑正確無誤。

4.掌握正確的擦洗銀器的程序，精心維護銀器的使用壽命。

5.嚴格按進度表進行各種銀器餐具的擦洗，並做好記錄。

6.控制銀餐具的損耗率，發現使用中的問題立即處理。

7.愛惜拋光機等擦洗設備，定時維護保養。

(四)洗碗工

負責正確使用洗碗設備，及時洗滌各種餐具，維持洗碗間的清潔衛生。主要職責有：

1.保持工作場所的清潔、衛生。

2. 上、下班均需檢查洗碗機是否正常，清洗、擦乾機器設備。

3. 按規定的操作程序工作，保證洗滌質量。

4. 正確使用和控制各種清潔劑和化學用品。

5. 及時清洗餐具，避免髒餐具積壓。

6. 大型宴會活動的餐具洗滌任務艱鉅，要提前做好各種準備工作。

7. 完成上級所佈置的其他各項工作。

(五)清潔員（horseman）

負責所指定區域的清潔衛生，處理垃圾以及其他的搬運衛生工作，主要職責有：

1. 蒐集和清理所有的紙盒、空瓶等舊容器。

2. 定時清除或更換各處的垃圾筒。

3. 按規定的時間清掃指定的區域，保持衛生。

4. 幫助蒐集和儲存各種經營設備，將其搬放到指定的庫房。

5. 爲大型宴會活動準備場地，搬運物品。

6. 負責餐飲部食品驗收處的清潔工作，及時清理、沖洗。

7. 完成上級所佈置的其他臨時性工作。

 ## 第三節　與其他部門的聯繫

餐務部在其運轉過程中，將與許多部門發生聯繫。餐飲部是一個餐飲後勤部門，對前檯的服務和整個飯店的運轉產生很大的影響，正確地處理好與這些部門的聯繫，加強部門間的訊息溝通、互相合作，是達到飯店的總目標的重要保證。

一、餐務部與採購部門的聯繫

　　餐務部是餐飲部門的物資供給部門，要定期地購置各種餐具、設備和各種用品。在這項工作中，將與採購部發生直接的聯繫。從餐飲部方面來說，要保證做好以下幾個方面的工作：第一，提供採購規格單和樣品或圖片。餐飲部是餐具方面的專家，應詳細寫明所需採購物品的顏色、質地、規格。尤其是新採購的品種，更應詳細地列明要求，保證雙方溝通無誤，並有案可稽。第二，餐飲部要對餐具物品的使用量和庫存量有明確的數字概念，根據採購周期和使用量設定最低庫存量，使採購工作有計畫地進行，同時降低採購成本。第三，對所採購回來的餐具物品，餐飲部要嚴格把關驗收，以保證數量、規格等和採購單所列明的一樣。

二、餐務部與宴會部之間的關係

　　大型宴會活動的物品、餐具籌措是餐飲部的職責之一，餐飲部經理必須出席由宴會部經理主持的一周客情報告會，及時溝通宴會訊息，儘早安排、籌措宴會餐具和物資設備。

三、餐務部與餐廳、廚房、酒吧的關係

　　餐務部與餐廳、廚房是聯繫最密切的部門。要保證服務品質優良、有效率，保證客人滿意，有賴於雙方之間的緊密合作。作為餐飲部，在這項關係中要做到：第一，要保證隨時提供足夠數量的餐具、廚具、杯具，任何時候都不讓髒餐具積壓；第二，餐具洗滌必須符合規定的質量、衛生要求，減少在洗滌過程中的損耗；第三，保持洗碗間地面的乾燥、衛生，以免服務人員進出時，將油污帶入餐廳而污染地毯等；第四，屬於餐廳保管的金屬餐具、貴重用品，要及時督促服務員回收，以免造成遺失或損失；第五，培養互相合作的精神，急前

櫃所急，想客人所想，維護飯店的整體榮譽。

 ## 第四節　餐飲物資與設備的管理

　　餐務部直接和間接地負責餐飲部物資與設備的管理。從物資的預算、採購，到使用、保管、控制、損耗，都負有一定的責任。

一、餐飲物品的定額

　　1.餐具的標準庫存量，也即餐廳營業量最大時所需的餐具數量。它要根據餐廳的座位數、座位的周轉率和洗碗間的效率、菜單的項目等來計算。

　　2.本次盤存量，即現在的存貨量。

　　3.每年或每採購周期的各種餐具損耗數。

　　4.已訂購的在途餐具數量。

　　有了上述的一些數字，我們就可計算出預算需求數額，它可以比較接近實際的需求數。計算方法是：

　　　預算需求量＝標準庫存量＋每年平均損耗數－現有庫存額－
　　　　　　　　在途訂購數

　　餐巾、桌布等棉織品的定額，與客房的床單一樣，通常是所使用的餐桌的五倍，即五套（five par stock）供周轉。通常棉織品的控制是由客房部的布巾房控制的，但在做物資定額預算時，餐飲部必須明確地知道自己的使用量。

二、設備的使用與保養

　　除了大型、複雜機器設備的定期保養是工程部或供貨商負責外，

一般機器的日常衛生和保養是餐務部的職責範圍。

　　設備的使用和保養，會直接影響到機器設備的使用壽命和經濟壽命，影響到餐飲部的工作效率。在使用和保養中，要做好「五定」。一是「定人」，所有機器設備的使用與保養都應落實到指定專人使用和保養。只有這樣才能避免盲目操作造成的損壞，也便於分清責任。二是「定時」，餐務部應制訂餐飲部門的機器設備保養計畫。三是「定位」，機器設備要確定位置地點，不得隨意移動，以避免頻繁的搬動而造成損壞，同時也便於檢查管理。四是「使用固定的保養方法」，機器設備的一般使用和保養也是一種技術性的工作，在機器使用前，應由專人或生產廠商負責培訓操作使用人員，嚴格按操作規程使用和保養。五是「定卡」，在機器設備的使用保養中，還應建立一個機器設備檔案卡。

三、餐具的保管與損耗控制

　　餐務部的餐具保管，主要是要加強餐具倉庫的管理和大型宴會等活動的餐具、用品的使用控制。餐務部的職責之一，是滿足各餐廳廚房的餐具、廚具用品的使用要求，但同時又要對餐具的損耗負督導檢查的責任。為了保管好餐飲設備、餐具和各種物資，餐務部必須做好以下幾方面的工作：第一，根據實際需要憑單發餐具；第二，餐務部要經常掌握各餐廳現有餐具的數量，做到心中有數；第三，在大型宴會活動中，要確認、監督借出的餐具如數歸還，及時統計出本次活動的損耗數字，並親臨宴會現場監督；第四，對餐具用品的運轉流通作深入的調查瞭解，餐務部經理的工作崗位應在餐飲活動的第一線，而不是辦公室。

　　要降低餐具損耗率，必須加強對以下幾個環節的管理：

1.要讓全體員工關心餐具的損耗，制定合理的損耗率，同時實施獎懲制度。

餐飲管理：重點整理、題庫、解答

2.貴重餐具和金屬餐具可實行專人保管和每班清點交接，分清責任，同時使損耗立即得到回報。

3.洗碗間也是餐具損失和損壞的主要場所，必須加強對其監督，培養員工的工作責任心。

4.房內用餐的餐具損失也較一般爲高，在管理上必須建立更完善的制度，與客房部做好溝通，落實各自的職責，共同做好這一關。

四、大型活動的物品籌措

大型活動的物品籌措主要指飯店舉行的大型宴會、會議、自助餐、慶祝活動等必須的用品。這些用品分爲裝飾性物品、餐具和設備幾類。大型活動的物品籌措，首先要瞭解活動的日期，以便早作準備，同時要及時和宴會及銷售部門聯絡，弄清具體的佈置要求。大型活動的物品籌措是一項艱鉅繁雜的工作，一定要加強溝通，制定計畫，按工作進度表按部就班地完成準備工作，以保證每一次活動的順利進行。

一、簡答題

(一)餐務部是餐廳和廚房的後勤部門，其主要職責是什麼？

答：1.負責餐務部門請領、供給、儲存、蒐集、洗滌和補充等工作。

2.負責制訂檢查、清潔保養計畫。

3.負責有關部門和區域的清潔衛生工作。

4.餐具的基本洗滌程序及其檢查方法。

5.垃圾處理。

6.銀器的清潔。

7.有害昆蟲及動物的防治。

(二)銀器受損的最主要原因是什麼？

答：1.高溫使表面受損。

2.銀器表面上有刀痕或刮痕。

3.硬刷子或金屬絲刷擦壞銀器表面。

4.操作使用中不小心的撞擊。

5.接觸酸性物品或其他化學物品留下的斑跡。

二、問答題

(一)一個好的餐務部在餐飲運轉過程中，可以發揮哪些重要的積極作用？

答：提供一個清潔衛生的餐飲工作場所，使員工在舒暢的環境中工作，提高他們的工作效率。提供足夠數量的餐具物資，以保證經營運轉的正常進行。好的餐務部還將幫助餐飲部門控制經營成本，將損耗減少到最低程度。保證其環境與衛生符

合國家的要求和標準，使得顧客的健康、安全得到全面的保障。

(二)清洗過程中，檢查時應該注意的有哪幾點？

答：第一是時間，應根據機器的操作說明，掌握正確的清洗時間；第二是溫度，要保證各部分的水溫符合規定的範圍，並及時調整；第三是洗碗機的機械功能，主要指水的壓力。最後是其化學功能，同樣應在試驗時以洗滌和沖洗兩個部分測量，配製到足以洗淨餐具的清潔溶液。

(三)設備的使用和保養會直接影響到機器設備的使用壽命和經濟壽命，所以必須要做好哪「五定」？

答：一是「定人」，所有機器設備的使用與保養都應落實到具體的保養者上；二是「定時」，餐務部應制訂餐飲部門的機器設備保養計畫。應製好表格，保證定時按計畫實施；三是「定位」，機器設備要確定位置地點；四是「使用固定的保養方法」，在機器使用前，應由專人或生產廠商負責培訓操作使用人員，嚴格按操作規程使用和保養；五是「定卡」，建立一個機器設備檔案卡。記載機器設備的序號、擺放地點（或特殊用途），並標明每次維修的費用。

Chapter 8

餐飲服務

餐飲管理：重點整理、題庫、解答

　　服務是一個涵義非常模糊的概念，服務是幫助、是照顧、是貢獻，服務是一種形式。服務是由服務人員與顧客構成的一種活動，活動的主體是服務人員，客體是顧客，服務是透過人際關係而實現的，這就是說，沒有服務人員與顧客之間的交往，就無所謂服務。服務心理學是把服務當作一種特殊的人際關係來加以研究的，要懂得服務，首先要懂得人際關係。

　　此外，服務包含著銷售技能，不僅是銷售菜餚和飲料等項目，而且是銷售全部的經驗給顧客。氣氛、食物、葡萄酒及特別的餐飲，都能吸引客人，然後再度光臨。假如一個顧客離開餐廳時是滿意的，真心想第二次再度光臨，這代表全體職員的服務是成功的。

第一節　餐飲服務心理學

　　餐飲服務是一種以親切熱忱的態度，時時為客人著想，使客人有賓至如歸之感覺，它是餐廳的生命，更是餐廳主要的產品，因此我們必須瞭解服務的真諦，瞭解服務對餐廳的重要性，藉以建立正確餐飲服務概念。

一、服務是透過人際溝通而形成

　　人際交往有其功能方面和心理方面。而服務是透過人際關係來實現的，因此服務也必然有它的功能方面和心理方面。當一位餐廳服務員向顧客介紹餐廳所經營的菜餚飲料時，他的介紹是不是準確，能不能讓顧客聽明白，這是功能方面的問題；她是否面帶微笑，是否彬彬有禮地向客人作介紹，這就是心理方面的問題。

　　對於「微笑服務」可以有兩種理解。第一種理解：微笑服務是服務人員面帶微笑去為顧客提供服務。第二種理解：微笑也是服務人員為顧客提供的一種服務。以餐廳服務員來說，按照第二種理解，給顧

客介紹餐廳所經營的菜餚飲料是一種服務，對顧客微笑，使顧客感到和藹可親，這也是一種服務。前一種服務是「功能服務」，後一種服務就是「心理服務」。

　　未來學家托夫勒斷言：「在一個旨在滿足物質需要的社會制度，我們正在迅速創造一種能夠滿足心理需要的經濟。」他認為「經濟心理化」的第一步是在物質產品中添加心理成分，第二步就是擴大服務業的心理成分。所謂擴大服務業的心理成分，就是除了提供功能服務以外，還要提供心理服務，使服務具有更多的人情味。

　　擴大服務業的心理成分對服務人員提出了更高的要求。為顧客提供富於人情味的服務，要求服務人員本身就是一個富於人情味的人。所謂富於人情味，至少有以下兩個方面的涵義：一方面，服務人員必須懂得人們的心理需要，在與人交往時能夠察覺別人情緒上的微妙變化，進而做出恰當的反應；另一方面，他必須是一個感情上的富翁，而不能是一個感情上的貧窮者。

　　關於貧窮與富有，心理學家佛洛姆有相當深刻的論述：「在物質領域內『給予』意味著富有。富有，並不是擁有很多財物的人才富有，而是慷慨解囊的人才富有。從心理學角度講，擔心損失某種東西而焦慮不安的守財奴，不管他擁有多少財產，都是窮困的、貧乏的。誰能自動『給予』，誰便富有。他體驗到自己是一個能夠『給予』別人幫助的人。」「正是在『給予』行為中，我體會到自己的強大、富有、能力。這種增強了的生命力和潛力的體驗使我備感快樂。」

　　一名服務人員能夠讓顧客感到親切、溫暖、幸福，能夠在他們的心中留下美好的記憶，這就充分說明了他是一個感情上的富翁，他完全有理由為此而感到自豪。

　　服務的心理方面不是單向的，而是雙向的。服務人員不只在感情上對顧客施加影響，而且在感情上接受顧客對自己的影響。優秀的服務人員都是以對顧客的關心、理解和尊重，贏得了顧客自己的關心、理解和尊重。而某些服務態度不好的服務人員，他們在使顧客感情上遭受打擊的同時，也不免使自己在感情上受到傷害。

在人際交往中，歡樂是可以共享的。誰能揮動別人的心弦，誰就能聽到美妙的樂曲。正如佛洛姆所說的：「他不是爲了接受而『給予』，『給予』本身是一種高雅的樂趣。但是，在這一過程中，他不能不帶回在另一人身上復甦的某些東西，而這些東西又反過來影響他。在眞正的給予之中，他必須接受回送給他的東西。因此『給予』隱含著使另一個人也成爲獻出者。他們共享已經復甦的精神樂趣。在『給予』行爲中產生了某些事物，而兩個當事者都因這是他倆創造的生活而感到欣然。」

二、拉近與顧客的距離

消除孤獨感、獲得親切感是人類所固有的一種需要。人們之所以要跟別人打交道，除了解決種種實際問題之外，還有一個重要的目的，就是透過人際交往來滿足這種心理上的需要。

作爲一名服務人員，一定要讓顧客覺得你和藹可親，要讓顧客願意跟你打交道，而不是怕跟你打交道。你能讓顧客覺得你和藹可親，

服務是給客人一種美的感受

你就是在為顧客提供心理服務。

要表現出你的好心，首先要對顧客笑臉相迎。要記住顧客總是「出門看天色，進門看臉色」的。顧客會根據你的表情來判斷你是好接近的人，還是個難以接近的人。當你和顏悅色、滿面春風地出現在顧客面前時，不等你開口，你的表情就在你和顧客之間傳遞了一個重要訊息，「您是受歡迎的顧客，我樂意為您效勞！」

要學會對顧客表示謝意和歉意。「謝謝」和「對不起」應當成服務工作中的「常用詞」，同時也要學會在顧客向自己表示謝意和歉意時作出適當的反應。

在顧客為自己的行為提出歉意時，要對顧客表示理解和安慰。例如對顧客說：「別著急，您慢慢挑！」「沒關係，誰都難免有數錯的時候。」

一般說來，人們都很重視自己在別人心目中的形象，也可以說人們是要把別人當成鏡子，是要從別人對自己的反應中來看到自我形象的。

我們知道，並不是每一面鏡子都能準確地反映人的真實形象的。「鏡子裏的自我」與真實的自我往往是不一致的。從每個人都應當實行自我改進這個意義上來說，我們必須實實在在地下功夫來改進真實的自我，而不應當過於看重「鏡像自我」。可是有些人不是這樣，他們把「鏡像自我」看得比真實的自我還重要。他們甚至總想把自己的真實一面掩蓋起來，總想造成一些假象來使別人對自己產生好印象。這就是那些虛榮心很強的人，虛榮心可以說是變態的自尊心。

三、顧客滿意度

(一)服務的必要因素

衡量服務工作做得好不好，首先要看顧客滿意不滿意。對於「滿意」和「不滿意」這兩個概念，心理學家赫茨伯格有獨特的見解。他

認為，滿意和不滿意涉及兩類不同的因素：M因素和H因素。H因素只是避免不滿意的因素；M因素才是使人感到滿意的因素。我們可以把H因素稱爲必要因素，M因素稱爲魅力因素。必要因素的意義是「沒有它就不行」，魅力因素的涵義是「有了它才更好」。如果你在選擇職業時抱這樣的想法：「至少要讓我得到公平合理的報酬，最好還能滿足我的興趣愛好，發揮我的聰明才智。」那麼對於你來說，「公平合理的報酬」只是職業的必要因素，而「滿足興趣愛好，發揮聰明才智」才是職業的魅力因素。

在市場競爭中，一種產品如果缺乏必要因素，肯定賣不出去，具備必要因素而缺乏魅力因素，也不能暢銷。要使產品暢銷，第一要有必要因素，第二要有魅力因素。必要因素是共性因素，人家有，我也有；魅力因素是個性因素，人家沒有，我有。

必要因素和魅力因素這兩個概念可以廣泛地應用於各種競爭之中。每一個想在競爭中獲勝的人，都應當瞭解什麼是必要因素，並使自己在具備必要因素的基礎上，儘可能地增加魅力因素。

服務工作要贏得顧客的好評，也應當具備必要因素和魅力因素。

必要因素是避免顧客不滿意的因素，魅力因素是讓顧客感到滿意的因素。如果你的服務缺乏必要因素，別人做得到的你做不到，顧客就會說：「沒見過像你這麼不好的！」如果你的服務具有魅力因素，別人做不到的你能做到，顧客就會說：「還沒見過像你這樣好的！」

一般說來，什麼是服務的必要因素和魅力因素呢？從顧客心理上說，標準化是服務的必要因素，針對性是服務的魅力因素。標準化使顧客得到「一視同仁」的服務，顧客就不會產生「吃虧」的感覺。有針對性才能使顧客覺得「這是服務人員專門爲我提供的服務」，因而感到特別滿意。

爲顧客提供有針對性的服務之所以特別重要，有兩個原因：

1.服務究竟好不好，是要由每個顧客根據自己的感覺來作出判斷的。

2.每個人的內心深處都有「突出自己」的需要。

服務工作必須堅持一視同仁的原則，爲了使個別顧客產生受優待的感覺而讓別的顧客覺得自己吃了虧是不可取的。提供有針對性的服務並不意味著厚此薄彼。如果我們對每一位顧客都提供有針對性的服務，那就仍然是一視同仁的。

顧客在評價服務質量時，主要是根據「爲我提供的」服務來作出判斷的。服務人員要贏得顧客的好評，就要盡力爲每一位顧客提供有針對性的（即「針對個人」的）服務。

當然，對顧客僅僅從稱呼上加以區別是不夠的，更重要的是針對每一位顧客的特殊需要去提供相應的服務。所謂針對顧客的特殊需要有兩種情況：一種情況是顧客本人提出不同於其他顧客的要求，我們應當想到這正是我們爲他提供針對性服務的好機會；另外一種情形是雖然顧客本人並未提出特殊的要求，但是只要我們留心，就會找到能爲客人提供特殊服務的機會。例如，你是一名餐廳服務員，當你發現一位顧客是用左手拿筷子時，你就應當記在心。下次他再到餐廳來用餐，你不是把筷子放在碟子的右邊，而是放在碟子的左邊，他當然會明白這是你專門爲他提供的服務。

一般的服務員是在顧客發出「訊號」以後，能夠及時地爲顧客提供服務；好的服務員往往在顧客還沒有發出「訊號」的時候，就已經知道該爲顧客提供什麼了，而差的服務員是顧客已經一再地發出「訊號」，他還不知道，或者遲遲不來。

一些有經驗的服務人員往往能夠敏感地覺察到顧客有某種「難言之隱」，並作出適當的反應。我們也應當把「對顧客的難言之隱作出適當的反應」列爲優質服務的一項要求。要知道，顧客有些話是想說而又不大好說，需要我們去「心領神會」的。例如，有的顧客在宴會上明明還沒有吃飽，但看別人都不吃主食，他也不好意思吃了。這時候在桌前服務的餐廳服務員就應該爲他提供「心領神會」的服務了──把盛著小包子、小花卷的盤子移到他面前，對他說：「我們做的

小包子、小花卷很好的，您一定要嚐嚐。」

(二)重視補救性服務

人既要求滿足，又要求合理，但是現實生活中所發生的事情往往使人覺得不滿足和不合理。一個人未能如願以償，或者遇到了在他看來是不合理的事情，這就是挫折。

有兩種常見的挫折反應，一種是攻擊反應，一種是逃避反應，都是很不利的。

服務人員在顧客感到不滿意（也就是遇到挫折）時，應想出設法消除顧客的不滿意，使顧客不至於作出攻擊反應或逃避反應，並盡可能地使顧客變不滿意為滿意，這就是為顧客提供補救性服務。

■善於採取補救措施

1.如果顧客在某一方面沒有得到滿足，那就要儘量讓他在其他方面得到補償。補償一定要及時，而且是誰吃了虧就一定要誰得到補償。補償的形式可以是多種多樣的。例如，對於住宿顧

服務效率上以滿足客人的需求為必須要項

客，如果住的條件差一些，又一時難以改住，那就一定要在吃的方面安排得好一點。有時候，功能方面的不足可以在感情方面予以補償。

2. 人在遇到不順心的事情時，可能往壞的方面想，也可能往好的方面想。我們當然是要引導顧客往好的方面想。例如一名導遊員，天氣好的時候，他說：「風和日麗，正是遊山玩水的好時光。」下雨的時候他就說：「今天要去的這個地方，雨中遊覽別有情趣。」這就是引導旅遊者往好處想，不要因為下雨而掃興。

3. 顧客遇到不順心的事，我們還應當表示自己非常理解顧客的心情。顧客感到遺憾的事，我們也感到遺憾，顧客著急的時候，我們也很著急，這樣顧客就會覺得我們是「同他站在一起的」。

■「顧客至上」並不意味著「服務人員至下」

　　顧客是人，服務人員也是人，雙方在交往中扮演著不同的角色：

1. 堅持「顧客至上」並不違背「雙贏原則」。「雙贏」是要讓雙方都得到自己想得到的東西，而當雙方扮演著不同的角色時，雙方應該得到和能夠得到的東西是不一樣的。在服務人員為顧客服務的時候，前者是「生產者」，後者是「消費者」，他們應該得到和能夠得到的東西怎麼能是完全一樣的呢？飯店要求女服務員不能打扮得比顧客更漂亮，這種規定既符合「顧客至上」，也合情合理。

2. 從市場學的角度來說，當生產者為爭奪消費者而展開激烈的競爭時，實際上就不是消費者有求於生產者，而是生產者有求於消費者。在這種情況下，誰能讓消費者成為勝利者，讓他們得到他們想得到的優質產品和服務，誰就能因此而得到自己想得到的名聲和效益，使自己成為競爭中的勝利者。

3. 一位飯店女服務員該不該把自己打扮更漂亮一點呢？完全應

該。下班以後她把自己打扮得愈漂亮愈好，但是在上班的時候，她必須遵守飯店的規定。當飯店由於生意特別好而提高了經濟效益的時候，當她由於工作得特別好而增加了收入的時候，她就可以在業餘時間把自己打扮得更漂亮了。

4. 顧客應該受到尊重，服務人員也應該受到尊重，顧客與服務人員應該互相尊重。但是服務人員在為顧客服務的時候，應當以自己對顧客的尊重去贏得顧客對自己的尊重，而不是抱著「看你敢不尊重我！」的想法去強迫顧客尊重自己。要知道尊重和「怕」是兩回事，你也許可以透過施加壓力使別人怕你，但是怕你並不等於尊重你。「顧客至上」的口號要求服務人員「從我做起」，以自己對顧客的尊重去贏得顧客對自己的尊重，實際上還是以「雙贏」為目標。

■ 「顧客總是對的」並不意味「服務人員總是錯的」

餐廳必須面對顧客，必須生產顧客所需要的菜餚，提供顧客所需要的服務。如果你不知道餐廳該怎麼辦，那就去請教你的顧客吧，聽顧客的話是不會錯的，於是有人提出這樣一個口號：「顧客總是對的！」

實際上，制定餐廳的經營戰略不僅要考慮顧客的需要，而且要考慮餐廳本身的實力，同時還要考慮到自己的競爭對手。「顧客總是對的」這一口號強調的是餐廳一定要「以銷定產」，「絕不能做沒有顧客的生意」。

後來，「顧客總是對的」這口號被引用到如何處理服務人員與顧客之間的爭論這個問題上來了。於是這一口號本身又引起了許多爭論。在服務人員與顧客的爭論中，難道錯的都是服務人員，顧客就一點錯也沒有嗎？如果肯定了顧客永遠是對的，那不就是說服務人員永遠是錯的嗎？這些問題的確有必要討論清楚。

有道是「人非聖賢，孰能無過？」誰都不可能永遠正確。顧客既然是人，當然也不例外。從實際情況來看，在服務人員與顧客的爭論

中，有時是服務人員不對，有時是顧客不對，有時是雙方都不對。說顧客永遠是對的，這顯然是不符合事實的。

然而，「顧客總是對的」這一口號還是有它的積極意義的。我們應當把這句話當作一個口號，而不要當作一個判斷去理解。作為一個口號，它的意思是：顧客是我們服務的對象，而不是我們要與之爭論的對象，更不是我們要去「戰勝」的對象！

「顧客總是對的」這句話表面上說的是「對」和「錯」的問題，實際上說的是「輸」和「贏」的問題。有些服務人員在與顧客有了意見分歧時總要爭一爭。爭什麼呢？無非是要說明「我是對的，你是錯的。不是我要向你認錯，而是你要向我認錯。我贏了，你輸了。」應當說這是不明智的，因為身為服務人員，根本就不可能「戰勝」顧客。如果顧客被你駁得「理屈詞窮」了，被你訓得「不敢吭聲」了，被迫向你認錯，向你賠禮道歉了，那意味著什麼呢？那究竟是你的勝利呢，還是你的失敗呢？從你當時「出了一口氣」來說，你似乎是勝利了；從維護企業的聲譽來說，那肯定不是勝利，而是失敗。因為顧客是來「花錢買享受」而不是來「花錢買氣受」的。你把他推到失敗者的位置上去，他即使忍氣吞聲地走了，也絕不會善罷甘休的。必須記住，如果顧客失敗了，你也就失敗了。

■立於不敗之地

服務人員絕不能去「戰勝」和「壓倒」顧客，但也不能被那些無理而又無禮的顧客戰勝和壓倒，要學會自我保護，使自己立於不敗之地。從許多優秀服務人員的經驗中得出的結論是：服務人員應當把禮貌待客作為自己的「武器」。只要把禮貌待客堅持到底，就能立於不敗之地。

面對顧客，服務人員應當想到幾點：

1.你是顧客，我是服務人員，從角色關係上說你我是不平等的。如果你罵我一句，我罵你一句，雖然是「一比一」，到頭來吃虧的還是我。這一點我是不會忘記的。

2.作為服務人員，我沒有「單向射擊的武器」。如果我向你發起攻擊，「飛去武器」最終還是會打到我自己身上來。這種傻事我是不會做的。

3.我知道你正在等著我還擊，我一還擊，你就找到了大吵大鬧的理由，你就得到了「觀衆」的同情。我知道你的用意，我要讓你的如意算盤落空，讓你自討沒趣，因此我絕不還擊。

4.你粗暴無禮，扮演不好你的角色，這是你的問題。我堅持用對待顧客的態度來對待你，這就說明我把自己的角色扮演得很好。我會堅持到底，而不會和你一般見識。只要我能堅持到底，「理」就在我這一邊。

四、溝通

(一)溝通爲目標的藝術

■人與人之間的相互作用

人的一生是在他所處的環境之中度過的。環境不斷地影響人，而人又不斷地用自己的行爲影響他所處的環境。如果把環境對人的各種影響稱爲「刺激」，那麼人的行爲就是對刺激的「反應」。這所說的行爲既包括人所採取的行動，也包括人的言語和表情。

人際交往是人與人之間的相互作用。在交往中，人們互相給予刺激，又互相作出反應。要注意的是：

1.首先不是改變別人。
2.首先是改變我們自己。
3.要相信我們自己有所改變之後，別人也會有相應的改變。

■誘導「成人自我」的藝術

在人際交往中，一個人由不同的「自我」佔優勢，就會有不同的表現。如果他表現得很衝動，跟你胡攪糾纏，你就可以作出判斷，他

是「兒童自我」佔優勢。如果他以權威自居，盛氣凌人，你就可以作出判斷，他是「家長自我」佔優勢。只有當他的「成人自我」佔優勢的時候，他才會顯得通情達理。

「成人自我」是一個面對現實、勤於思考的「自我」，所謂誘導一個人的「成人自我」，就是要讓他動一動腦筋，而不要只是動感情；就是要讓他面對現實，根據實際情況作出行為決策，而不是只根據自己的願望和自己的想像來作出決策；就是要讓他認真地考慮一下別人的意見，而不是翻來覆去地只強調自己的那些看法和主張。誘導「成人自我」的基本方法，一是提出問題，二是說明情況。提出問題是為了促其思考。一個人即使原來非常激動，當他開始認真思考的時候也一定會逐漸平靜下來的。說明情況是為了讓他瞭解他原來不瞭解的情況。

■誘導的藝術

身為一名服務人員，要清楚地意識到，自己有一個「行為模式庫」，顧客也有一個「行為模式庫」，「庫」都有各種不同的行為模式。在客我交往中，一方面要考慮從自己的「庫」選用什麼樣的行為模式去跟顧客打交道，另一方面還要考慮讓顧客從他的「庫」「取」出什麼樣的行為才是對我們最有利的，以及如何才能讓他「取」出我們所期待的行為。

服務人員如果對顧客的行為不滿意，那就應當首先檢查一下自己的行為是否恰當。要記住，首先不是改變別人，首先是改變我們自己。

如果服務人員能贏得顧客的信任，顧客往往會表現出順應的兒童行為，高高興興接受服務人員的勸告，服從服務人員的安排。如果服務人員能給顧客留下一個真誠、善良、和藹可親的印象，顧客往往能表現出慈愛的家長行為，原諒服務人員的某些過失。我們應當相信，只要服務人員善於誘導，顧客就會表現出服務人員所期待的行為。

(二)溝通的藝術

人與人之間要建立良好的關係就必須互相瞭解，而要互相瞭解就必須注意彼此的意見交流。

■既是服務員，又是推銷員和訊息員

爲了使企業能在競爭中取勝，服務人員就應當「一身三任」，既是服務員，又是推銷員和訊息員。

要當好一個推銷員，必須有「把東西賣出去」的強烈願望，但是僅僅從「賣」的角度來考慮問題的推銷員，不可能成爲一個成功的、受人歡迎的推銷員。許多成功的、受人歡迎的推銷員的經驗都表明，他們是很善於從「賣」的角度來考慮問題的。他們認爲，與其把推銷理解爲「賣掉自己所要賣的東西」，不如把它理解爲「幫助顧客買到他們所要買的東西」。

當然，即使找到了有可能成爲買主的對象，往往也要經過積極地施加影響，才能把東西賣出去。要如何施加影響呢？以下幾點可供參考：

1.要儘量讓顧客用他們的多種感官來接觸你所要賣的商品。

2.要激發顧客的想像力，讓他們相信使用這種商品會帶來什麼樣的好處，使人產生什麼樣的感受。不要忘記這些好處和感受可能是多方面、多層次的。

3.「自賣自誇」並不是一件壞事。「不要吹」不等於「不要誇」。不同的商品有不同的誇法，面對不同的顧客也要有不同的誇法。要誇得恰到好處。

4.對於那些絕不買的顧客也一定要客客氣氣，歡迎他們再來，並提供他們所需要的幫助。

5.要根據不同情況，著重對顧客三個「自我」中的某一「自我」施加影響。一般說來，推銷新產品要著重對顧客的「兒童自我」施加影響，推銷名牌產品要著重對客人的「家長自我」施

加影響，推銷「優」、「特」產品要著重對顧客的「成人自我」施加影響。

■情緒可以由自己來選擇

人們在工作中的情緒狀態可以用不同顏色來表示：

1.紅色表示非常興奮。
2.橙色表示快樂。
3.黃色表示明快、愉快。
4.綠色表示安靜、沉著。
5.藍色表示憂鬱、悲傷。
6.紫色表示焦慮、不滿。
7.黑色表示沮喪、頹廢。

為了實現優質服務，服務人員在工作中的情緒狀態應保持在從「橙色」到「綠色」之間。一般說來，接待顧客時的情緒應以「黃色」（即明快、愉快）為基調，給顧客一種精神飽滿、工作熟練、態度和善的印象。變化的幅度，向上不要超過「橙色」（即快樂），向下不要超過「綠色」（即安靜、沉著）。

掌握「愉快」和「快樂」的差別，在適當的時候把自己的情緒狀態從愉快變為快樂，可以恰到好處地表現出對顧客的熱情。在遇到問題時保持沉著的情緒狀態，則可以避免冒犯顧客和忙中出錯。

「藍色」、「紫色」、「黑色」顯然不是良好的情緒狀態。「紅色」（即非常興奮）容易使人忘我，失去控制，也不能算是工作中的最佳情緒狀態。

要在工作中保持良好的情緒狀態，需要掌握一些進行自我調節的方法。但在討論具體的作法以前，我們先要對情緒的自我調節問題有一個正確的認識。

俗話說：「人非草木，豈能無情？」調節自己的情緒狀態絕不是要做一個沒有感情、對一切都無動於衷的人。

調節自己的情緒狀態也絕不僅僅是「不動聲色」。「聲色」只是表情，而表情只是情緒反應的外部表現。「喜怒不形於色」不等於沒有喜和怒。我們所說的自我調節是要使自己處於良好的情緒狀態，而不僅僅是控制自己的表情。當然，在人際交往中，特別是在客我交往中，對自己的表情也有加以控制的必要，因為自己的表情已經不完全是「私事」，它很可能會產生某種「社會效果」。

情緒反應是透過生理狀態的廣泛波動來實現的。可以說，我們的身體是要為情緒反應付出代價的。在許多情況下，付出代價是值得的，因為情緒反應對人有好處，例如憤怒可以使人奮不顧身地去排除前進道路上的障礙，恐懼可以使人不至於輕舉妄動等等。但有的時候，人們的情緒反應是不必要的、無效的，甚至是有害的。我們應當讓自己的情緒反應成為有效的情緒反應。

服務人員的「角色意識」對情緒狀態的自我調節有重要意義。角色意識強的人，一旦「進入角色」，就把個人的情愁煩惱統統拋開。

■形象控制法、想像訓練法和延緩反應法

當一個人在意識中浮現出美好的形象時，他的潛意識就會「自動化」地使人進入良好的情緒狀態。我們不必去追究自己的潛意識是如何「工作」的，我們只要讓自己的意識中浮現出美好的形象就行了。具體地回憶過去獲得成功時的情景，我們就能進入能夠幫助我們獲得成功的情緒狀態。這就是進行自我調節的「形象控制法」。我們獲得的成功愈多，積累的美好形象愈多，我們獲得新的成功的希望就愈大。

被某些日本人譽為「推銷之神」的原一平曾經介紹過他是如何為拜訪陌生的、難對付的「準顧客」而作準備的。他說：「例如，與A晤面，就得先描繪A的形象。在我的眼前站著我所描繪的A。我要與A聊天或說笑，有時同聲而笑。如此之後，我與A就如同知己。接著，進入真正的晤面。就A而言，我是他初次見面的人。我可不同，我與A已經是常常相談甚歡的熟人，亦即所謂的十年知己。」這就是巧妙地

運用了想像訓練法。

　　有些人雖然不知道什麼「形象控制法」和「想像訓練法」，實際上卻經常在進行起消極作用的形象控制和想像訓練。對於過去的事，他們不回憶獲得成功的情景；對於未來的事，他們不往好的方面想，老是往壞的方面想，想來想去，就好像自己所擔心的事情已經發生了一樣。我們一定要避免這種起消極作用的形象控制和想像訓練。

　　為了學會控制自己的衝動，還要運用「延緩反應法」來訓練自己。人的自我控制是從「延緩」開始的，沒有「延緩」就沒有自我控制。所謂「延緩」，一方面是「滿足的延緩」（例如，不是想玩就立刻去玩，而是工作完了以後再去玩）；另一方面是「宣洩的延緩」（例如，正在上班的時候挨了批評，雖然心 不舒服，但是該怎麼做還是怎麼做，至少要堅持到下班以後再說）。平時有意識地鍛鍊自己的「延緩能力」，在遇到某些特殊情況時，就不至於因為不能克制自己而作出不適當的反應，到後來後悔莫及。

■ 自我暗示法

　　我們的各種情緒反應究竟是怎樣產生的，我們並不清楚，因為情緒是直接受潛意識支配的。但是我們可以「有意識地」透過我們的潛意識來支配我們的情緒。

　　我們的潛意識不僅不善於區分真實的東西和想像的東西，而且缺乏批判能力。我們之所以能夠有分析、有批判地對待別人向我們施加的影響，拒絕接受那些錯誤的、有害的東西，是因為我們的意識具有批判能力。不過意識的這種批判能力並非總是有積極作用的，它也可能使人拒絕接受那些正確的、有用的東西。

　　心理治療的一種方法就是對患者進行「催眠」，使他的批判能力不起作用。在這種情況下，治療者所說的話就會被患者不加批判地接受。心理學上把這種使人不加批判地接受影響的方法叫做「暗示」。

　　人們受「暗示」的情況絕不僅僅發生在心理治療中，在日常生活中凡是不加思索地相信別人所說的話，凡是不加批判接受別人的影

響，都是「受暗示」。

　　在走進未知領域時，我們應當謹慎，應當隨時根據我們得到的訊息來為自己的行為導向。但是不能過於「謹慎」，以至裹足不前。不敢向前走，那就什麼新的訊息也得不到。馬爾茲說得好：「你每天都必須有勇氣承擔犯錯誤的風險、失敗的風險和受屈辱的風險。走錯一步總比在一生中『原地不動』要好一些。你一向前走就可矯正前進的方向；在你保持原狀、站立不動的時候，你的自動導向系統就無法引導你。」

　　不應該讓不合時宜的老習慣妨礙我們的成長。對付老習慣最好的辦法是形成新的習慣去取代它。不要把注意力放在「改掉」老習慣上，要把注意力放在「形成」新的習慣上。從現在起就按照新的模式去作出反應，並且堅持下去，直到這種反應成為一種習慣。一旦新的習慣形成，舊的習慣自然就不起作用了。

　　這是一種要和各種各樣的人溝通的工作，是一種可以讓我們更深入地瞭解人、學會以健康的人生態度去為人處世的工作。我們將在自己的工作崗位上不斷成長，發揮我們最寶貴的潛能，愛的潛能和創造的潛能，開出絢麗之花，結出豐碩之果！

第二節　餐飲服務

一、專業服務人員的個人特質

　　成功的專業服務人員之特質可以分為兩大類——身體的（專業的外觀及個人的衛生）及行為的（專業的服務人員之個人特色）。對於有抱負的前場人員，以下的說明是很重要的參考資料。

　　做為一個專業的服務人員就必須注意，服務人員給人最初的印象是來自於外表。良好修飾對於在前場工作的人是非常重要的。工作時穿著的制服（即便是女服務生的制服）、小晚禮服或風格化的服裝，

餐飲管理：重點整理、題庫、解答

都是專業化的象徵，穿著時必須引以為傲。此外，一個修飾良好的人，看起來總是（而且也真的是）乾淨的。衣服必須合身；鞋子必須擦亮及維持良好的狀況，包括鞋跟也是一樣。

一個真正專業的前場人員所必須具備的另一項重要特色，或許就是與人應對的能力。這項能使客人高興的能力不是任何裝飾或知識所能取代的。這項人性化的個人特色卻也不易具備。茲列出餐飲服務業的專業工作人員必須具備的特徵如下：

(一)餐飲服務的專業知識

餐飲業之從業人員要想使自己工作做得更盡善盡美，他必須要能與客人自由溝通，否則即使專業技能再純熟，工作再熱心，你仍無法適時去瞭解客人之意願，至於「服務」那更談不上了。

(二)餐飲服務的技術能力

為了促進自己的事業，專業服務人員必須不斷地努力，以提升其技巧。技巧的獲得源自於對一門藝術或手藝的精通。增進技巧的最佳方法就是不厭其煩地反覆練習，唯有如此才能熟能生巧。

(三)餐飲服務的溝通技巧

在恰當的時間說正確的話或做正確的事，而不會得罪其他人，這種能力對與公眾交際的人來說是很重要的。在糾正發生誤會的客人時，專業服務人員總是小心謹慎的；與客人交談，也總是將對話導向無害的、愉悅的方面。

(四)餐飲服務的人際關係

對任何人來說，人際關係都是十分重要的，特別是一個與公眾交際的人。在固定營業時間的工作中，餐廳所有的員工有無數的機會與客人接觸，所以，專業的服務人員在每日的例行公事中，必須努力拓展與經營自己的人際關係。

(五)餐飲服務的自我啓發工作精神

　　一位優秀的餐飲服務員，必須要先具備正確的服務人生觀，才能在其工作中發揮最大的能力與效率。所謂正確服務人生觀，不外乎是有自信、自尊、忠誠、熱忱、和藹、親切、幽默感，以及肯虛心接受指導與批評，動作迅速確實，禮節週到，富有進取心與責任感。

(六)提供有效率的餐飲服務

　　行動有效率是指事半而功倍，有能力分類客人的點叫單，及規劃到廚房與服務區域的路徑，節省工作時間步驟。由於有效率，便可以對顧客提供較好的服務。餐飲服務中顧客有所抱怨，亦能適時去處理。

(七)儀容端裝，儀表整潔

　　一位優秀服務員之穿著一定是整潔美觀，舉止動作溫文爾雅，步履輕快絕不跑步，此種優雅整潔的個人生活習慣乃從事餐飲工作者所必須具備的，但也不必刻意打扮、濃妝艷抹，應以淡妝樸素優雅之外觀予人好感。

(八)餐飲服務人員必須養成節儉美德

　　專業的服務人員要儘量避免浪費，小心處理及存放餐具及器皿，維護物品的清潔，某些未用過的東西可重新使用（如未開封的奶油、奶精等）。

二、餐飲服務方式

　　餐飲服務方式最常見的有：法式服務、美式服務、英式服務、俄式服務、客房餐飲服務及中式服務等六種。這些不同類型之服務方式均有其特點，因此一家餐廳在考慮採用何種服務方式時，必須先對這

些特點有一正確之瞭解，再考慮餐廳本身之條件，如菜單、設備、裝潢、人力，以及市場需求，再作決定。本節針對其中四種進行說明，客房餐飲與中式餐飲的服務方式則於第三、四節進行說明。

(一)法式服務

在國際觀光大飯店之高級餐廳，其內部裝潢十分富麗堂皇，所使用的餐具均以銀器為主，由受過專業訓練的服務員與服務生在手推車或服務桌現場烹調，再將調理好之食物分盛於熱食盤提供給客人，這種餐廳之服務方式即所謂「法式服務」。

■法式餐桌的佈置

一般而言，在正餐中供應二道主菜之情形並不多，通常所謂「一餐」，包括一道湯、前菜、主菜、甜點及飲料，因此在餐桌上所準備之餐具必須符合上述需求才可。餐廳之經理可隨意決定杯、盤、刀叉之式樣與質料，原則上這些餐具只要合乎美觀、高雅、實用即可。至於餐具擺設之方式則不能隨心所欲，因為法式餐飲服務之餐具擺設均有一定的規定，何種餐食須附何種餐具，而這些餐具擺設方式也均有一定位置而不可隨便亂放。茲分別敘述如下：

1.前菜盤一個，置於檯面座位之正央，其盤緣距桌邊不超過一吋。
2.前菜盤上放一條摺疊好的餐巾。
3.叉置於餐盤之左側，叉柄朝上，叉柄末端與餐盤平行成一直線。
4.餐刀置於前菜盤的右側，刀口朝左，刀柄末端與餐叉平行。
5.叉與叉、刀與刀間之距離要相等，不宜太大。
6.奶油碟置於餐叉之左側，碟上置奶油刀一把，與餐叉平行。
7.在前菜盤的上端置點心叉及甜點匙，供客人吃點心用。
8.飲料杯、酒杯置於餐刀上方，杯口在營業時間要朝上，此點與美式擺設不同，若杯子有二個以上時，則以右斜下方式排列

之。

9.若要供應咖啡，應在點心上桌之後，咖啡匙係置於咖啡杯之右側底盤上。

■法式服務的特性

　　法式服務是把所有菜餚在廚房中先由廚師略加烹調後，再由服務生自廚房取出置於手推車，在餐桌邊於客人面前現場烹調或加熱，再分盛於食盤端給客人，此項服務方式與其他服務方式不同。現場烹調手推車佈置華麗，推車上鋪有桌布，內設有保溫爐、煎板、烤爐、烤架、調味料架、砧板、刀具、餐盤等等器皿。手推車之式樣甚多，不過其高度大約與餐桌同高，以方便操作服務。

　　法式服務之最大特性是服務員有二名，即正服務員與助理服務員，其服務員須受過相當長時間之專業訓練與實習才可勝任該項專業性工作，在歐洲法式餐廳服務員，他們必須接受服務生正規教育，訓練期滿再接受餐廳實地實習一、二年，才可成為準服務員，但是仍無法獨立作業，須再與正服務員一起工作見習二、三年，才可升為正式合格服務員，這種嚴格訓練前後至少四年以上，此乃法式服務特點之一。

■法式服務的方式

　　法式服務係由正服務員將客人所點之菜單，交給助理服務員送至廚房，然後由廚房將菜餚裝盛於精緻漂亮的大銀盤中端進餐廳，擺在手推車上再加熱烹調，由正服務員在客人面前現場烹飪、切割，再以銀盤裝盛。當正服務員將佳餚調製好分盛給客人時，助理服務員即手持客人食盤，其高度略低於銀盤，正服務員可一手操作而不用另一隻手，因此即使助理服務員不在身邊幫忙時，他也可以照常熟練地完成餐飲服務工作。

(二)美式服務

　　美式服務大約興起於十九世紀初，那時美洲大陸掀起一股移民熱

潮，許多來自世界各地的移民，紛紛成群結隊湧至美國大陸，因此當時各大港埠餐館林立，這些餐廳之經營者大部分均來自歐洲，因而餐廳之供食方式不一，有法式、瑞典式、英式及俄式等多種，後來由於時間之催化，使得這些供食方式逐漸演變爲一種混合式之服務，即今日的美式服務。

■ 美式餐桌佈置

1. 美式餐桌桌面通常舖層毛毯或橡皮桌墊，藉以防止餐具與桌面碰撞之響聲。
2. 在桌墊上再舖一條桌巾，桌巾邊緣從桌邊垂下約十二吋，剛好在座椅上面。有些餐廳還在桌布上以對角方式另鋪一條小餐桌布，當客人餐畢離去更換檯布時，僅更換上面此小桌布即可。
3. 每兩位客人應擺糖盅、鹽瓶、胡椒瓶及煙灰缸各一個，若安排六席次時，則每三人一套即可。
4. 將疊好之餐巾置於餐桌座位之正中央，其末端距桌緣約一公分。
5. 餐巾之左側放置餐叉二支，叉齒向上，叉柄距桌緣一公分。
6. 餐刀、奶油刀各一把，湯匙二支，均置於餐巾右側，刀口向左側，依餐刀、奶油刀、湯匙的順序排列，距桌緣約一公分。
7. 奶油刀有時也可置於麵包碟上端，使之與桌邊平行。
8. 玻璃杯杯口朝下，置於餐刀刀尖右前方。（如**圖8-1**）

以上爲餐桌佈置及美式餐桌餐具的基本擺設，若客人所點的菜單中有前菜時，應另加餐具，所有上述餐具即使客人不用，也得留在桌上，當客人入座時，服務生應立即將玻璃杯杯口朝上並注入冰水。每當客人吃完一道菜，所用過之餐具必須一起收走，當供應甜點時，須先將餐桌上多餘餐具一併撤走，收拾乾淨，清除桌面殘餘麵包屑或殘渣。

■ 美式服務的特性

美式服務的特性是簡便迅速、省時省力、成本較低、價格合理。

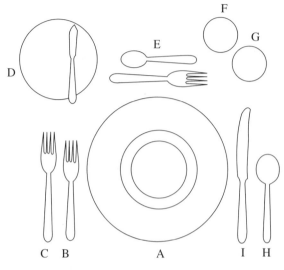

A：餐盤與餐巾
B：沙拉叉
C：晚餐叉
D：麵包奶油盤＋奶油刀
E：點心匙與叉
F：紅酒杯
G：白酒杯
H：湯匙
I：晚餐刀

圖8-1 美式餐桌佈置

在美式服務之餐廳，所有菜餚均已事先在廚房烹飪裝盛安當，再由服務員從廚房端進餐廳服侍客人。

美式服務之特性如下：

1.便捷省力，成本低，價格廉。

2.食物係由廚房烹飪、裝盛於餐盤，再端至餐廳餐桌給客人。

3.除了飲料由客人右側供食外，其餘菜餚均自客人左側供應。

4.餐具之收拾一律自客人右側收拾。

5.服務員一人可服侍三至四桌客人。

■美式服務的要領

美式服務可以說是所有餐廳服務方式中最簡單方便的一種餐飲服務方式，主菜只有一道，而且都是由廚房裝盛好，再由服務員端至客人面前即可。美式上菜一般均自客人左後方奉上，但飲料則由右後方供應。茲分述於後：

1.上菜時，除飲料以右手自客人右後方供應外，其餘均以左手自

客人左後方供應。

2.收拾餐具與桌面盤碟時，一律由客人右側收拾。

3.當客人進入餐廳，即引導入座，並將水杯杯口朝上擺好。

4.將冰水倒入杯中，以右手自客人右側方倒冰水。

5.遞上菜單，並請示客人是否需要飯前酒。

6.接受點菜，並應逐項複誦一遍，確定無誤再致謝離去。

7.所有湯品或菜餚，均須以托盤自廚房端出，從客人左後方供食。

8.若客人有點叫前菜，則前菜叉或匙須事前擺在餐桌，或是隨前菜一併端送出來，將它放在前菜底盤右側。

9.客人吃完主菜時，應注意客人是否還需要其他服務，並送上甜點菜單，記下客人所點之甜點及飲料。送上甜點之後，再送上咖啡或紅茶。

10.準備結帳，將帳單準備妥，並查驗是否有錯誤，若無錯誤，再將帳單面朝下置於客人左側之桌緣。

(三)英式服務

英式餐飲服務（English service）在一般餐廳甚少為人所採用，它大部分係使用在美式計價的旅館中，這是指房租包括三餐在內之一種旅館計價方式。此外一般宴會場所也經常會使用此類型服務。英式服務所有菜餚係由服務生自廚房以華麗之大銀盤端出來，再將菜分送至客人面前之食盤。

(四)俄式服務

俄式餐飲服務（Russian service）又稱為修正法式餐飲服務，此型服務之特色，係由廚師將廚房烹飪好的佳餚裝盛於精美的大銀盤上，再由餐飲服務員將此大銀盤以及熱空盤一起搬到餐廳，放置在客人餐桌旁之服務桌，再依順時針方向，由主客之右側以右手逐一放置一個空食盤，俟全部空盤均依序擺好之後，服務員再將已裝盛得秀色可餐

之大銀盤端起來，讓主人及全體賓客欣賞，最後再依反時針方向，由主客左側以右手將菜分送至客人面前之食盤上。俄式服務也是以銀器為主要餐具，這種服務方式十分受人喜受，最適於一般宴會使用，尤其是私人小型宴會最理想。

 ## 第三節　客房餐飲服務

當旅館住店旅客以電話或其他方式要求餐飲服務時，首先須明確登記下客人所點叫的餐食內容、房間號碼、旅客姓名、送餐時間等等，再將此訂菜單送至客房餐飲服務中心或廚房，交給負責客房餐飲服務的人員。等到餐食備妥後，須依指定時間送至客房。

在客房餐飲服務中，客人所點之餐食以「早餐」最多，因此客房餐飲服務員須對早晨之食物有相當的認識才可。一般早晨之食物

客房餐飲服務的基本菜餚

主要有四大類：水果或果汁、蛋類、麵包類，以及飲料（如咖啡或紅茶）。茲將早餐服務要點摘述於下：

1. 果汁或水果：一般餐廳均以當地季節性之水果爲主，如鳳梨、木瓜、香蕉、西瓜、葡萄、柳橙等。若供應水果，須同時附上水果刀或水果叉。

2. 蛋類：蛋類之作法很多，主要有煮蛋、煎蛋、水波蛋、蛋包等四種。煮蛋分爲三分熟及五分熟兩種；煎蛋有單面及雙面之別，通常煎蛋須附火腿、培根或香腸，這些附加物必須請示客人要哪一項。

3. 麵包類：麵包爲早餐之主食，一般附有奶油、果醬。通常餐廳所供應客人之麵包有二種：土司與圓麵包。供應麵包須同時供應奶油、果醬，並附上奶油刀一把。

4. 咖啡或紅茶：外國人非常喜歡喝咖啡，尤其是早上，能有一杯香醇可口的熱咖啡，是種最高的享受。因此早晨之咖啡供應宜特別注意，咖啡須以保溫壺裝盛，其容量約二杯左右，同時須附奶水、糖包、咖啡杯皿及茶匙。若是紅茶則須另加一片檸檬，其餘物品與供應咖啡同。

第四節　中式餐飲服務

國外重要貴賓來訪，國家元首宴請賓客皆採中菜西吃之方式，這可能基於國際禮儀與衛生習慣使然。我們俗稱之中國式服務是指將大盤置於餐桌中間，由用餐者自行取食的方式，很多中菜須趁熱食用才可口，菜上桌每一個人皆可馬上動筷取食。

一、中餐的貴賓服務

中餐的貴賓服務已有定型的趨勢，客人陸續到達時，服務員必

須奉茶，主人點完菜時（若菜單早已決定則於就座時），服務員須先詢問主人預定用餐的時間，以便控制出菜的速度。客人就座後，酒與飲料必須在菜未上桌前即已倒好，以便分好菜後客人能夠馬上舉杯敬酒。

上菜時菜盤皆從主人的右側上桌放於轉盤上，經主人過目之後（有展示的意義，若服務員能再向全體客人報出菜名則更佳），輕輕地轉送到主賓之前。以往服務叉匙皆如英國式服務一樣在菜盤上桌前即已放置菜盤上，服務時才取而挾之，移位時先放叉匙於菜盤上再轉之。英國式服務時菜盤須緊靠餐盤之後才挾而分之，另外也有人利用大湯杓來分菜，服務員先將菜分在杓中，然後原地不動就可環桌分菜給所有的客人，這種方式看似迅速俐落，但是無法妥善地安排分菜在骨盤中。

二、貴賓服務的順序

貴賓服務的順序亦須從主賓開始。由於菜是放在餐桌中央的轉盤

貴賓室圓桌擺設

上，從客人左側或右側分菜皆不礙事，可是服務員大都以右手挾菜服務客人，所以從客人的「右」側服務會比從左側來得方便。若學西方的禮節，則可於主賓右側服務後，以順時鐘方向前進，每次只服務一人，中途越過主人，服務完其他客人之後才回頭服務主人。

三、貴賓服務的分菜

分菜時須先預計一下每一個人的份量，寧可先少分一點，以免不夠分配，事實上因骨盤很小，一次分太多菜於其上也不美觀，同時太用心於想要一次把菜分光，難免須要添添補補以致耽誤服務的速度。全部客人分完第一次菜以後，若菜盤上仍有剩餘，則將剩菜稍加整理，然後留服務叉匙在盤上，服務員不在時客人才能自行取用。

四、魚的切割法

另一種需要一點技巧的是魚的服務，通常整條魚上桌時魚頭須向左，魚腹向桌，先以大餐刀（用餐刀較方便切割，事實上用服務匙來切割亦無不可）切斷魚頭，再切斷魚尾，接著沿魚背與魚腹之最外側從頭至尾切開其皮與鰭骨，然後沿著魚身的鱗線（即背肉與腹肉的接合處），從頭至尾切割深至魚骨。切完後以刀（或匙）與叉將整片背肉從鱗線處往外翻攤開，同樣地再將整片腹肉往下翻攤開。至此即可很容易地從魚尾斷骨處的下方插入餐刀，漸漸往魚頭方向切入，在大餐叉的協助下取出整條魚骨放於另備的骨盤上，然後再把背肉與腹肉翻回原位即成一條無骨的魚。依照所須的份數切塊後即可依順序用服務叉匙服務之。假使上半邊的魚肉因破碎而無法翻回原位時，只好維持原狀而切分之。最好是不必預先切塊，而服務一個才用服務匙切一

塊，如此就更能表現服務的技巧。

五、西餐服務方式可豐富貴賓服務

服務方式固然有中西之分，但是最方便而又最能讓客人感到最滿意的，就是最好的服務方式。

法國人如同我國一樣，對本國的烹飪藝術都非常自負，但是他們在法國式服務已不合時宜以後，還是採用英國式服務來服務法國菜。因此，只要我們不改變國人以筷子吃飯的習慣，若能有更有效的方法來服務中餐，相信顧客也會表示歡迎的。西餐服務的確有很多作法可以參考學習，除了前述整條魚的菜可以應用西餐「切割」的技巧來服務以外，我們認為採用純英國式（左手托盤在客人左側分菜，但其前提是座位數須減少）或是旁桌式服務方式來服務中餐也非常值得一試。對於一些不方便在餐桌上服務的菜，先將菜上桌繞轉盤一周展示後，再端下來在服務桌分菜，然後再分碗或分盤給客人的作法。這種作法的缺點是菜盤又端離客人的視線，假使能有專用的旁桌，置於大部分的客人都能看到的地方來分菜，相信效果一定會更佳。

六、小吃的服務

若是三、五客人的小吃，我們認為上面所述觀點還是可以適用。菜點得多者，最好能用酒席的方式一道一道地上菜，並且使用貴賓服務來服務（服務少數人時採用旁桌式服務就沒有客人看不到分菜的問題），菜點得少又加點白飯者，菜就可隨到隨上桌。第一次須由服務員分菜，其後則由客人自取亦無妨，那麼服務員就可以去忙別桌的服務，當然若能隨時利用機會來分菜則更佳。

現在中餐界可以看到「中菜西吃」的新趨勢，有的是全部用西式的刀叉來用餐，有的則保留用筷子來用餐，其特色是每人一盤，個別上菜。假使所謂「中菜西吃」即等於是「每人一盤，個別上菜」的

話，那只是「美國式服務」的應用而已。事實上貴賓服務已很接近中菜西吃，再加以融會貫通，一定可以設計出更理想的中菜西吃法。

　　以西餐服務方式來服務中餐的構想，目前國內已有人在做嘗試，可是都有美中不足之處。例如採用西餐刀叉者只提供一對刀叉要客人自始至終使用之，正確的作法應該是每道菜都必須提供新的刀叉。使用旁桌式服務者有其形式而不懂其精神，正確的作法應該是隨時移動旁桌至要服務的客人的餐桌邊，使客人能看到服務員在為他分菜。許多服務人員分菜時大都一手拿盤，一手操作服務叉匙，正確的方法應該是將餐盤擺放在旁桌上，服務員必須右手拿匙左手拿叉來分菜。只要用心領會，相信必能改進所有的美中不足之處。

餐飲管理：重點整理、題庫、解答

→課後評量←

一、簡答題

(一)人在遇到挫折時，通常有哪兩種挫折反應？

　　答：攻擊反應；逃避反應。

(二)人們在工作中的情緒狀態可以用哪幾種不同顏色來表示？

　　答：1.紅色表示非常興奮。

　　　　2.橙色表示快樂。

　　　　3.黃色表示明快、愉快。

　　　　4.綠色表示安靜、沉著。

　　　　5.藍色表示憂鬱、悲傷。

　　　　6.紫色表示焦慮、不滿。

　　　　7.黑色表示沮喪、頹廢。

(三)要調節自己的情緒狀態可以使用哪三種方法？

　　答：形象控制法、想像訓練法和延緩反應法。

(四)試寫出法式服務的特點。

　　答：1.有兩名服務員（正、副服務員）。

　　　　2.正服務員須有四年以上的訓練。

　　　　3.有洗手盅之供應。

(五)今日的美式服務是結合了哪些服務方式而來的？

　　答：法式、英式、俄式、瑞典式。

(六)請寫出美式服務的特性。

　　答：簡便迅速、省時省力、成本較低、價格合理。

196

(七)一個成功的專業服務員之特質可以分為哪幾類？

　　答：成功的專業服務人員之特質可以分為二大類——身體的（專業的外觀及個人的衛生）及行為的（專業的服務人員之個人特色）。

(八)西式餐飲服務中最常見的有哪幾種方式？

　　答：1.法式。

　　　　2.美式。

　　　　3.英式。

　　　　4.俄式。

二、問答題

(一)何謂微笑服務？

　　答：對於「微笑服務」可以有兩種理解。第一種理解：微笑服務是服務人員面帶微笑去為顧客提供服務。第二種理解：微笑也是服務人員為顧客提供的一種服務。前一種服務是「功能服務」，後一種服務就是「心理服務」。

(二)試分別解釋「功能服務」與「心理服務」能夠提供顧客何種影響？

　　答：提供功能服務是為顧客提供方便，幫助顧客解決他們自己難以解決的種種實際問題。提供心理服務是在為顧客解決一些實際問題的同時，還能讓顧客在心理上得到滿足。

(三)心理學家赫茨伯格認為，顧客感到滿意和不滿意涉及哪兩類不同的因素？

　　答：第一要有必要因素；第二要有魅力因素。必要因素是共性因素，人家有，我也有；魅力因素是個性因素，人家沒有，我有。必要因素是避免顧客不滿意的因素，魅力因素是讓顧客

感到滿意的因素。從顧客心理上說，標準化是服務的必要因素，針對性是服務的魅力因素。

(四)為顧客提供有針對性的服務之所以特別重要，有哪兩個原因？

答：1.服務究竟好不好，是要由每個顧客根據自己的感覺來作出判斷的。只有為每一個顧客都提供有針對性的服務，才能贏得每一個顧客的好評。

2.每個人的內心深處都有「突出自己」的需要。能讓顧客覺得「這是專門為我提供的服務」，就能讓顧客產生一種被優待的感覺。

(五)試述客房餐飲服務之方式。

答：必須準確登記下客人所點叫的餐食內容、房間號碼、旅客姓名、送餐時間，再將此訂菜單送至客房餐飲服務中心或廚房，交給負責客房餐飲服務的人員。餐食備妥後，須依指定時間送至客房。請示客人要在何處用餐，再依客人指示地點將東西依規定擺設好，這時候服務員可先請客人簽帳單，再道謝轉身離去。大約一小時之後，即可前往收拾餐具、餐盤。

(六)試述美式服務之特性。

答：1.便捷省力，成本低，價格廉。

2.食物係由廚房烹飪、裝盛於餐盤，再端至餐廳餐桌給客人。

3.除了飲料由客人右側供食外，其餘菜餚均自客人左側供應。

4.餐具之收拾一律自客人右側收拾。

5.服務員一人可接待三至四桌客人。

(七)何謂法式服務？

答：在國際觀光大飯店之高級餐廳，其內部裝潢十分富麗堂皇，所使用的餐具均以銀器為主，由受過專業訓練的服務員與服務生在手推車或服務桌現場烹調，再將調理好之食物分盛於熱食盤提供給客人，這種餐廳之服務方式即所謂「法式服務」。

Chapter 9
菜單設計與餐飲製備

第一節　菜單的意義與功能

一、菜單的意義

　　菜單是餐廳為客人提供菜餚種類和菜餚價格的一覽表及說明書。餐廳將自己提供的各種不同口味的食品、飲料等，經過科學組合，排列於紙張上，供光臨餐廳的客人從中進行選擇。它是餐廳與顧客溝通的橋樑，也是餐廳的無聲推銷員，其內容主要包括食品飲料的品種和價格。

　　巴黎的一些餐館則是把所供應的菜餚名稱寫在一塊小牌子上，讓服務人員掛在腰間的皮帶上，用來加強記憶。歐洲的一些餐館把每天供應的菜餚名稱寫在紙上或卡片上。中國的烹飪歷史較長，很早就已形成各種菜系。但是，據文字記載和目前掌握的資料，我國歷代所出版的有關這類書籍絕大多數是菜譜、食單，主要側重闡述菜餚食品的配料、製作方法、火候以及烹飪時間等，例如《隨園食單》、《食經》、《譚家菜菜譜》等。

二、菜單的功能

(一)菜單反映了餐廳的經營方針

　　一份合適的菜單，是菜單製作人根據餐廳的經營方針，經過認真分析客源和市場需求，方能制訂出來的。

(二)菜單標示著該餐廳商品的特色和水準

　　餐廳有各自的特色、等級和水準。有些菜單上還詳細標明菜餚的材料、烹飪技藝和服務方式等，以此來表現餐廳的特色，給客人留下了良好和深刻的印象。

(三)菜單是溝通消費者與接待者之間的橋樑

消費者和接待者透過菜單開始交談,訊息得到溝通。這種「推薦」和「接受」的結果,使買賣雙方得以成立。

(四)菜單是菜餚研究的資料

菜單可以揭示本餐廳所擁有的客人的嗜好。菜餚研究人員根據客人訂菜的情況,瞭解客人的口味、愛好,不斷改進菜餚和服務質量,使餐廳獲利。

(五)菜單既是藝術品又是宣傳品

一份精美的菜單可以提高用餐氣氛,能夠反映餐廳的格調,可以

印象派大師雷諾瓦手繪菜單

此畫是由法國名印象派大師雷諾瓦(Renoir)為Parisian餐廳畫的插畫,藉以換取免費的餐飲。此畫的內容描述一位廚師忙於穿梭在一日的菜單中。

資料來源:高秋英(2004),《餐飲管理——理論與實務》,p.73。

使客人對所列的美味佳餚留下深刻印象，並可作為一種藝術欣賞品，引起客人美好的回憶。

 第二節　菜單的內容與製作

一、菜單內容

菜單應有下列內容：

1.餐廳的名稱。

2.表明菜餚的特點和風味。

3.各種菜餚的項目單。

4.各種菜餚項目的價格。

5.各種菜餚的分別說明。

6.酒單和飲料單。

7.甜點單。

8.地址。

9.電話號碼。

10.營業時間。

一份比較正規的菜單都應有上述內容。

二、菜單種類

菜單可根據經營的特點、季節、就餐習慣等分成各種菜單種類。

1.菜單可根據經營的需要分為：

(1)單點菜單。

(2)套餐菜單。

(3)合用菜單。

(4)自助式菜單。

2.菜單可根據季節的特點分為：

(1)固定菜單。

(2)更換菜單。

(3)周期菜單。

(4)綜合菜單。

3.菜單可根據就餐時間分為：

(1)早餐菜單。

(2)午餐菜單。

(3)下午茶菜單。

(4)晚餐菜單。

(5)宵夜菜單。

4.菜單還可根據不同的要求、年齡和宗教信仰分為：

(1)宴會和聚餐菜單。

(2)節日菜單。

(3)客房用餐菜單。

(4)兒童菜單。

(5)低熱量菜單。

(6)素食菜單。

(7)快餐菜單。

當然還有其它形式的菜單，像外賣（不在餐廳就餐）菜餚食品菜單、病人菜單等。

三、菜單製作

(一)菜單製作要求

■菜單形式多樣化

設計一個好的菜單，要給它秀外慧中的形象。菜單的式樣、顏色

等都要和餐廳的等級、氣氛相適應，菜單形式亦應多樣化。

■菜單的變化更新

菜單應不斷變化更新，給客人以新的面目、新鮮感覺。季節性無疑是餐廳菜單變換首先考慮的因素。要使餐廳的菜單顯得內容豐富、相當有變化，才易引起客人的興趣。

■菜單的廣告和推銷作用

菜單不僅是餐廳的推銷工具，還是很好的宣傳廣告。客人既是餐廳的服務對象，也是義務推銷員。

(二)設計菜單的注意事項

■菜單的設計

菜單的封面與 層圖案均要精美，封面通常印有餐廳名稱及標誌。另外，菜單的尺寸大小要與本餐廳銷售的食品、飲料品種之多少相適應。字體要印刷端正，並使客人在餐廳的光線下很容易看清（如圖9-1）。

■菜餚的命名

1. 菜餚命名的科學性：菜餚命名的科學性是指菜餚的名稱能夠恰如其分地反映菜餚的實質和特性。主要可分幾種：有反映菜餚的原料構成，如「番茄里脊」、「鱺魚豆腐」、「洋蔥豬排」等等，這類命名方法用於主輔料不分，或難分主輔料，但輔料的口味起著重要作用的菜餚，令人看後就清楚這道菜是由什麼原料做出來的。

2. 菜餚命名的藝術性：通常採用的方法有：

    (1)強調菜餚的外觀：例如，孔雀、熊貓是人們心目中的吉祥物，菜餚若能製成孔雀俏麗的雄姿和熊貓逗人的憨態，則必定為眾人所青睞，因此「孔雀開屏」、「熊貓戲竹」等著名工藝菜便應運而生。

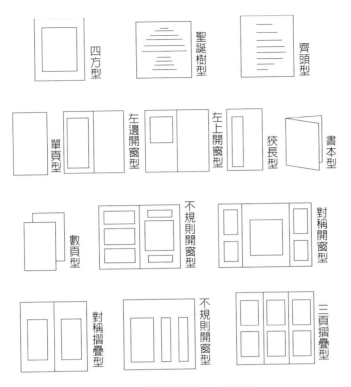

四方型
聖誕樹型
齊頭型

單頁型
左邊開窗型
左上開窗型
狹長型
書本型

數頁型
不規則開窗型
對稱開窗型

對稱摺疊型
不規則開窗型
三頁摺疊型

圖5-1　菜單設計的格式參考

資料來源：高秋英（1998），《餐飲服務》，p.92.

(2)強調菜餚獨特的製法：「炒牛奶」、「熟吃活魚」、「糊塗鴨」等等，人們一聞其名就想看個究竟，最好親口嚐一嚐，看看牛奶是怎樣炒的，活魚又怎樣熟吃，鴨子又是怎樣糊塗的。因此這類菜餚對食客具有強烈的吸引力。

(3)表示良好祝願：「鯉魚躍龍門」、「三元白汁雞」，祝賀人們不斷進步、節節升高，食用之後，連中「三元」（解元、會元、狀元）。

(4)賦予詩情畫意：「霸王別姬」、「遊龍戲鳳」、「柳浪聞鶯」等等，這類菜餚名稱脫俗高雅，富有情趣，足以淨化和陶冶人們的心靈。

3.西式菜名一般以突出主料，反映烹調方法、地方特色、口味

特點來命名，如fried chicken（烤雞），Swiss steak（瑞士牛排），sweet sour pork（咕咾肉）；還有寫明切割外形的，如diced carrot（胡蘿蔔丁）；以溫度特徵爲名的，如hot tomato bouillon（熱番茄牛肉湯）；以食物色彩特徵爲名的，如black bean soup（黑豆湯）等等。

■ **其他注意事項**

設計及使用菜單還應注意以下一些問題：

1. 有的餐廳使用的是夾頁式菜單，雖然餐廳菜品經常更換，但只換了內頁而未換夾子，因而讓骯髒的菜單表面影響了客人的用餐情緒。許多客人會從菜單來判斷餐廳菜點的質量，因此保持菜單的整潔美觀十分重要。

2. 菜單上菜點的排列不要按價格的高低來排列，否則客人僅僅根據價格來點菜，這對餐廳的推銷是不利的。如能把本餐廳所重點推銷的菜點放在菜單的首尾，或許是一種有效的方法，因爲實驗表明，許多客人點的菜總有一個是列在菜單首尾部分的。

3. 用照片代替文字，這個效果是相當好的。照片可以刺激購買力，在許多餐廳已被證明銷售量得到可觀增加。

4. 一份菜單制訂出來後，應經一段時間的試驗銷售，再經調查、分析、研究，才能夠作出是否成功的結論。

5. 籌劃設計菜單關鍵還是要「貨眞價實」，而不能只做表面文章、華而不實。菜單設計得再好，但如與菜點的實際內容不符，菜點質量及各方面沒有達到菜單所介紹的那樣，那只會引起客人的不滿而失去客人，這是制訂菜單時要特別注意的。

第三節　菜單設計與定價策略

一、菜單設計的基本原則

(一)以客人的需要為導向

 1.根據客人的口味、喜好設計菜單。菜單要能吸引客人，刺激他
  們的食慾。
 2.設計菜單前應瞭解本餐廳的人力、物力和財力，量力而行，同
  時對自己的知識、技術、市場供應情況瞭若指掌，以籌劃出適
  合本餐廳的菜單。

(二)體現餐廳的特色以具備競爭力

 菜單設計者要酌量選擇反映本店特色的菜餚列於菜單上，進行重
點推銷，以揚餐廳之長，加強競爭力。成功的菜單往往總是把餐廳的
特色菜或重點推銷菜放在菜單最能引人注目的位置。

(三)要善於變化，並適應飲食新形勢

 設計菜單要靈活，注意各類花色品種的搭配，菜餚要經常更換，
推陳出新。

(四)表現藝術美

 菜單設計者要有一定的藝術修養，菜單的形式、色彩、字體、版
面安排都要從藝術的角度去考慮。

二、菜單設計者的條件及職責

 餐廳菜單設計一般由餐飲部門的經理和主廚擔任，也可以設置一
名專職菜單設計者。無論如何，菜單設計應具有權威性與責任感，設

計者應具備的條件及職責如下：

1.廣泛的食物知識。

2.有一定的藝術修養。

3.瞭解顧客的需求，瞭解廚房的情況。

4.有創新意識和構思技巧，不斷革新和研發新的名菜。

5.要能為顧客著想。

6.菜單設計者的主要職責如下：

(1)與相關人員（主廚、採購負責人）研究並制訂菜單，按季節新編時令菜單，並進行試菜。

(2)根據管理部門對毛利、菜單等要求，結合行情制訂菜品的標準份量、價格。

(3)與財務部門成本控制人員一起控制食品飲料的成本。

(4)審核每天進貨價格，提出在不影響食物質量的情況下，降低食物成本的意見。

(5)檢查為宴席預訂客戶所設計的宴席菜單。瞭解客人的需求，提出改進和創新餐點的意見。

(6)透過各種方法，向客人介紹本餐廳的時令、特色菜點，做好新產品的促銷工作。

三、菜單的定價及其策略

(一)定價原則

訂定菜單價格應遵循以下原則：

1.價格反映產品的價值：價值包括三部分：

(1)餐飲食品原料消耗的價值、生產設備、服務設施和家具用品等耗費的價值。

(2)以工資、獎金等形式支付給勞動者的報酬。

(3)以稅金和利潤的形式向企業提供的收益。

2.價格必須適應市場需求，以反映客人滿意度：菜單定價要能反映產品的價值，還應反映供求關係。價格的訂定必須適應市場的需求能力，價格不合理，超過了消費者的承受能力，或「價非所值」，必然會引起客人的不滿意，降低消費水準，減少消費量。

3.訂定價格既要相對靈活，又要相對穩定：

　(1)菜單價格不宜變化太頻繁，更不能隨意調價。

　(2)每次調幅不能過大，最好不超過百分之十。

　(3)降低質量而用低價出售以維持銷量的方法是不足取的。

(二)定價策略

■以成本為中心的定價策略

1.成本加成定價法。即按成本再加上一定的百分比來定價，不同餐廳採用不同的百分比。

2.目標收益率定價法。即先訂出一個目標收益率，作為核定價格的標準。

■以需求為中心的定價策略

這是根據消費者對商品價值的認識程度和需求程度來決定價格的一種策略，亦有兩種不同方法：

1.理解價值定價法。客人對該餐廳的產品形成一種觀念，根據這種觀念制訂相應的、符合消費者價值觀的價格。

2.區分需求定價法。餐廳在定價時，按照不同的客人（目標市場），不同的地點、時間，不同的消費水準、方式來區別定價。

■以競爭為中心的定價策略

這種定價策略以競爭者的售價為參考依據，在制訂菜單價格時，可以比競爭對手高一些，也可以低於競爭對手。定價人員必須深入研

究市場，充分分析競爭對手，否則很可能定出不合理的菜單價格。

 第四節　菜餚製備

一、選料

中國優越的自然條件為各種動、植物的繁衍生息提供了良好的外部環境，生產出無數的物質財富，為中式菜餚提供了廣泛的烹飪原料。植物性原料除了陸生的糧食、蔬菜、瓜果外，還有許多海生原料；動物性原料除了馴養的畜禽類提供的各種肉類、乳品、蛋品外，還有許多的水產品。

(一)有利於形成菜餚良好的色香味和特殊風味

質地優良的原料才能烹製出美味佳餚，如果原料選擇不當，品質再好，也難以烹調出形佳色豔、香濃味美的食物。主要原因是：

1. 不同原料具有不同的組織結構和質量特點，只有選料得當，才能形成菜餚的特殊風格。
2. 烹飪原料的部位不同，其質地也有較大差別。根據菜餚的特點和烹調方法，準確選擇適宜部位，才能滿足菜餚的質量。
3. 絕大多數菜餚是由多種原料拼配烹製出來的，只有對每一種原料精心選擇，才能提高菜餚的整體質量。如果說拼配是烹飪中的藝術和科學，而選料就是拼配的先決條件。

(二)有利於提高食物的營養價值

食物的功能一是果腹，二是享受。形優色美、風味別具的菜點，對進食者也是一種藝術和精神享受。根據現代營養學的觀點，人類飲食的意義，不僅是果腹與享受，而且要為人體提供足夠的熱能和全面

營養素。

　　營養上主張合理膳食，或稱平衡膳食。在烹飪中進行認真選料和科學搭配，不僅有利於提高菜餚的感官品質，而且有利於提高整個膳食的營養價值。

二、刀工

　　刀工是中國烹飪傳統技藝中的一絕，其精細之程度，技藝之高超，聞名中外，刀工對菜餚的烹熟、入味、美感及原料的拼配等，都具有重要的作用。

(一)有利於熱量的傳遞

　　食物在烹製過程中，由生到熟全依賴於熱量的傳遞，食物吸收足夠的熱量後，本身的溫度就能上升到一定的程度，從而達到殺菌、成熟、變色、形成香氣和滋味等一系列變化。

(二)有利於原料烹製入味

　　原料在烹飪過程中，滋味的形成是多方面的，調味品向原料內部擴散是其中一個重要方面。

　　調味品擴散的速度快，原料就容易入味，反之就難以入味。質傳遞與熱傳遞具有類似的規律，凡是能促進熱傳遞的措施，必然也能促進質傳遞，所以對原料進行適當的刀工處理，既能加速原料的成熟，又能加快原料的入味。

(三)有利於菜餚整齊美觀和拼配造型

　　中國菜餚的形態，整齊美觀，絢麗多彩，多是透過刀工技藝表現出來的，廚師根據原料特點和烹飪方法的要求，把原料切成各種各樣的形狀，無論是片、丁、絲、條，還是塊、粒、末、茸，都能做到大小一致、粗細相同、厚薄均勻，這不僅有利於原料在烹飪中成熟和入

味，而且成菜後形態美觀，催人食慾。

三、火候

火候是菜餚烹調成功與否的關鍵之一，原料在加熱過程中，發生許多變化，只要用火得當，就可以使原料變為可口的食物。在烹飪中掌握好火候，概括起來有如下意義：提高食物的食用品質和消化率；保證食物的衛生安全性；形成良好的色、香、味、形。火候是烹飪學一個重要課題，它涉及面很廣，在此從傳熱學角度闡述火候的實質和有關火候掌握的幾個問題。

(一)火候的實質

食物原料在烹飪過程中，因受熱溫度升高，引起一系列物理變化與化學變化，使其色、香、味、形呈現出一定的狀態。火候恰到好處時，食物就呈現出最佳狀態。

火候與下面三個環節的控制緊密相關：一是熱源在單位時間內產生熱量的大小和用火時間的長短；二是傳熱介質所達到的溫度和在單位時間內向食物原料所提供熱量的多少；三是原料溫度升高的速度和所達到的溫度，而火候的最終判斷是食物所呈現的感官品質是否達到最佳狀態。

(二)火候的掌握

火候的掌握實質上是控制傳熱量的大小，包括：調整火力的大小，控制加熱時間的長短，改變傳熱系統熱阻的大小，如選擇厚薄適宜的炊具、使用不同的傳熱介質以及翻勺技術等等。

根據火候的實質及其影響因素，掌握火候要注意如下幾個問題。

■根據原料的性質和大小

多數菜餚所使用的原料往往不只一種，不同原料其化學組成不同，物理性質也不一樣，有老、嫩、軟、硬之分，因此導溫系數有大

有小。

■根據傳熱介質的種類和烹調方法

　　原料烹製時可使用不同的傳熱介質，烹製方法更是多種多樣。烹飪原料、傳熱介質和烹調方法三者之間的恰當組合，就可以製作出無數的美味佳餚，但是都離不開恰當的火候，而中心問題還是熱量傳遞的控制。此外，採用炸、烹、爆、炒、涮等烹製方法，要求菜餚香、鮮、脆、嫩，加熱時間宜短，應用旺火加熱，而採用燜、燒、煮、烤等烹製方法，要求菜餚酥爛入味，需要較長的加熱時間，就應該採用較弱的火力。

■根據食物原料在烹飪中的變化

　　火候是否恰到好處，取決於食物原料所發生的物理、化學變化是否達到最佳的程度，這一過程可根據食物原料在烹製過程中所產生的各種現象及其變化進行判斷，因此經驗豐富的廚師透過觀察原料的變化就能準確地掌握火候。

四、調味

　　講究調味是中國烹飪傳統技藝的一大特色，它是造成我國菜系眾多，風味迥異，並在國際上久享盛譽的重要因素之一。

(一)調味的基本原理

　　呈味物質、味感和心理作用非常微妙。利用味感和心理作用的複雜關係，把兩種或兩種以上的基本口味經過適當的配合，就能形成許許多多的複合味，這在調味中得到廣泛的運用。

　　我國調料十分豐富，據不完全統計，有五百種左右。這在世界上十分罕見。除了鹹、甜、酸、辣、香、鮮、苦等基本味調味品外，還有大量的複合味調味品，如酸甜味、甜鹹味、鮮鹹味、香辣味、魚香味等。我國的調味品花樣多，味道好，特別是有些經過發酵製成的調

味品，呈香呈味物質極多，除了改善、豐富口味外，還使菜餚增色、增香。影響菜餚風味的主要因素是：

■原料的種類和新鮮度

因為不同原料所含的呈味物質不同，並且其含量隨著新鮮度的不同而變化。如果原料新鮮度下降，美味成分就會減少，怪味、異味就會增加，所以要注意烹飪原料的保鮮工作。

■調味品的種類、用量和調味技術

因為不同調味品含有不同的呈味物質，其用量的多少及調味技術，不僅影響調味品的風味與原料本味的配合，而且影響調味物質向原料內部的擴散量。

■烹製過程中火候的掌握及菜餚的溫度

原料和調料在烹調過程中，不同呈味物質因擴散、滲透而相互交融，並產生美味，而擴散與滲透量均受溫度和時間的制約，所以火候掌握準確就能達到最佳效果。

■刀工的處理技術

由於原料刀工處理能改變其厚度及表面積，所以直接影響熱量和風味物在食物原料內部的傳遞過程，從而影響原料的入味。

(二)調味與擴散

廚師能夠根據不同原料、不同方法、不同口味要求，採用細膩的分階段調味，調料的用量、比例均恰到好處，投料的時間和次序也極為考究，因此菜餚的口味變化無窮，各有妙處。

■調味品的用量

調味品的用量影響原料表面與內部呈味物質的濃度差。因此必須依據不同的情況投入適量的調味品。

■調味品投放的溫度和順序

　　根據原料的特點和烹調方法，調味一般可分為加熱前調味、加熱中調味和加熱後調味三個階段。調料中呈味物質向原料的擴散速度與溫度及時間成正比，加熱前調味由於溫度較低，呈味物質擴散速度慢，某些原料就需要進行較長時間的醃製，才能保證其足夠的擴散量。

■翻炒技術

　　在烹製過程中，由於溫度高，擴散速度快，要注意原料與調料的均勻接觸或混合，烹調中的翻、炒、攪、拌等操作，固然一方面是為了控制傳熱量，防止原料某一部分過熱，保證熱量均勻地向烹飪原料的各個面擴散，一方面也避免某些部位的味道過濃而某些部位過淡的不均勻現象。在原料加熱前、加熱過程中，或加熱後影響原料，或不需加熱調味後直接食用的原料，能否做到定味準確，五味調和百味香，歷來是衡量廚師廚房水準的重要指標。

第五節　中餐烹飪方法

　　中國菜之所以深受世人青睞，是因為中國烹飪具有一系列獨特的傳統技藝，其烹調方法十分複雜而多樣化，可略述如下：

一、炸、溜、爆、炒、烹（使用多油烹調法）

(一)炸

　　這是用足量的油入鍋加熱，然後把材料投入，藉油的熱力炸酥的烹調法。又可分為五種：

　　1.清炸：將材料醃浸調味汁之後，不沾外皮直接炸。

2.乾炸：將材料醃浸調味汁之後，撲上麵粉或麵包粉後再油炸。

3.軟炸：材料醃浸調味汁之後，沾滿混和蛋、水、太白粉而成的外皮再油炸。

4.高麗炸：將蛋白打散，打起泡泡後加麵粉、太白粉等做外皮，油的溫度要比中火稍弱些，炸成又白又酥。

5.酥炸：在外皮中加酵母粉或油，沾材料下油炸。

(二)溜

將炸、炒、煎、蒸過之後的材料澆上另製的調味汁，並以太白粉勾芡的烹調法。又可分為下列六種：

1.糖醋、醋溜：同屬甘醋勾芡。醋溜的酸味似乎比較濃。

2.糖溜：加酒釀或米酒的勾芡。

3.醬汁：以醬油或豆醬調味的勾芡。

4.茄汁：以番茄或番茄醬調味的勾芡。

5.白汁：只用鹽調味的白而透明、極其高雅的勾芡。

6.奶汁、奶油：以牛奶、煉乳做成白色的勾芡。

(三)爆

將材料投進十分熱的油或湯裏面，立刻炒熟的烹調法。又可分為下列三種：

1.油爆：使用比材料稍多的油，充分加熱後把材料入油炸，以漏杓撈起。

2.醬爆：用油爆的手法，以豆醬拌炒。

3.湯爆：把材料投進沸騰的開水中隨即撈起。

(四)炒

所謂炒，是將食物倒入熱油中攪拌至熟的烹調法，又可分為下列五種：

1.生炒：材料不加醃浸即下鍋炒。

2.清炒：先加醃浸，拌麵粉或太白粉後下鍋炒。

3.滑炒：先加醃浸，下油炸一下然後再炒，炒起後較鮮嫩。

4.熱炒：先煮或蒸，待材料熟透，切絲或切片後再炒。

5.乾炒：將材料沾上麵粉或太白粉下鍋炒。

(五)烹

「烹」通常是將掛糊過的材料或未掛糊過的小型材料，用強火熱油炸成金黃色後，立刻將鍋中的油濾出，再加調味料，翻炒數次即成。

二、汆、涮、熬、燴（煮水或湯）

(一)汆

將湯或水用強火煮沸，將材料放進去，再加調味品，不勾芡，煮開後從鍋中取出。

(二)涮

是將水放入鍋中，沸騰後將切薄的材料以極短的時間燙過，沾上調味料，一邊涮一邊吃的烹飪方法。

(三)熬（油炒、湯煮）

先在鍋中加油，熱火，將主材料放入炒，再將湯及調味品放進鍋中，用弱火煮。

(四)燴

燴的菜餚大部分是將小塊的材料混合，用湯汁及調味品做成的略有湯汁菜。

三、燉、煨

(一)燉

　　將材料放入熱水中，除去腥味，然後放入陶器或瓷器大碗中，加入調味料及湯，用桑皮紙密封，放入有水鍋中，用強火使外鍋中的水不斷煮沸，約三小時即成（密封後用溫火煮）。

　　一般是將材料用油加工成半製品後，加少量湯及若干調味品，蓋緊鍋蓋，以微火煮成柔軟。

(二)煨

　　使用爐灶的餘熱（微火）長時間烹煮直至材料柔軟為止。

四、煮、燒、扒

(一)煮

　　煮是將材料放進多量的水或湯的鍋中，先用強火煮沸，然後用弱火煮。

(二)燒

　　先用大火，沸騰後改用文火慢慢煮的烹調法（不過在煮魚貝類時不得煮得太過火，否則會收縮、發硬，須特別留意）。又可分為下列五種：

1.紅燒：將材料預先炒或炸，然後加醬油以文火慢慢煮。
2.白燒：用足量的高湯加鹽煮的烹調法。
3.乾燒：將炒過一陣的材料以少許煮汁一直煮到乾為止。
4.糟燒：加酒釀一起煮的烹調法。
5.蔥燒：與紅燒類似，多放些蔥煮成香噴噴的菜。

(三)扒

　　先將蔥及薑以鍋炒之，燴鍋之後，加上整齊排列好的材料及其他調味料，再加汁，以弱火煮之，最後勾芡出鍋。

五、蒸

　　是把材料放進蒸籠加蓋，把蒸籠放在燒開的水的鍋上，藉水蒸氣把食物熱熟。又可分為下列五種：

　　1.清蒸：將新鮮材料撒上鹽、胡椒，加蔥、薑一起蒸。
　　2.乾蒸：不醃浸調味品，也不調味，蒸熟後再調味。
　　3.粉蒸：先加以醃浸調味汁、撲上粉，才入蒸籠蒸熟。
　　4.酒蒸：灑上酒之後才蒸。
　　5.扣蒸：先加以醃浸，油炸過之後再蒸。

六、煎、煽、貼

(一)煎

　　煎，用弱火熱鍋後，在鍋底均勻灑上少量的油，將處理或扁平的材料放入，先煎一面，再翻轉煎另一面，兩面呈金黃色後即成。

(二)煽

　　「煽」是將掛糊過的材料，先用少量油及弱火煎到兩面呈金黃色，加調味料及少量湯汁，再用溫火煮乾即成。

(三)貼

　　將食材貼在大鍋，只煎一面，煎成香脆，保持柔嫩。

七、烤、鹽烤、煨烤、燻

(一)烤

　　是把肉或其他材料吊在烤爐中，藉從四面的熱幅射作用，把食物炙熟的方法。

(二)鹽烤

　　鹽烤是將生的或半生的材料鹽漬、陰乾，用薄紙包裹，埋入炒熱的鹽中加熱的一種烹調方法。

(三)煨烤

　　先將材料鹽漬，再用豬網油、荷葉包住表面，用黏土密封，緊緊包好之後放入火中烤熟。

(四)燻

　　將材料放入調味料中，一定時間後放入燻鍋中，以燻料燃燒所生的煙燻製。

八、滷、醬、拌、醃、燴

(一)滷

　　「滷」是先作滷汁，將材料放入滷汁中，用微火慢慢煮，使滷汁滲入，材料軟嫩。

(二)醬

　　材料鹽漬後，再漬在醬油或豆瓣醬中，而醬汁用微火熬乾。

(三)拌

把調味汁澆在材料上的烹調法。多用於前菜，由於這些是冷的菜，又名涼拌。

(四)醃

將肉、蔬菜等加鹽、醬油、豆醬、砂糖等浸漬。

(五)燴

將切成絲、條、塊的材料，在沸水中輕煮或用溫油快炸過後瀝乾，乘熱和調味料拌合，等調味料滲入即成。

九、拔絲、掛霜、蜜汁

(一)拔絲

將糖放入鍋中加熱溶解成有黏性的糖，然後和材料拌和，做成拉絲似的一種甜菜。

(二)掛霜

掛霜是將材料切成塊、片或丸狀，先油炸，沾糖掛霜。

(三)蜜汁

將糖少量用油炒溶解，放入主材料，熬至主材料熟熱、糖變濃即成。

第六節　西餐烹飪方法

一、清燙

清燙（blanching）可用來保持蔬菜的青翠顏色。適合清燙的食物包括馬鈴薯、蔬菜、肉類。

二、滾煮

滾煮（boiling）是一種使用燒到沸騰的液體，淹蓋過食物材料煮至熟的烹飪方法。適合滾煮的食物材料有馬鈴薯、新鮮蔬菜、肉類、白米飯、義大利通心粉。

三、蒸

蒸（steaming）是一種利用煮水至沸騰而生出的水蒸氣來加熱食物材料至熟的方法。適合蒸的食物材料有蔬菜、馬鈴薯、白米飯、肉類、家禽。

四、慢煮

烹飪方法中，煮魚與家禽類時，採用少量的高湯，只淹到食物一半高而已，稱之慢煮。適宜慢煮（poaching）的食物材料有魚和家禽、蛋、香腸、麵、乳酪。

五、油炸

利用足夠完全淹蓋過食物的油量，加熱至高溫，然後放食物進入熱油中去炸至熟透的烹飪方法稱為油炸（frying）。適合油炸的食物材

料有馬鈴薯、魚和海鮮、肉、雞、蔬菜、甜餅。

六、煎炒

　　煎炒（sauteing）是一種只用少許的油，在平底鍋中加熱後，再將材料放入鍋中加熱至熟的烹飪方法。適合煎炒的食物材料有家禽的肉塊、小魚塊、肉塊、馬鈴薯、豆子。

七、烤

　　烤（grilling）是一種不用油，平底鍋加熱後，僅在平底鍋撒一層薄鹽，然後直接把食物材料放入鍋中乾燒的方法。適合烤的食物材料包括小塊片肉、魚塊、蝦、家禽、牛排。

八、焗

　　焗（graining）是一種用很高的溫度來烤，以便在菜餚上面烤出一層焦黃的方法。適合焗的食物材料有魚、家禽、馬鈴薯、蔬菜、乳酪。

九、烘焙

　　烘焙（baking）是一種利用烤箱以密封的乾熱空氣來烤熟食物的方法。適合烘焙的食物材料包括馬鈴薯、派和蛋糕。

十、烤

　　爐烤（roasting）在西餐烹飪中是極為重要的基本方法。適合烤的食物材料包括肉、魚、家禽、馬鈴薯。

十一、燉

燉（braising）的烹飪法最適用於肉質較硬、必須長時間加熱才能軟化的材料。適合燉的食物材料有紅肉（如羊肉、小牛肉）、大魚（如鮭魚）、豆類。

十二、燴

燴（stewing）是指將食物材料切小塊後，放進蓋過食物材料的作料中，用小火加蓋慢煮至熟爛的方法。適合燴的食物材料包括小塊肉類、水果、菇類、番茄。

第七節　飲料製備

一、咖啡

飲料區分成「酒精性飲料」及「非酒精性飲料」二種。其中各式進口酒、國產酒及雞尾酒等都是屬於酒精性飲料；而咖啡、茶、果汁等則屬於非酒精性飲料。此節我們先來談談咖啡。

(一)咖啡的起源

咖啡的由來一直有著一個很有趣的傳說。傳說在六世紀時，阿拉伯人在依索比亞草原牧羊，有一天，發現羊兒在吃了一種野生的紅色果實後，突然變得很興奮，又蹦又跳的，引起了阿拉伯人的注意，而這個紅色的果實就是今天的咖啡果實。

全世界第一家咖啡專門店是在西元一五四四年的伊斯坦堡誕生的，這也是現代咖啡廳的先驅。之後，在西元一六一七年，咖啡傳到了義大利，接著傳入英國、法國、德國等國家。

(二)咖啡的品種

咖啡是一種喜愛高溫潮濕的熱帶性植物，適合栽種在南、北回歸線之間的地區，因此我們又將這個區域稱為「咖啡帶」。一般來說，咖啡大多是栽種在山坡地上，而咖啡從播種、成長到開始可以結果，約需要四至五年的時間，而從開花到果實成熟則約需要六至八個月的時間。由於咖啡果實成熟時的顏色是鮮紅色，而且形狀與櫻桃相似，所以又被稱為「咖啡櫻桃」。

目前咖啡的品種有阿拉比卡（Arabica）、羅布斯塔（Robusta）及利比利卡（Liberica）等三種。

■阿拉比卡

由於阿拉比卡品種的咖啡比較能夠適應不同的土壤與氣候，而且咖啡豆不論是在香味或品質上都比其他兩個品種優秀，所以不但歷史最悠久，同時也是三品種中栽培量最大的，產量也高居全球產量的百分之八十。主要的栽培地區有巴西、哥倫比亞、瓜地馬拉、衣索匹亞、牙買加等地。

■羅布斯塔

大多栽種在印尼、爪哇島等熱帶地區，羅布斯塔頗能耐乾旱及蟲害，但咖啡豆的品質較差，大多是用來製造即溶咖啡。

■利比利卡

利比利卡因為很容易得到病蟲害，所以產量很少，而且豆子的口味也太酸，因此大多只供研究使用。

(三)咖啡豆的種類

由於栽培環境的緯度、氣候及土壤等因素的不同，使得咖啡豆的風味產生了不同的變化，一般常見的咖啡豆種類有（如**表9-1**）：

表9-1　咖啡豆的種類、特性及火候控制表

品名	產地		特性說明					
	國家	洲	酸	甘	苦	醇	香	火候
藍山	牙買加（西印度群島）	中美洲	弱	強		強	強	大
牙買加	牙買加	中美洲	中	中	中	強	中	中小
哥倫比亞	哥倫比亞	南美洲	中	中		強	中	中
摩卡	衣索匹亞	非洲	強	中		強	強	中
曼特寧	印尼（蘇門答臘）	亞洲			強	強	強	大
瓜地馬拉	瓜地馬拉	中美洲	中	中		中	中	中
巴西聖多斯	巴西	南美洲			弱	弱		弱
克里曼佳羅	坦尚尼亞	非洲	強		弱	中	強	中
爪哇	印尼	亞洲				強	弱	中
象牙海岸	象牙海岸	非洲				強	弱	中
尼加拉瓜	尼加拉瓜	中美洲	中	中		中	弱	中
哥斯大黎加	哥斯大黎加	中美洲	中	弱		中	弱	大
厄瓜多爾	厄瓜多爾	南美洲		弱	弱	弱	弱	小

■藍山

　　藍山咖啡是咖啡豆中的極品，所沖泡出的咖啡香醇滑口，口感非常的細緻。主要生產在牙買加的高山上，由於產量有限，因此價格比其他咖啡豆昂貴。而藍山咖啡豆的主要特徵是豆子比其他種類的咖啡豆要大。

■曼特寧

　　曼特寧咖啡的風味香濃，口感苦醇，但是不帶酸味。由於口味很強，很適合單品飲用，同時也是調配綜合咖啡的理想種類。主要產於印尼、蘇門答臘等地。

■摩卡

　　摩卡咖啡的風味獨特，甘酸中帶有巧克力的味道，適合單品飲用，也是調配綜合咖啡的理想種類。目前以葉門所生產的摩卡咖啡品質最好，其次則是衣索匹亞的摩卡。

■牙買加

　　牙買加咖啡僅次於藍山咖啡，風味清香優雅，口感醇厚，甘中帶酸，味道獨樹一格。

■哥倫比亞

　　哥倫比亞咖啡香醇厚實，帶點微酸但是勁道十足，並有奇特的地瓜皮風味，品質與香味穩定，因此可用來調配綜合咖啡或加強其他咖啡的香味。

■巴西聖多斯

　　巴西聖多斯咖啡香味溫和，口感略微甘苦，屬於中性咖啡豆，是調配綜合咖啡不可缺少的咖啡豆種類。

■瓜地馬拉

　　瓜地馬拉咖啡芳香甘醇，口味微酸，屬於中性咖啡豆。與哥倫比亞咖啡的風味極為相似，也是調配綜合咖啡的理想咖啡豆種類。

■綜合咖啡

　　綜合咖啡主要是指二種以上的咖啡豆，依照一定的比例混合而成的咖啡豆。由於綜合咖啡可擷取不同咖啡豆的特點於一身，因此，經過精心調配的咖啡豆也可以沖泡出品質極佳的咖啡。

(四)咖啡的煮泡法

　　一般餐廳或咖啡專賣店最常使用的咖啡煮泡法可分為虹吸式、過濾式及蒸氣加壓式等三種煮泡方式。

■虹吸式

　　虹吸式煮泡法主要是利用蒸氣壓力造成虹吸作用來煮泡咖啡。由於它可以依據不同咖啡豆的熟度及研磨的粗細來控制煮咖啡的時間，還可以控制咖啡的口感與色澤，因此是三種沖泡方式中最需具備專業技巧的煮泡方式。

1. 煮泡器具：虹吸式煮泡設備包括了玻璃製的過濾壺及蒸餾壺、過濾器、酒精燈及攪拌棒。而器具規格可分爲沖一杯、三杯、五杯等三種。

2. 操作方法：主要操作程序如下：

   (1)先將過濾器裝置在過濾壺中，並將過濾器上的彈簧鉤鉤牢在過濾壺上。

   (2)蒸餾壺中注入適量的水。

   (3)點燃酒精燈開始煮水。

   (4)將研磨好的咖啡粉倒入過濾壺中，再輕輕地插入蒸餾壺中，但不要扣緊。

   (5)當水煮沸後，就將過濾壺與蒸餾壺相互扣緊，扣緊後就會產生虹吸作用，使蒸餾壺中的水往上升，升到過濾壺中與咖啡粉混合。

   (6)適時使用攪拌棒輕輕地攪拌，讓水與咖啡粉充分混合。

   (7)約四十至五十秒鐘後，將酒精燈移開熄火。

   (8)酒精燈移開後，蒸餾壺的壓力降低，過濾壺中的咖啡液就會經過過濾器回流到蒸餾壺中，咖啡液回流完畢後，就是香濃美味的咖啡。

■過濾式

過濾式咖啡主要是利用濾紙或濾網來過濾咖啡液。而根據所使用的器具又可分爲「日式過濾咖啡」與「美式過濾咖啡」兩種：

1. 日式過濾咖啡：日式過濾咖啡主要是用水壺直接將水沖進咖啡粉中，經過濾紙過濾後所得到的咖啡，所以又稱做沖泡式咖啡。

   (1)沖泡器具：沖泡的器具包括：漏斗型上杯座（座底有三個小洞）、咖啡壺、濾紙及水壺。所使用的濾紙有101、102及103等三種型號，可配合不同大小的上杯座使用。

   (2)操作方法：主要操作程序如下：

a.先將濾紙放入上杯座中，並用水略微弄濕，讓濾紙固定。

b.將研磨好的咖啡粉倒入上杯座中。

c.將上杯座與咖啡壺結合擺妥。

d.用水壺直接將沸水由外往內以畫圈圈的方式澆入，務必讓所有的咖啡粉都能與沸水接觸。

e.咖啡液經由濾紙由上杯座下的小洞滴入咖啡壺中，滴入完畢即可飲用。

2.美式過濾咖啡：美式過濾式咖啡主要是利用電動咖啡機自動沖泡過濾而成。機器又可分為家庭用及營業用兩種。但不論是哪一種機器，它的操作原理是相同的。由於美式過濾咖啡可以事先沖泡保溫備用，而且操作簡單方便，因此頗受一般大眾的喜愛。

(1)煮泡器具：歐式電動咖啡機一台。咖啡機有自動煮水、自動沖泡過濾及保溫等功能，並附有裝盛咖啡液的咖啡壺。機器所使用的過濾裝置大多是可以重複使用的濾網。

(2)操作方式：主要操作程序如下：

a.在盛水器中注入適量的用水。

b.將咖啡豆研磨成粉，倒入濾網中。

c.將蓋子蓋上，開啟電源，機器便開始煮水。

d.當水沸騰後，會自動滴入濾網中，與咖啡粉混合後，再滴入咖啡壺內。

(3)注意事項：

a.煮好的咖啡由於處在保溫的狀態下，因此不宜放置太久，否則咖啡會變質、變酸。

b.不宜使用太深焙的咖啡豆，否則在保溫的過程中會使咖啡產生焦苦味。

■蒸氣加壓式

蒸氣加壓式咖啡主要是利用蒸氣加壓的原理，讓熱水經過咖啡粉

後再噴至壺中形成咖啡液。由於這種方式所煮出來的咖啡濃度較高，因此又被稱為濃縮式咖啡，就是一般大眾所熟知的espresso咖啡。

1. 煮泡器具：蒸氣咖啡壺一套。主要包括了上壺、下壺、漏斗杯等三大部分，此外還附有一個墊片，墊片主要是用來壓實咖啡粉的。

2. 操作方式：主要操作程序如下：

    (1)先在下壺中注入適量的用水。

    (2)再將研磨好的咖啡粉倒入漏斗杯中，並用墊片確實壓緊後，放進下壺中。

    (3)將上、下二壺確實拴緊。

    (4)整組咖啡壺移到熱源上加熱，當下壺的水煮沸時，蒸氣會先經過咖啡粉後再衝到上壺，並噴出咖啡液。

    (5)當上壺開始有蒸氣溢出時，表示咖啡已煮泡完成。

二、茶

從唐代陸羽所著的《茶經》就可以看出中國人對飲茶的講究。茶樹主要是生長在溫暖潮濕的亞熱帶地區或熱帶高緯度地區，一般多栽種在山坡地上，主要分布的地區包括中國、日本、印尼、印度、土耳其、阿根廷、斯里蘭卡及肯亞等地。

(一)茶的種類

茶葉的種類主要可依據茶葉的發酵程度區分為不發酵茶、半發酵茶及全發酵茶等三種。這三種茶不論在製造過程、茶葉外觀及茶湯口感方面都各具特色，如**表9-2**所示。

■不發酵茶

就是在茶葉的製造過程中不經發酵步驟的茶葉。我們所熟知的綠茶、龍井茶、碧螺春等都是屬於不發酵茶。不發酵茶的茶湯呈黃綠

表9-2 主要茶葉識別表

類別	發酵程度	茶名	外型	湯色	香氣	滋味	特性	沖泡溫度
不發酵 綠茶	0	龍井	劍片狀（綠色帶白毫）	黃綠色	菜香	具活性、甘味、鮮味。	主要品嚐茶的新鮮口感，維他命C含量豐富。	70℃
半發酵 烏龍茶（或青茶）	15%	清茶	自然彎曲（深綠色）	金黃色	花香	活潑刺激，清新爽口。	入口清香飄逸，偏重於口鼻之感受。	85℃
	20%	茉莉花茶	細（碎）條狀（黃綠色）	蜜黃色	茉莉花香	花香撲鼻，茶味不損。	以花香烘托茶味，易為一般人接受。	80%
	30%	凍頂茶	半球狀捲曲（綠色）	金黃至褐色	花香	口感甘醇，香氣、喉韻兼具。	由偏於口、鼻之感受，轉為香味、喉韻並重。	95℃
	40%	鐵觀音	球狀捲曲（綠中帶褐）	褐色	果實香	甘滑厚重，略帶果酸味。	口味濃郁持重，有厚重老成的氣質。	
	70%	白毫烏龍	自然彎曲（白、紅、黃三色相間）	琥珀色	熟果香	口感甘潤，具收斂性。	外形、湯色皆美，飲之溫潤優雅，有「東方美人」之稱。	85℃
全發酵 紅茶	100%	紅茶	細（碎）條狀（黑褐色）	朱紅色	麥芽糖香	加工後新生口味極多。	品味隨和，冷飲、熱飲、調味、純飲皆可。	90℃

色，同時茶湯散發著自然的清香。不發酵茶的主要製造步驟有三：

1.殺菁：將剛採摘下來的新鮮茶葉，也就是茶菁，利用高溫炒熟或蒸熟的過程就叫做「殺菁」。殺菁的主要作用是在破壞茶葉中的酵素，讓茶葉中止發酵，除此之外還可以達到減少茶葉的含水量、去除茶菁的生味、軟化茶葉組織以利揉捻的進行等功能。

2.揉捻：將殺菁後的茶葉送進揉捻機中，利用機器的力量讓茶葉轉動，互相摩擦搓揉。揉捻的主要作用是在破壞茶葉的組織細胞，讓汁液沾附在茶葉表面，讓茶葉在沖泡時容易泡出味道，

其次則是可以讓茶葉捲曲成條狀或搓揉成球狀，減少茶葉的體積，以方便包裝、儲存及運送。

3. 乾燥：再次利用高溫處理，以徹底破壞殘留在茶葉中的酵素，讓茶葉的品質固定。同時，再次的高溫處理，還可使茶葉中的水分含量再降低，讓茶葉更加收縮結實，成為茶乾的狀態，更有利於長時間的保存。

■半發酵茶

半發酵茶是指在茶葉殺菁前，加入萎凋及發酵的步驟。由於剛採摘下來的茶菁，茶葉細胞中含有高達75～85%的水分，經過萎凋的過程，能讓茶菁中的水分大量蒸發，而在萎凋過程中由於需要不斷地攪動茶葉，會使葉子間產生摩擦，造成部分細胞的破損，使茶葉細胞中的成分與空氣接觸，而產生氧化作用，這就是所謂的發酵。半發酵茶則是在茶葉發酵程度還未到達100%時就進行殺菁的步驟。由於半發酵茶的製作方法頗為複雜，因此能夠製造出較高級的茶葉，這也是中國製茶中最具特色的茶品種類。半發酵茶依發酵程度又可大致區分成輕發酵茶、中發酵茶及重發酵茶等三種。一般我們熟知的凍頂茶、包種茶是屬於輕發酵茶，鐵觀音則是中發酵茶，白毫烏龍則是重發酵茶。

■全發酵茶

全發酵茶則是指茶葉在萎凋後不經殺菁的步驟，而直接揉捻、發酵及乾燥。由於茶菁的發酵程度高達90%以上，因此茶湯較沒有澀味，反而是溫潤滑口，並且有麥芽香。全發酵茶也很適合用來製成加味茶。紅茶則是全發酵茶的代表茶品。

(二)茶葉的選購

茶葉品質的好壞直接影響了茶湯的風味，因此在選購茶葉時應謹慎挑選。一般選購茶葉時我們可從下列三方面來判斷茶葉的好壞：

Chapter **9**

菜單設計與餐飲製備

■茶葉的外形

　　從茶葉的外形我們可以判斷出茶葉的好壞：

　　1.葉形是否完整、結實且顏色光亮。

　　2.茶葉中沒有太多的雜質、茶梗及黃葉。

　　3.新鮮的茶葉乾燥度必須足夠，因此我們可以用手搓揉茶葉，如果可以輕易揉碎且搓揉時聲音清脆，就是新鮮的茶葉。

　　4.聞聞茶葉的茶香，如果聞到焦味、菁臭味或其他異味，都是不好的茶葉。

■試泡

　　通常茶行都會提供茶具替顧客試泡想購買的茶葉或促銷店內的茶葉。而試泡時茶湯所散發出來的香味、色澤及品茗時的口感，都是判斷茶葉好壞與否的依據。

　　1.茶湯的香氣是否清新怡人，如果具有明顯的花香或果香更佳。

　　2.茶湯的色澤必須清澈明亮，不可混濁灰暗。

　　3.茶湯入口滑順，喝完後口齒留香，喉頭甘潤。

　　4.聞香杯中的香氣如果能久滯不散就是佳品。

■觀葉底

　　葉底指的就是沖泡過的茶葉。而觀葉底就是從觀察沖泡開的茶葉來判斷茶葉的好壞。

　　1.觀看葉底是否完整。

　　2.觀看葉底的顏色是否新鮮，如龍井葉底應該是青翠的淡綠色。

　　3.葉底是否柔嫩並具有韌性，是否不易被搓破。

　　選購茶葉時，只要能確實掌握住上述的三個重點，就一定能夠挑選出自己喜愛的好茶葉。

三、冷飲類

目前市場中的飲料大致可分為下列幾類（如**表9-3**）：

(一)碳酸飲料

碳酸飲料的主要特色是將二氧化碳氣體與不同的香料、水分、糖漿及色素結合在一起所形成的氣泡式飲料。由於冰涼的碳酸飲料飲用時口感十足，因此很受年輕朋友的喜愛。較為一般大眾所熟知的碳酸飲料有可樂、汽水、沙士及西打等。

表9-3　飲料分類一覽表

項目	飲料分類	代表性產品		
1	碳酸飲料	汽水：白汽水、各種口味汽水		
		沙士		
		可樂		
		西打		
2	果蔬汁飲料	果菜汁、柳橙汁、芭樂汁、蘆筍汁、葡萄柚汁、蘋果汁等		
3	乳品飲料	鮮乳：全脂鮮乳、低脂鮮乳等		
		調味乳：蘋果調味乳、巧克力調味乳、咖啡調味乳、麥芽調味乳等		
		發酵乳	稀釋發酵乳：養樂多、多朵多姿等	
			優酪乳	
			固狀發酵乳：優格等	
4	機能性飲料	纖維飲料、Oligo寡糖飲料、維他命C飲料、β胡蘿蔔素飲料、鐵鈣鎂飲料及運動飲料等		
5	茶類飲料	中式茶類飲料：烏龍茶、綠茶及麥茶等		
		西式茶類飲料：紅茶、奶茶及果茶等		
6	咖啡飲料	調合式咖啡		
		單品咖啡：藍山、曼特寧等		
7	包裝飲用水	礦泉水、蒸餾水、冰川水		

資料來源：《台灣地區飲料產業五年展望報告》，環球經濟社。蕭玉倩（1999），《餐飲概論》，台北：揚智文化，頁210。

(二)果蔬汁飲料

果蔬汁飲料主要是以水果及蔬菜類植物等為製造時的原料。由於台灣地處亞熱帶，很適合各類蔬果的生長，再加上台灣傑出的農業技術，使得蔬果的產量極為豐富，目前國內果蔬汁的製造原料有高達七成是自行生產的蔬果，只有兩成左右是進口原料。而果蔬汁飲料又可分為兩類：

1. 以濃縮果汁為主原料，經過稀釋後再包裝銷售的飲料，主要產品有柳橙汁、葡萄汁及檸檬汁等。
2. 以新鮮水果直接榨取原汁為主原料，主要產品有芒果汁、番茄汁、蘆筍汁及綜合果汁等。

由於水果與蔬菜含有豐富的維他命及礦物質，因此自然健康的形象早已深植人心，而這也使得果蔬汁飲料能很輕易地獲得消費大眾的認同，尤其是純度高的果蔬汁飲料，更是為一般大眾所喜愛。

(三)乳品飲料

乳品飲料的營養價值極高，它除了含有維他命及礦物質外，更含有豐富的蛋白質、脂肪及鈣質等營養成分。這使得乳品飲料逐漸從飲料的身分蛻變成營養食品的角色，同時也被一般大眾認為是攝取營養元素的來源之一。

(四)機能性飲料

機能性飲料除了滿足消費者「解渴」與「好喝」的需求外，更以能為消費者補充營養、消除疲勞、恢復精神體力或幫助消化等為號召，來提高飲料的附加價值。目前市場中的機能性飲料可依它們所強調的特色分為：

1. 有益消化型飲料：有益消化型飲料在產品中的主要添加物有二種。一是以添加人工合成纖維素，增加消費者對纖維素的攝

取，來達到幫助消化的目的。另一種則是添加可使大腸內幫助消化的Bufidus菌活性化的Oligo寡糖，來達到促進消化的目的。

2.營養補充型飲料：現代人由於生活忙碌，因此造成飲食不正常、營養攝取不均衡。為了滿足消費者對特定營養素的需求，業者開始在飲料中添加不同的元素，最常見的有維他命C、β胡蘿蔔素、鐵、鈣、鎂等礦物質。

3.提神、恢復體力型飲料：這類型飲料主要是強調在飲用後能在短時間內達到提神醒腦、恢復體力的效果。常見的添加物有人參、靈芝、DHA必需脂肪酸等。

4.運動飲料：運動飲料除了強調能在活動過後達到解渴的效果外，並以能迅速補充因流汗所流失的水分及平衡體內的電解質為訴求，使它在運動休閒日受重視的今天，已成為一般大眾在活動筋骨之後首先會想到的解渴飲料。

(五)茶類飲料

中國人自古即養成的喝茶習慣，使得茶類飲料的推出能迅速在各類飲料中竄紅。由於傳統的「喝茶」是以熱飲為主，在炎熱的夏季 並不十分適合飲用，而茶類飲料則是另類地提供了可在夏天飲用的冰涼茶飲，這也就成為它受歡迎的主要原因，再加上喝茶不分四季，因此使得茶類飲料能快速地成長。目前市場中的茶類飲料又有中西式之分：

1.中式茶類飲料：主要以烏龍茶、綠茶及麥茶為代表。
2.西式茶類飲料：主要是以檸檬茶、花茶、果茶、紅茶及奶茶等為代表。

(六)咖啡飲料

咖啡飲料的主要原料是咖啡豆及咖啡粉，因此在原料的取得上必須完全仰賴進口。咖啡飲料除了注重口味的道地外，對於品牌風格的

建立及包裝的設計均較其他飲料來得重視,而這都是受到了咖啡飲料的消費者對品牌忠誠度較高的影響所致。目前市場中的咖啡飲料可分為:

1.口味較甜的傳統式調合咖啡。
2.風味較濃醇的單品咖啡飲料,例如藍山、曼特寧等。

(七)包裝飲用水

台灣由於工業發達,環境污染嚴重,進而影響到飲用水的品質,消費者為了健康且希望能喝得安心,因此對於無污染的礦泉水、冰川水及蒸餾水等產生了消費的需求,使得包裝飲用水的市場成長快速,也被業者視為是一個極具潛力的市場。

(八)果汁

台灣四季如春,水果的產量及種類都很豐富,因此以新鮮水果為材料的果汁,再加入適量的糖水或蜂蜜後,即可成為清涼可口又富含維他命C的營養飲料。目前市場中較受歡迎的純鮮果汁有葡萄柚汁、檸檬汁、柳橙汁、西瓜汁、胡蘿蔔汁等,以下則簡述個別的調製方法:

1.葡萄柚汁:先將葡萄柚榨汁,再加入適量的糖水或蜂蜜及少許的鹽攪拌均勻,讓葡萄柚汁可展現適當的甜度,加入冰塊後即可飲用。
2.檸檬汁:先將檸檬榨汁,與水以1:1的比例稀釋後,再加入適量的糖水或蜂蜜,充分攪拌加入冰塊即可飲用。
3.柳橙汁:由於柳橙的甜度較葡萄柚及檸檬高,因此可以不必加入糖水或蜂蜜,直接榨汁後即可飲用。
4.西瓜汁:西瓜的水分含量極高,但在製作清涼果汁時,由於必須加入碎冰屑,所以甜度會被稀釋,因此可以在製作時加入適量的砂糖,以維持它的甜度。

5. 胡蘿蔔汁：胡蘿蔔是營養價值極高的果菜類，由於它具有養顏美容及降低血壓的功能，因此頗受健康飲食者的喜愛，但由於胡蘿蔔本身具有一種特殊的果腥味，因此在原汁中通常會加入少許的檸檬汁加以調味，而適量的糖水或蜂蜜也是必要的。

6. 混合果汁：主要是將兩種以上不同的飲料加以混合調製而成的飲料。例如近來頗受歡迎的以鮮奶與各類水果調製而成的飲料，或是兩種以上不同果汁混合而成的飲料，都屬於混合果汁。混合果汁製作時的比例較隨興，可以依據自己喜愛的口味任意搭配。

7. 木瓜牛奶：先將木瓜洗淨，去皮去子後，直接投入果汁機中，再加入適量的牛奶、砂糖及碎冰屑，混合攪拌即可。

8. 綜合果汁：主要是以當季的各類水果各取適當的份量，再加上蜂蜜或糖水及碎冰屑，直接放入果汁機內攪拌而成。最常使用的水果有西瓜、鳳梨、蘋果、水梨、香蕉、葡萄、芭樂等。

9. 特製果汁：特製果汁所使用的材料，並不完全是以新鮮的果汁來調製，而且除了主角果汁外，其他的配料種類也較繁多，同時製作時各種材料的混合比例必須固定一致，才能調製出理想的特製果汁。而特製果汁一般使用的原料大致可分成三種：

   (1) 原汁類：以新鮮的水果直接壓榨而成，通常是以比較不受季節影響的水果為主，例如檸檬汁、柳橙汁等。

   (2) 濃縮汁類：需要加水稀釋後才可使用，通常是因為原料較不易取得，或為了使用上的方便，才以濃縮的方式事先製備儲存起來，例如百香果濃縮汁、薄荷濃縮液等。

   (3) 稀釋果汁類：主要是指可以直接飲用而不需要經過稀釋的果汁類，例如市售包裝的柳橙汁、蘋果汁等。

四、酒類

(一)國產酒

在這部分我們所介紹的國產酒是以台灣所製造生產的酒類為主，而我們將依據酒的製造方法來介紹國產酒。

■釀造酒

1. 紹興酒：紹興酒原來是生產於浙江省紹興縣，主要原料有糯米、米麴與麥麵。製造過程是讓原料先醣化後再以低溫發酵而成，酒精濃度約在16%至17%之間。一般我們所說的「陳紹」，其實就是指儲藏五年以上的陳年紹興酒。

2. 花雕酒：花雕酒是紹興酒的一種，由於製造的原料是精選的糯米、麥麴及液體麴，而且釀造時對品質進行嚴格的控制，再加上釀製完成後，還需先裝入陶甕中經長期儲存熟成後，再裝瓶出售。因此花雕酒具有溫醇香郁、酒色澄黃清澈的特性，為紹興酒類中的高級品。酒精濃度約為17%。

3. 白葡萄酒：白葡萄酒主要是以省產釀酒專用的金香葡萄純原汁為原料釀製而成，酒精濃度約為13%。由於白葡萄酒含有豐富的維生素、礦物質及葡萄糖等營養成分，而且酒質溫醇、香氣清新，冰涼後飲用風味絕佳，因此廣受一般大眾的喜愛。

4. 紅葡萄酒：紅葡萄酒主要是以黑后葡萄為釀製原料，在釀造時則是連皮一起醣化發酵，並將發酵完成的酒放入橡木桶中約一年的時間，等熟成後再裝瓶出售。酒精濃度約為10%。

5. 台灣啤酒：台灣啤酒主要是以大麥芽和啤酒花為原料，經過醣化、低溫發酵、殺菌後完成，酒精濃度約為3.5%。如果沒有經過殺菌處理的則稱為生啤酒。生啤酒應儲存在3℃的環境下，如果長時間處於超過7℃的環境中，會讓生啤酒二次發酵，使得生啤酒變質。

由於啤酒中含有豐富的蛋白質及維生素，並具有淡雅的麥香，冰

涼後飲用具有生津解渴的功能，因此被視為酷夏中的消暑聖品，深受社會人士的喜愛。

■ 蒸餾酒

1. 高粱酒：高粱酒原是我國北方特產的蒸餾酒，主要原料為高粱與小麥，並以高粱為命名的依據。製造方法是採用獨特的固態發酵與蒸餾製造，而蒸餾後所得到的酒還必須裝入甕中熟成，以改進酒的品質，酒精濃度約為60％。目前聞名中外的金門高粱，是金門酒廠所生產的高粱酒，由於金門的氣候、土壤與水質很適合高粱的生長，因此所生產的高粱酒品質優異，深受國內外人士的喜愛。

2. 大麴酒：大麴酒也是我國特有的蒸餾酒之一，主要原料是高粱與小麥。大麴酒也是採用固態發酵與蒸餾法製造，蒸餾後所得到的酒也要裝甕熟成，酒精濃度約為50％。由於酒質穩定且愈陳愈香愈醇，為烈酒中的上品。

3. 白蘭地：白蘭地的主要原料為金香及奈加拉白葡萄。製酒過程包括低溫發酵及二次蒸餾，最後再裝入橡木桶中熟成，酒精濃度約為41％。目前省產白蘭地中，除了有熟成時間長短之分外，另外還有台灣特產的凍頂白蘭地，它最大的特色是在製成的酒中加入凍頂烏龍茶浸泡，屬於再製酒的一種，酒精濃度為25％。

4. 蘭姆酒：蘭姆酒的主要原料為甘蔗。製造時是讓甘蔗醣化發酵，經過蒸餾後再裝入橡木桶中熟成。酒精濃度約為42％。

5. 米酒：米酒是以蓬萊糙米為主要原料，並添加精製酒精調製而成，為台灣最大眾化的蒸餾酒，也是中餐烹飪中不可或缺的料理酒，酒精濃度約為22％。

6. 米酒頭：米酒頭也是以蓬萊糙米為主要原料，但不添加精製酒精，並利用兩次蒸餾來提高酒精濃度，是中國傳統的蒸餾酒，酒精濃度約為35％。

■再製酒

1. 竹葉青：竹葉青主要是以高粱酒浸泡天然的竹葉及多種天然辛香料所製成，酒色呈天然淡綠色，酒精濃度約爲45%。

2. 參茸酒：參茸酒則是以精選的鹿茸、黨參及多種天然辛香料，經由高粱酒的浸泡而成。目前爲台灣最受歡迎的再製酒，酒精濃度約爲30%。

3. 玫瑰露酒：玫瑰露酒是以高粱酒與玫瑰香精及甘油調製而成的一種再製酒，由於具有淡淡的玫瑰芳香，因此成爲我國名酒之一，酒精濃度約爲45%。

4. 龍鳳酒：龍鳳酒是以米酒浸泡黨參及多種天然香料所製成的再製酒。不但含有豐富的維他命、礦物質、胺基酸，而且還具有補血益氣的功效。酒精濃度約爲35%。

5. 烏梅酒：烏梅酒是以新鮮的青梅、李、茶葉、精製酒精及糖爲原料混合調製而成。製造過程主要是先將梅、李、茶葉浸泡在酒精中，萃取特殊的風味及色澤，酒精濃度約爲16.5%。適宜冰涼後飲用，也可以用來調製雞尾酒。

(二)進口酒

進口酒的種類繁多，較具知名度的酒類生產國有法國、德國、義大利、奧地利、西班牙、葡萄牙、希臘、瑞士、匈牙利、智利、澳洲、美國等國家，其中又以歐洲國家居多。以下我們將以酒的製造方法爲分類依據，介紹洋酒的種類。

■釀造酒

1. 啤酒：啤酒的好壞與發酵時所使用的酵母菌有很大的關係，而酵母菌的種類又相當的多。目前世界聞名的啤酒生產國——德國，它所擁有的啤酒酵母菌配方最多，尤其是德國慕尼黑啤酒，更是啤酒中的上品。緊追在德國之後的則是位居亞洲的日本，日本以它一貫積極專注的精神，努力發掘與研發，因此使

餐飲管理：重點整理、題庫、解答

得它所生產的啤酒在世界中也具有良好的口碑。目前台灣市場上最為一般大眾所熟知的啤酒品牌有海尼根啤酒、美樂啤酒、可樂那啤酒、麒麟啤酒（Kirin）、三寶樂啤酒（Sapporo）及朝日啤酒（Asahi）等。

2.葡萄酒：葡萄酒主要是以新鮮的葡萄為原料所釀製而成的酒，但是在洋酒中，葡萄酒又可依據製造過程的不同，分成一般葡萄酒、氣泡葡萄酒、強化酒精葡萄酒及混合葡萄酒等四種：

(1)一般葡萄酒：一般葡萄酒就是指不會起泡的葡萄酒。它的製造過程就是將葡萄先榨出葡萄原汁後，加入酵母菌來發酵，讓葡萄汁中的糖分分解成二氧化碳及酒精，然後讓二氧化碳的氣泡跑掉，留下酒精成分，就成為一般葡萄酒。酒精濃度約為9%至17%。這種葡萄酒又可依據製造時所使用的葡萄及釀成後酒的色澤而分成紅酒、白酒及玫瑰紅酒等三種。

　　a.紅葡萄酒：主要是將紅葡萄榨汁，釀造時連同果皮及枝葉一起放入發酵，讓果皮中的色素滲入酒內，使釀造而成的葡萄酒呈現出紫紅色、深紅色等色澤。果皮及枝葉中所含有的單寧酸，則會使得酒味略帶澀味及辣味，而且熟成所需要的時間也因此比白酒長，約為五至六年。紅酒可以長時間存放。

　　b.白葡萄酒：一般多是以白葡萄榨汁釀造，但也可以將紅葡萄去皮榨汁後來釀造。由於發酵時純粹是以葡萄汁來發酵，不加入果皮及枝葉，因此酒中所含的單寧酸較少，而酒的顏色則為無色透明或是青色、淡黃色、金黃色等色澤。熟成時間約為二至五年。白酒不宜久存，應趁早飲用。

　　c.玫瑰紅酒：玫瑰紅酒的製造方式有下列三種：

　　　(a)將紅葡萄連同果皮一起發酵，當酒呈現出淡淡的紅色時，就將果皮去除，再繼續發酵。

　　　(b)將釀造好的紅酒與白酒按照一定的比例混合發酵。

(c)將紅葡萄連皮與白葡萄一起發酵。

(2)氣泡葡萄酒：氣泡葡萄酒中以法國香檳區所生產的「香檳酒」最具知名度，而且也只有該區所生產的氣泡葡萄酒可以稱為香檳酒，其他地區所生產的就只能稱為氣泡葡萄酒。氣泡葡萄酒所使用的原料與一般葡萄酒相同，唯一不同的地方是氣泡葡萄酒需經過二次發酵的程序。經過第一次發酵後，再加入糖與酵母，然後就裝瓶、封口，儲存在低溫的地窖中至少二年，讓酒在低溫中產生第二次發酵，而第二次發酵所產生的二氧化碳就是氣泡葡萄酒氣泡的來源。酒精濃度約為9%至14%。

(3)酒精強化葡萄酒：就是在葡萄酒的發酵過程中，在適當的時間加入白蘭地，讓發酵中止，如此不但可以保存葡萄中的糖分，增加甜味，更可以提高酒精濃度達14%至24%。最有名的酒精強化葡萄酒是西班牙的「雪莉」酒與葡萄牙的「波特」酒。

(4)混合葡萄酒：就是在葡萄酒中添加香料、藥草、植物根、色素等浸泡調製而成。例如義大利的苦艾酒，就是將藥草與基納樹皮浸在酒中所製成。

■ 蒸餾酒

蒸餾酒由於酒精濃度高，因此一般人也將它稱為烈酒。洋酒中的蒸餾酒有下列五種：

1.威士忌（Whisky）：威士忌主要是將玉米、大麥、小麥及裸麥搗碎，經過發酵及蒸餾後，再放入橡木桶中醞藏而成。而威士忌品質的好壞則與醞藏時間有很大的關係，醞藏的時間愈久，威士忌的口感與香醇愈濃厚。一般來說威士忌的酒精濃度約在40%至45%之間。

生產威士忌的國家很多，但以蘇格蘭、愛爾蘭、加拿大及美國波本等四個地區最具知名度。

2. 白蘭地（Brandy）：白蘭地主要是以水果的汁液或果肉發酵蒸餾而成，而且至少要在橡木桶中儲存兩年才能算熟成。使用的水果原料有葡萄、櫻桃、蘋果、梨子等。如果是以葡萄為原料所製成的白蘭地，可以直接以「白蘭地」為名稱，如果是以其他的水果為原料，則會在白蘭地前加上水果的名稱，以作為區別，例如櫻桃白蘭地（Cherry Brandy）。

3. 伏特加（Vodka）：伏特加是一種沒有任何芳香及味道的高濃度蒸餾酒，因此它很適合與其他的酒類、果汁或飲料做搭配調和。伏特加的主要原料是馬鈴薯與其他多種的穀類，經過搗碎、發酵、蒸餾而成。它與威士忌不同的地方在於威士忌為了保存穀物的風味，因此蒸餾出的酒液酒精濃度較低，而伏特加除了酒精濃度較高外，為了去除穀物原有的風味，必須再做進一步的加工處理。

4. 龍舌蘭（Tequila）：龍舌蘭主要是以龍舌蘭植物為原料。龍舌蘭的主要產地在墨西哥，而龍舌蘭用來釀酒的部位是類似鳳梨的果實。主要的製造過程是先將果實蒸煮壓榨出汁液後，再放入桶內發酵，當汁液的酒精濃度達到40%時，就開始進行蒸餾的步驟。龍舌蘭酒需要經過三次的蒸餾，酒精濃度才會達到45%。除此之外，墨西哥政府規定，龍舌蘭酒必須含有50%以上的藍色龍舌蘭蒸餾酒才可被稱為塔吉拉（Tequila）。

5. 蘭姆酒（Rum）：蘭姆酒主要是以甘蔗為釀造原料，經過發酵蒸餾，再儲存於橡木桶中熟成。而依據它儲存時間所造成酒液色澤的差異，可區分為白色蘭姆及深色蘭姆二種：

   (1) 白色蘭姆（White Rum）：僅在橡木桶中儲存一年的時間，因此酒色較淡。以古巴、波多黎各、牙買加所生產的白色蘭姆最有名。

   (2) 深色蘭姆（Dark Rum）：除了在橡木桶中儲存的時間較長外，還添加了焦糖，因此不但色澤呈現較深的金黃色，同時味道也比較濃厚。以牙買加所生產的深色、辛辣蘭姆最有名。

■再製酒

1. 琴酒：琴酒（gin）主要是以杜松莓、白芷根、檸檬皮、甘草精及杏仁等香料與穀類的蒸餾酒一起再蒸餾而成。因為杜松莓是其中不可或缺的重要材料，因此琴酒又稱為杜松子酒。由於琴酒具有獨特的芳香，因此成為調製雞尾酒中最常被使用的基酒。

2. 甜酒：甜酒主要是指酒精濃度高並具有甜味的烈酒而言，又可稱為利口酒。它主要是以白蘭地、威士忌、蘭姆、琴酒或其他蒸餾酒為基礎，再混合水果、植物、花卉、藥材或其他天然香料，並添加糖分，經過過濾、浸泡及蒸餾而成。由於甜酒所具有的特殊香甜風味，使得它成為廣受大眾喜愛的餐後飲用酒。

(三)雞尾酒的調製

雞尾酒（cocktail）是指兩種或兩種以上的酒，搭配果汁或其他飲料所混合調製而成的一種含有酒精成分的飲料。由於它可以依據個人的喜好與口味，做多樣化的調製，而且製作方法簡單，再加上酒精濃度高的基酒在經過調製後，會被稀釋沖淡，因此雞尾酒就成為一種較中性的飲料，不但廣受一般大眾的喜愛，更成為宴會中常見的飲品。本節則將介紹調製雞尾酒的原則與方法。

■調製原則

雞尾酒通常是由下列三種原料調製混合而成：

1. 基酒：通常是酒精濃度高的烈酒，主要有威士忌、白蘭地、伏特加、龍舌蘭、蘭姆酒及琴酒等六種。
2. 甜性配料：如糖漿、細砂糖或甜酒。
3. 酸性配料：如各式果汁、苦精或其他的配料。

雞尾酒的調製方法雖然是將基酒與配料混合，但調製時的基本原則一定要切記，那就是基酒是主角，而配料只是增加風味的配角，不

可以發生喧賓奪主的情形，讓配料的味道蓋過了基酒的味道，因此調製時的比例控制是很重要的。

■調製方法與裝飾

雞尾酒的調製方法大致可分為下列四種：

1. 直接調製法：就是不使用調酒器或調酒杯，而直接將材料依序倒入酒杯中的調製方法。材料分量的控制可以利用量杯、酒瓶上所裝的倒酒嘴或是依靠酒吧人員純熟的技術與豐富的經驗，以正確地掌握酒流出的時間等方法來控制分量。材料加入的先後序為：冰塊、苦酒、果汁、蛋、比重較輕的酒、比重較重的酒。

2. 攪拌法：攪拌法所使用到的器具有調酒杯、過濾器、吧匙等。而它主要的調製步驟為：

   (1)先在調酒杯中放入三至五個冰塊。

   (2)倒入基酒。

   (3)加入相關配料。

   (4)用吧匙以畫圓的方式攪拌五至六回。

   (5)將過濾器放在調酒杯口，用食指按壓住，慢慢讓酒流出，倒入酒杯中。

3. 搖動法：搖動法主要是利用調酒器大幅度來回搖動所產生的力量，讓較濃稠的配料，如蛋、牛奶、糖漿、濃縮果汁等，能趁此充分與基酒混合的一種調製方法。主要的調製步驟為：

   (1)先在調酒器的杯身中放入三至五個冰塊。

   (2)倒入基酒。

   (3)加入相關配料。

   (4)將調酒器的過濾器與杯蓋部分依序組合完成。

   (5)用雙手或單手做上下左右的搖動，六至八回。

   (6)將蓋子打開，讓酒經由過濾器倒入酒杯中。

4. 漂浮法：漂浮法主要是利用各種酒類不同的比重，讓酒沿著調

酒棒緩緩地流入酒杯中，使雞尾酒在酒杯中產生層次分明的視覺效果，例如三色酒、七色酒就是利用這種方法調製而成的。而酒的比重的判斷，則是以酒的酒精濃度來判別，酒精濃度愈高比重愈輕為原則。

5.裝飾：調製完成的雞尾酒，不是倒入酒杯中就算完成，酒杯的選用與杯口的裝飾對雞尾酒來說也是很重要的。它就好比人們對衣服的選擇一樣，精心的選擇與搭配，可以讓雞尾酒更有質感，並可以提升它的附加價值，讓顧客不僅在味覺及嗅覺上獲得滿足，更可以獲得視覺上的享受。較常見的裝飾材料有櫻桃、橄欖、檸檬、鳳梨、柳丁等水果及薄荷葉等。製作時必須注意，裝飾材料的顏色及形狀要能與雞尾酒和諧地搭配，不能過於突兀。因此，調酒對吧檯人員而言，是一種藝術的呈現。

課後評量

一、簡答題

(一)菜單可根據哪三種因素而分成各種菜單？

答：菜單可根據經營的特點、季節、就餐習慣等分成各種菜單種類。

(二)餐廳要獲取利潤的主要方法是提高銷售額，而提高銷售額的關鍵因素之一，就是要有正確的價格策略，一般有三種定價策略，請問是哪三種？

答：1.以成本為中心的定價策略。

2.以需求為中心的定價策略。

3.以競爭為中心的定價策略。

(三)請寫出選擇適當的材料在烹飪中的意義。

答：有利於形成菜餚良好的色香味和特殊風味；有利於提高食物的營養價值。

(四)在中式烹飪中，刀工具有何種作用？

答：有利於熱量的傳遞；有利於原料烹製入味；有利於菜餚整齊美觀和拼配造型。

(五)炒是中式餐飲中最廣泛的烹調方法之一，請寫出其特色及其種類。

答：特色為脆、嫩、滑，可分為生炒、熟炒、滑炒、乾炒。

(六)不發酵茶的基本製造過程有哪些步驟？

答：1.殺菁。

2.揉捻。

3.乾燥。

(七)請列舉出常見的咖啡品種。

答：1.藍山：為咖啡聖品，清香甘柔滑口，產於西印度群島中牙買加的高山上。

2.牙買加：味清優雅，香甘酸醇，次於藍山，卻別具一味。

3.哥倫比亞：香醇厚實，酸甘滑口，勁道足，有一種奇特的地瓜皮風味，為咖啡中之佳品，常被用來增加其他咖啡的香味。

4.摩卡：具有獨特的香味及甘酸風味，是調配綜合咖啡的理想品種。

5.曼特寧：濃香苦烈，醇度特強，單品飲用為無上享受。

6.瓜地馬拉：甘香芳醇，為中性豆，風味極似哥倫比亞咖啡。

7.巴西聖多斯：香味溫和，略微甘苦，焙炒時火候必須控制得宜，才能將其特色發揮出來。

(八)一般沖泡中國茶的茶具包括了哪些？

答：茶杯、茶船、茶盤、茶匙。

二、問答題

(一)餐廳主要的定價策略常使用哪兩種不同的方法？

答：1.成本加成定價法：即按成本再加上一定的百分比來定價，不同餐廳採用不同的百分比。這是最簡單的方法。

2.目標收益率定價法：即先訂出一個目標收益率，作為核定價格的標準，根據目標收益率計算出目標利潤率，計算出目標利潤額。在達到預計的銷售量時，能實現預定的收益目標。

(二)菜單設計的基本原則為何？

答：1.以客人的需要為導向

(1)菜單籌劃前，要確立目標市場，瞭解客人的需要，根據客人的口味、喜好設計菜單。

(2)以本餐廳所具備的條件及要求為依據，設計菜單前應瞭解本餐廳的人力、物力和財力，量力而行，同時對自己的知識、技術、市場供應情況做到胸有成竹，確有把握，以籌劃出適合本餐廳的菜單，確保獲得較高的銷售額和毛利率。

2.體現餐廳的特色以具備競爭力

餐廳首先應根據自己的經營方針來決定提供什麼樣的菜單，是西式還是中式，是大眾化菜單還是風味菜單。

3.要善於變化，並適應飲食新形勢

設計菜單要靈活，注意各類花色品種的搭配，菜餚要經常更換，推陳出新，能給客人有新的感覺，還要考慮季節因素，安排時令菜餚，同時還要顧及客人對營養的要求，顧及節食者和素食客人的營養充足度，充分考慮到食物對人體健與美的作用。

4.表現藝術美

菜單設計者要有一定的藝術修養，菜單的形式、色彩、字體、版面安排都要從藝術的角度去考慮，而且還要方便客人翻閱，簡單明瞭，對客人有吸引力，使菜單成為餐廳美化的一部分。

(三)餐廳的菜單有哪些功能？

答：1.菜單反映了餐廳的經營方針

一份合適的菜單，是菜單製作人根據餐廳的經營方針，經過認真分析客源和市場需求，方能制訂出來的。

2.菜單標示著該餐廳商品的特色和水準

餐廳有各自的特色、等級和水準。有些菜單上還詳細標明菜餚的材料、烹飪技藝和服務方式等，以此來表現餐廳的

特色，給客人留下了良好和深刻的印象。

3.菜單是溝通消費者與接待者之間的橋樑

消費者和接待者透過菜單開始交談，訊息得到溝通。這種「推薦」和「接受」的結果，使買賣雙方得以成立。

4.菜單是菜餚研究的資料

菜單可以揭示本餐廳所擁有的客人的嗜好。菜餚研究人員根據客人訂菜的情況，瞭解客人的口味、愛好，不斷改進菜餚和服務質量，使餐廳獲利。

5.菜單既是藝術品又是宣傳品

一份精美的菜單可以提高用餐氣氛，能夠反映餐廳的格調，可以使客人對所列的美味佳餚留下深刻印象，並可作為一種藝術欣賞品，引起客人美好的回憶。

(四)常見的咖啡沖泡法有哪些？

答：過濾式沖調法、蒸餾式沖調法、電咖啡壺沖調法、咖啡機沖調法。

(五)請寫出儲存咖啡應注意的要點。

答：1.將咖啡儲存在通風良好的儲藏室中。

2.研磨好的咖啡，使用密閉或真空包裝，以確保咖啡油（coffee oil）不會消散，導致風味及強度的喪失。如果咖啡不是很快就要用到，可以保存在冰箱中。

3.循環使用庫存物，並核對袋子上之研磨日期。

4.儲存咖啡不要靠近有強烈味道的食物。

5.儘可能只在需要時才將咖啡豆研磨成咖啡粉。咖啡與胡椒子一樣，在研磨後很快即喪失其芳香。同樣使用剛磨好的咖啡，永遠都是最好的。

(六)請寫出威士忌的類型及各由哪些穀類製成。

答：威士忌有五種類型：

1. 蘇格蘭（Scotch）：由大麥製成。

2. 美國的波本（Bourbon）：由玉米製成。

3. 日本威士忌（Whisky）：由大麥、玉米製成。

4. 加拿大（Canadian）：由穀粒製成。

5. 愛爾蘭（Irish）：由大麥、玉米或裸麥製成。

(七)若要烹製上等菜餚，則必須對原料進行嚴格篩選，其主要
原因為何？

答：不同原料具有不同的組織結構和質量特點，只有選料得當才
能形成菜餚之特殊風格；烹飪原料的部位不同，其質地也有
較大差別；絕大多數菜餚是由多種原料拼配烹製出來的，只
有對每一種原料精心選擇，才能提高菜餚的整體質量。

(八)菜餚滋味的形成是由多種因素決定的，試述其包含的因素
有哪些？

答：原料本身所含呈香呈味物質的種類和數量；原料在烹飪中因
發生物理、化學變化所產生的風味物質；原料在烹飪過程中
水份的變化；調味品原料內部的擴散量及相互間的作用。

(九)在烹飪中要掌握好火候，其意義包含了哪些？

答：提高食物的食用品質和消化率；保證食物的衛生安全；形成
良好的色香味形。

Chapter 10
餐飲原料的採購、驗收、儲存與發放

第一節　餐飲採購

一、採購之定義

「採購」一詞可分廣義與狹義兩方面來說（如**圖10-1**），謹分述如下：

1. 狹義的定義：早期「採購」定義範圍較今之定義爲狹窄，而與「進貨」相當，乃爲狹義之解釋。
2. 廣義的定義：「採購，係指以最低總成本，在需要之時間與地點，以最高效率，獲得最適當數量與品質之物資，並順利及時交由需要單位使用的一種技巧。」
3. 實質上的定義：採購係指根據餐飲業本身銷售計畫去獲取所需要的食物、原料與設備，以作爲備餐、供餐、銷售之用。

二、現代餐飲採購研究之目的

現代餐飲採購研究之目的分述於後：

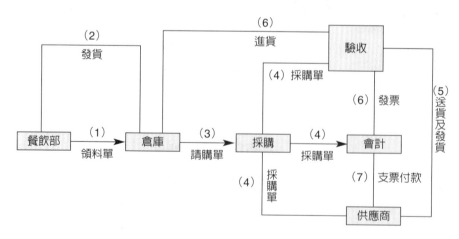

圖10-1　採購流程圖

資料來源：Jack D. Ninemeier, *Planning and Control for Food & Beverage Operations,* p.132.

左側豎排：餐飲管理：重點整理、題庫、解答

Chapter **10**

餐飲原料的採購、驗收、儲存與發放

1.提供正確的採購資料。

2.培養採購專業人才，賦予權責。

3.建立健全採購機構，強化採購組織功能。

4.研究採購技巧，提高採購效率。

三、採購之分類

採購工作不但需重視管理，而且不可忽略實務，因此使其充滿複雜性，例如物資採購的範圍、地區、方式的決定等，因適用環境的不同，得隨時改變運用之方法，茲分述分下：

依採購地區而言，可分為下列二種：

1.國內採購（domestic procurement or local procurement）。

2.國外採購（foreign procurement）。

依採購方式而言，而分為下列四種：

1.報價採購。

2.招標採購。

3.議價採購。

4.現場估價採購。

四、採購管理之機能

現代化的採購管理、物料的籌供管制及運輸倉儲為餐飲業在生產過程中的三大步驟，其與銷售管理佔同等地位。通常採購管理的主要機能如下：

1.參與制訂採購政策。

2.採購計畫與預算。

3.採購市場之調查。

257

4.供應來源之選擇與評價。

5.採購之品質與價格。

五、餐飲採購之職業道德

美國採購專家亨瑞芝（S. F. Heinritz）認為買賣雙方彼此應立於公平地位。為建立雙方良好關係，買方應誠心地對待供應商，並應積極提高採購作業水準，培養優秀採購人員，以樹立優良採購制度，藉以建立良好採購道德。

(一)採購人員之職責

1.採購人員執行作業時，必須謹慎研究有關之法律命令或公司規章，以作為執行準則。

2.採購人員必須發揮「專門技術」的知識，瞭解其基本作業上有關的一切事項。

3.採購人員對於外界不當行為所加的一切壓力，必須予以排除。

4.採購人員之處事態度，應針對問題，常加改進。

(二)現代採購所須具備之倫理道德觀念

1.建立與供應商間之良好關係，買方應誠心地對待供應商。

2.提倡高度的採購道義標準，樹立優良的制度與作風。

 ## 第二節　餐飲採購部的職責

一、餐飲採購部的職責

採購部門之主要職責分述於後：

1.研究市場資訊，瞭解物價。

2.從事市場調查,選擇理想供應商。

3.採購條件與採購合約之簽訂。

4.確保貨源及時供應與服務。

5.採購物料驗收的查證與供應商售貨發票之處理。

6.採購單據憑證之處理。

7.採購預算之編製與價值分析。

8.各種物料及服務適時供應之管制與協調。

二、採購資訊之蒐集和預算

(一)採購市場調查之重要性

採購市場調查乃降低採購成本、獲取適當品質之最有效手段。

謹將採購市場調查的重要性分析如下:

1.採購市場調查所得資料情報可作為擬訂餐飲採購政策與計畫之參考。

2.可作為餐廳庫存量管理政策之參考。

3.有利於餐飲營運策略之擬訂。

4.可瞭解物料供應商目前之經營狀況及未來展望。

5.可獲得最新市場產品訊息,供決策單位參考。

(二)餐飲採購資訊的特性

■採購市場調查範圍廣泛

餐飲採購品涵蓋面甚廣,有魚肉類、蔬菜類、食品罐頭類、調味料、生財器具及日用品等等,舉凡日常生活所需幾乎全包括在內,對於這些物料之調查,有些須全面性調查,有些僅須區域性調查即可。

■採購市場調查需要豐富的專業知識

餐飲採購物料之種類繁多,且均屬專業性之特殊採購,對於其品

質與價格之調查原則不同，它除了須具備餐飲實務經驗外，需要應用之知識十分廣泛。

■採購市場錯綜複雜，不易掌握

採購市場本身是個極為複雜的市場，它不但富敏感性，且易受外在環境因素之影響，因此益加微妙而難以捉摸，要想瞭解此市場，若非藉助於完善的市場調查研究，委實難以探其究竟。

(三)餐飲採購預算之編列

■採購預算編訂之原則

近年來餐飲業管理概念，已逐漸重視預算編制，不像以往傳統餐飲業概念，認為採購僅是附屬於銷售或製造計畫，而認為採購是決定餐飲業成敗之要件。

■採購預算之功用

1. 採購預算可使採購數量與用料時間完全配合，可達適時供應之目的，不會產生有菜單卻無此道菜可供應之弊端。
2. 可避免因物料短缺而發生臨時高價採購之浪費。
3. 正確之物料採購預算可防止超購、誤購及少購之弊端。
4. 實施採購預算可增進營運效率、控制成本。
5. 採購預算可使企業單位在財務上早作準備，並可供有關部門彙編與核准預算數量之參考。

三、採購數量預算編製之方法

首先必須將所需採購之物料依其本身重要性分類處理，通常可分四大類：

1. 價值較高、價格較貴之物料，其需求數量又有時間性、季節性者，應預先予以估定，並應控制最低與最高存貨量者。

餐飲原料的採購、驗收、儲存與發放

2.凡物料價值高但不必確定存貨量者。

3.預算採購數量已確定，但未決定需用時間者。

4.僅在預算期間內列明採購總金額之其他項目。

一般決定物料採購數量預算之步驟為（如**表**10-1）：

1.先預估預算期內銷售所需物料數量。

2.根據預估銷售所需物料數量加上最低與最高存貨量，求出其需求量總數。

3.再以上述數量減去上期期末存量，即為預算期間內之最低與最高採購數量。茲將此計算方法表列於下：

生產需要量＋最高存貨限額－期末存貨＝最高採購限額
生產需要量＋最低存貨限額－期末存貨＝最低採購限額

表10-1　**請購單**

				第一次採購之新項目，請加註＊記號									
請購部門：＿＿＿＿用途：＿＿＿＿								日期：＿＿＿＿					
項目	規格	需求數量	上次採購記錄										
			日期	單位	數量	廠商	庫存量	廠商	報價	廠商	報價	廠商	報價

（副總經理）：財務課：＿＿＿＿採購部門主管：＿＿＿＿請購單位：＿＿＿＿請購人：＿＿＿＿

　　　　第一聯：倉庫　　　第二聯：採購單位　　　第三聯：請購單位

餐飲管理：重點整理、題庫、解答

第三節　餐飲採購的主要任務

一、品質與規範之表示

品質與規範的表示應注意之因素如下：

1. 品質的特性：採購某項物料，必須瞭解其使用的特質，分析哪些是主要條件，哪些是次要條件，即能配合實質需要並且能擴大供應來源，此為表現品質特性的基本原則。
2. 市場因素：即以物料來源為討論對象，包含對供應商的選擇與影響供應商的意願，此兩項為表示品質須注意之要素。
3. 經濟性：品質或規範的優劣程度，特製品與標準規格的取捨、包裝、運輸等，都與價格有關係，因此需加以慎重比較以後才做決定。
4. 技術發展與革新：由於技術的發展日新月異，代替品的選擇，發展中的物料，不宜隨便引用或作為規範表示的依據，我們對於各種物料，應隨時注意有關科技的發展與革新，否則便無法跟上時代的潮流。

二、規範與品質之種類

(一)一般規範型態分類

1. 商標或品牌。
2. 生產方式。
3. 規範標準。
4. 市場等級。
5. 圖面規範。
6. 標準樣品。

(二)一般品質條件分類

    1.依照樣品為準之品質。

    2.依照規範為準之品質。

    3.依照標準品為準之品質。

    4.依照廠牌為準之品質。

    5.規格標準化。

三、餐飲採購供應來源之選擇

選擇供應來源應注意事項如下：

    1.由於地利之便，本地之供應來源應列優先。

    2.為避免限於一種來源採購，必須對供應來源作一家或多家的選擇。

    3.忠誠度因素的選擇。

    4.互惠條件的選擇。

    5.指定廠牌之選擇。

    6.利益相互衝突的因素。

四、影響採購價格之因素

影響採購價格之因素列述如下：

    1.物料規格：各國之工業水準不同，因此在相同之規格情況下，其功能可能不相同，所以其價格就有差異。

    2.採購數量：採購數量不但要考慮買方的經濟力量，亦應考慮賣方的經濟生產量，因為採購數量的多寡，往往影響價格之高低。

    3.季節性之變動：例如農產品，如果能利用生產旺季採購，則價格必然合理，而且易獲較佳品質。

4.交貨期限：採購時對交貨期限的急緩會影響可供應廠商之參考或承售意願，因而對價格亦會有影響。

5.付款條件：對部分供應商如事先提供預付款則會降價供應，又如以分期付款方式採購機器設備，因其加上了利息，所以一般比現購價格為高。

6.供應地區：如果是國外採購，因採購國之遠近而使運費有很大之差距，因此貨價亦不同。

7.供需關係：市場供需數量與價格相互關聯，此乃經濟理論基礎，此外景氣或循環變動、通貨膨脹或緊縮等都會影響物價之高低。

8.包裝情形：物料之包裝用貨櫃裝運者與用散裝船裝運者不同，所以物價成本亦會受影響。

五、餐飲採購方式與合約

(一)報價採購

目前一般餐飲業之採購方式雖然很多，不過其中以報價採購較廣為人們所使用，此種採購方法乃最簡易之交易方式，因此較普遍。一般而言，報價種類雖多，但主要可分二大類，即確定報價與條件式報價等二種；其他尚有還報價、聯合報價、更新報價等等。

1.報價（firm offer）：所謂「確定報價」，係指在某特定期限內才有效的報價。

2.報價的一般原則：

(1)報價單上可附帶任何條件，這些附帶條件之重要性與主要項目一樣，常見之附帶條件如「本報價單有效時間至二〇〇二年十二月有效」、「本報價單僅限該批貨售完為止有效」等等。

(2)買方對於報價單內容一旦同意接受，則事後不得將它退回或

毀約。易言之，報價單所列附帶條件經接受後則不得撤回，此乃國際貿易之慣例。

(3)報價單之效期，須以報價送達對方所在地時始生效，並不是以報價人之報價日期為基準。

(4)報價之後尚未被買方接受時，賣方可撤回其報價。

(5)報價單若超過報價規定接受期限，則此報價即自動消失其效力，但若未規定時限，在相當期限內買方仍未發出接受函，此報價仍失效。

(6)報價若係電報內容誤傳，報價人不負此項錯誤之責。

(二)招標採購

■招標採購之程序

公開招標採購必須按照規定作業程序來進行，一般而言，招標採購之程序可分下列四大步驟，即發標、開標、決標、合約等四階段。茲分述於後：

1.發標（invitation issuing）：發標之前須對採購物品之內容，依其名稱、規格、數量及條件等詳加審查，若認為沒有缺失或疑問，則開始製發標單、刊登公告，並開始準備發售標單。

2.開標（open bids）：開標之前須先做好事前準備工作，如準備開標場地、出售標單，然後再將廠商所投之標單啓封，審查廠商資格，若沒問題再予以開標。

3.決標（award）：開標之後，須對報價單所列各項規格、條款詳加審查是否合乎規定，再舉行決標會議公布決標單，並發出通知。

4.合約（contract）：決標通知一經發出，此項買賣即告成立，再依招標規定辦理書面合約之簽訂工作，合約一經簽署，招標採購即告完成。

(三)議價採購

餐飲業所需之物料貨品種類繁雜，規格不一，有時須作緊急採購以應急，由於種種因素之關係，餐飲業者均較主張議價採購。

所謂的議價採購係指針對某項採購物品，以不公開方式與廠商個別進行洽購並議訂價格之一種採購方法。

(四)現場估價採購

買賣雙方當面估價之採購方式，其方法是自數家供應商取得估價單，然後雙方面洽其中的內容，一直到雙方認為滿意時才簽訂買賣合約。此種方式因有品質、服務及交貨期等問題，所以買方不一定向價格最便宜之供應商採購，但一般都已經事先做好品質調查，認為沒有問題的供應商才向其索取估價單，所以如果交貨期及服務等沒有問題時，大部分都向價格較便宜之供應商訂購。

(五)餐飲採購合約

一般買賣交易所訂定之合約，大都視採購物質之性質及其方式而訂立不同之條款，通常採購合約之種類如下：

■以交貨時間分類
　　1.定期合約（established term contracts）。
　　2.長期供應合約（continuing supply contracts）。

■以買賣價格分類
　　1.固定價格合約（fixed price contracts）。
　　2.浮動價格合約（floating price contracts）。

■以成立方式分類
　　1.書面合約。
　　2.非書面合約。

■以銷售方式分類

    1.經銷合約。

    2.承攬合約。

    3.代理合約。

第四節　驗收作業

一、驗收之意義與種類

(一)驗收之意義

    所謂驗收，是指檢查或試驗後，認爲合格而收受。檢查之合格與否，則需以驗收標準之確立，以及驗收方法之訂定爲依據，以決定是否驗收。所謂的驗收標準，其一是以物料好壞爲標準，其二是在驗收檢查時的試驗標準。

(二)驗收的種類

    採購物料之驗收，大體上來說可分下列四大類：

■以權責來分

    1.自行檢驗：係由買方自行負責檢驗工作，大部分國內採購物資均以此方式爲之。

    2.委託檢驗：由於距離太遠或本身缺乏該項專業知識，而委託公證行或某專門檢驗機構代行之。如國外採購或特殊規格採購適用之。

    3.工廠檢驗合格證明：係由製造工廠出具檢驗合格證明書。

■以時間來區分

    1.報價時之樣品檢驗。

2.製造過程之抽樣檢驗。

3.正式交貨之進貨檢驗。

■以地區分

1.產地檢驗：於物料製造或生產場地就地檢驗。

2.交貨地檢驗：交貨地點有買方使用地點與指定賣方交貨地點二種，依合約規定而定。

■以數量來分

1.全部檢驗：一般較特殊之精密產品均以此法行之，又名百分之百的檢驗法。

2.抽樣檢驗：係就每批產品中挑選具有代表性之少數產品為樣品來加以檢驗。

二、驗收的基本原則

驗收時所應注意的基本原則如下：

1.訂定標準化規格：規格之訂定涉及專門技術。通常由需用單位提出，要以經濟實用及能夠普遍供應者為原則，切勿要求過嚴。

2.招標單及合約條款應確切訂明：規格雖屬技術範疇，但是招標時乃列作審查之要件，蓋其涉及品質優劣與價格高低，故不得有絲毫含混。

3.設置健全的驗收組織，以專責成：有專設單位，方能設計出一套完善的採購驗收制度，同時對專業驗收人員施以高度的訓練，使其具有良好操守，以及豐富的知識與經驗，然後嚴密監督考核，以發揮驗收應有的功用。

4.採購與驗收工作必須明白劃分：近代採購工作講究分工合作。直接採購人員不得主持驗收的工作，以發揮內部牽制作用。再細分之，則驗收與收料人員之職能，亦宜加以劃分。

5.講求效率：無論在國內或國外採購，驗收工作應力求迅速確實，儘量減少售方不必要的麻煩，不可只求近利，忽略後患，廠商必須瞭解，一切費用與風險，全部估算在購價之內。

三、驗收的準備工作

驗收工作應行準備的事項於下：（如**表10-2**）

1.預定交貨驗收時間：採購合約應訂明期限，包括製造過程所需預備操作時間，供應物資交貨日期，特殊器材技術驗收時所需時間，或採分期交貨之排定時間。
2.交貨驗收地點：交貨驗收的地點，通常依合約的指定地點為之。若預定交貨地點因故不能使用，必須移轉至他處辦理驗收工作時，亦應事先通知檢驗部門。

表10-2　驗收報告單

驗收報告單									
來源：						訂貨日期：			
編號：						收貨日期：			
物品名稱	數量		規格廠牌	重量	單位	單價	總價	備註	驗收員簽字
	訂貨	實收							
第一聯：會計部					第三聯：採購部				
第二聯：驗收部					第四聯：倉庫（廚房）				

餐飲管理：重點整理、題庫、解答

3.交貨驗收數量：檢驗部門依合約所訂數量加以點收。

4.交貨時應辦理手續：每次交貨時由訂約商列具清單一式若干份，在交貨當天或交貨前若干天送主辦驗收單位，同時在清單上註明交付物品的名稱、數量、商標編號、毛重量、淨重量，以及運輸工具之牌照號碼、班次、日期及其他尚需註明事項，以作準備驗收工作之用。

5.簽約廠商的責任：

(1)交貨前之責任：應負責至所交物品全部交貨完畢為止。在收貨人倉庫儲藏期間發生缺少或損害，而係屬於不可預防偶然發生事項或屬於採購機構的過失者，訂約商可不負賠償之責。

(2)交貨後之責任：一般處理方法有異，視其實際情形及協議而定。

6.驗收職責：一般而言，國內供應物資的驗收工作，都由買賣雙方會同辦理，以昭公允。如有爭執，則提付仲裁。國外採購因涉及國際貿易，通常皆委託公證行辦理：

(1)實際驗收工作時間之執行：驗收的時間，視實際需要而定，一般以儘速盡善為準，不可拖延太久，妨礙使用時效，或竟遭致物議，皆有不宜，故應明確規定驗收工作時間。

(2)拒絕收貨之貨品處理：凡不合規定的貨品，應一律拒絕接受。合約規定准許換貨重交者，待交妥合格品後再予發還，應該依合約規定辦理。

7.驗收證明書：買方在到貨驗收之後，應給售方驗收證明書。如因交貨不符而拒收，須詳細載明原因，以便洽辦其他手續。上項驗收結果，並應在約定期間內通知賣方。

四、驗收的方法

1.一般驗收：所謂一般驗收，又可稱為目視驗收，凡物品可以一

般用的度量衡器具依照合約規定之數量予以秤量或點數。

2.技術驗收:凡物質非一般目視所能鑑定者,須由各專門技術人員特備的儀器作技術上的鑑定,稱之為技術的驗收。

3.試驗:所謂試驗,是指通常物資除以一般驗收外,如有特殊規格之物料,必須做技術上之試驗,或須專家複驗方能決定。

4.抽樣檢驗法:凡物資數量龐大者,無法逐一檢驗,或某些物品一經拆封試用即不能復原者,均應採取抽樣檢驗法辦理。

 **第五節　倉儲作業**

一、倉儲之意義

所謂「倉儲」,就是將各項物料依其本身性質之不同,分別予以妥善儲存於倉庫中,以保存足夠物料以供銷售,並可在某項食品物料最低價時,予以適時購入儲存,藉以降低生產成本。

現代倉庫管理的目的如下:

1.有效保管並維護物料庫存之安全,使其不受任何損害,這是倉庫管理最主要的目的。為達此目的,倉庫設計必須要注意防火、防潮、防盜等措施,並加強盤存檢查,以防短缺、腐敗之發生。

2.倉庫良好的服務作業,可協助產銷業務。

3.倉庫應有適當空間,以利物品搬運進出,儲藏物架之設計須注意人體工程力學,切勿太高。

4.提供實際物料配合採購作業。

5.有些物料如在儲存期間發生品質變化,可隨時提供作為下次採購改進之參考。

6.有效發揮物料庫存管制之功能,以減少生產成本。

7.縮短儲存期,可減低資金凍結,減少殘呆料之損失。

8.改善倉儲空間，加速存貨率周轉，以促進投資報酬之提高。

二、中央倉儲之意義

中央倉儲之優點為：

1.大量儲存，節省空間。

2.集中作業，可減少分散工作之重複，並減少用人，有利分工。

3.便於集中檢驗及庫存之控制。

4.物料儲存集中，可以互通有無。

5.監督方便，可增進管理效率，且便於興革。

在倉庫管理之措施上，應考慮各餐廳本身營業性質、銷售量大小，以及儲存物特性，來決定是否採用集中化，絕不可誤以為中央集權式倉庫即為現代倉儲管理之萬靈丹，設置與否，端視各餐廳本身實際需要而定。

三、倉儲地區之條件

(一)倉庫設計之基本原則

1.首先確定建倉庫之目的與用途，分別作不同之設計，並估計其預期之效果。（如圖10-2）

2.選擇倉庫場地，必須先排除各種不利因素，配合將來發展之設計。

3.適當地設計倉庫之佈置與排列。

4.必須考慮到儲存物料之種類與數量。

5.注意物料之進出與搬運作業。

6.考慮使用單位之需求，並加妥善存放。

7.考慮物料在倉庫內之動向與機械化之配合。

良好方式

最佳方式

典型方式

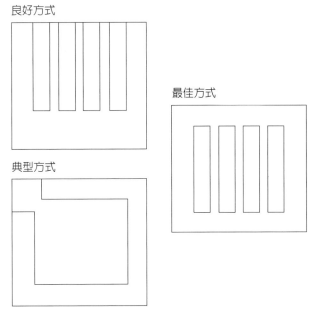

圖10-2　倉儲位置設計圖

資料來源：Douglas C. Keister, *Food and Beverage Control*. 1977. p.239. Reprinter by
Permission of Prentice-Hall, Inc. Engle-wood Ciffs. N. J.

(二)倉儲地區應具備之基本條件

1.能夠供給有效組織化的空間。

2.能顧慮到盤存數量的變化與需要彈性。

3.便於材料之收發、儲存與控制。

4.減少倉儲費用。

5.能依儲存品之性質予以適當分類，以利盤存。

6.能考慮儲存之作業流程，如採先進先出法。

7.能適應新型機械設備之操作。

(三)適當之儲存方式

適當的儲存方式可分為三種：

1.分類式。

2.索引式。

3.混合式。

四、倉儲設施之選擇

現代化倉儲設施種類很多，但具有代表性的不外乎乾貨儲藏庫及日用補給品儲藏庫，乾貨儲藏庫尤其重要。茲將乾貨儲藏庫設計原則說明如下：

1.儲藏庫必須要具備防範老鼠、蟑螂、蒼蠅等的設施。

2.廚房之水管或蒸氣管線路應避免穿越此區域，若是無法避免，則必須施以絕緣處理，務使該管路不漏水及散熱。

3.高度以四呎至七呎之間為標準。

4.儲藏庫須設有各式存放棚架，如不鏽鋼架或網架。所有儲存物品不可直接放置地板上。各種存物架之底層距地面至少八吋高。

5.儲藏庫面積之大小，乃視各餐廳採購政策、餐廳菜單，以及物品運送補給時間等因素來作決定。

6.儲藏量最好以四天至一週為標準庫存量，因倉庫太大或庫存量過多，不僅造成浪費，且易形成資金閒置與增加管理困難。根據統計分析，每月每倉庫耗損費用約為儲藏物品總值的0.5%，包含利息、運費、食品損失等項目在內。

五、食物的儲存方法

1.冷藏食物預防冷氣外洩。

2.煮熟的食品或高溫之食品必須冷卻後才可冷藏（如**表10-3**）。

3.水份多的或味道濃郁的食品，需用塑膠袋綑包或容器蓋好。

4.食品存取速度須快，避免冷氣外洩。

表10-3　幾種常用的解凍方法

解凍方法	時間	備註
冰箱之冷藏室	6小時	時間充裕時用之，以低溫慢速解凍。
室溫	40~60分	視當天氣溫而異。
自來水	10分	時間不充裕時用之，但必須用密封包裝一起放入水中，以防風味及養份流失。
加熱解凍	5分	用熱油、蒸氣或熱湯加熱冷凍食品，非常快速，若想解凍、煮熱一次完成，則加熱的時間要延長些。
微波烤箱	2分	按不同機型的說明進行解凍。

5.冰庫冰箱定期清洗和保養。

6.冷凍過之食品，不宜再凍結儲存。

食物之儲存，必須依其性質分別儲存（如**表10-4**），茲將各類食品儲存方法介紹於後：

(一)肉類儲存法

肉和內臟應清洗，瀝乾水分，裝於清潔塑膠袋內，放在凍結層內，但也不要儲放太久。若要碎肉應將整塊肉清洗瀝乾後再絞，視需要分裝於清潔塑膠袋內，放在凍結層，若置於冷藏層，其時間最好不要超過二十四小時，解凍過之食品，不宜再凍結儲存。

(二)魚類儲存法

魚除去鱗鰓及內臟，沖洗清潔，瀝乾水分，以清潔塑膠袋套好，放入冷藏庫內，但不宜儲放太久。

(三)乳製品之儲存

罐裝奶粉、煉乳和保久乳類，應存於陰涼、乾燥、無日光或其他光源直接照射的地方。

1.發酵乳、調味乳和乳酪類，應儲存於冰箱冷藏室中，溫度在5℃以下。

表10-4 食物冷藏及冷凍之安全期

食品種類 \ 保存期限	開封前		開封後	
	溫度	期間	溫度	期間
乳製品				
牛奶	7℃以下	約7日	7℃以下	1-2日
人造奶油	7℃以下	6個月	7℃以下	2週內
奶油	7℃以下	6個月	7℃以下	2週內
乾酪	7℃以下	約1年	7℃以下	儘早使用
鐵罐裝嬰兒奶粉	室溫	約1年半	—	3週
冰淇淋製品	-25℃	—	—	儘早食用
火腿香腸類				
里肌火腿、蓬萊火腿	3-5℃	30日以內	7℃以下	7日以內
成型火腿	3-5℃	25日以內	7℃以下	5日以內
香腸（西式）	3-5℃	20日以內	7℃以下	5日以內
切片火腿（真空包裝）	3-5℃	20日以內	7℃以下	5日以內
培根	3-5℃	90日以內	—	—
水產加工品				
魚肉香腸、火腿（高溫殺菌製品、PH調製品、水活性調製品）	室溫	90日以內	7℃以下	7日以內
魚糕（真空包裝）	7℃以下	15日以內	7℃以下	7日以內
魚糕（簡易包裝）	7℃以下	7日以內	7℃以下	3日以內
冷凍食品				
魚貝類		6-12個月		
肉類		6-12個月		
蔬菜類	-18℃以下	6-12個月	—	—
水果		6-12個月		
加工食品		6個月		

2.冰淇淋類：應儲存於冰箱冷凍庫中，溫度在-18℃以下。

3.乳製品極易腐敗，因此應儘快飲用，如瓶裝乳品最好一次用完。

(四)蔬果類及穀物類之儲存

■蔬果類

先除去敗葉、灰塵或外皮污物，保持乾淨，用紙袋或多孔的塑膠袋套好，放在冰箱下層或陰涼處，趁新鮮食之，儲存愈久，營養損失愈多，冷藏溫度5℃～7℃。

■穀物類儲存方法

1.放在密閉、乾燥容器內，並置於陰涼處。

2.勿存放太久或置於潮溼之處，以免蟲害及發黴。

3.去除薯類表面塵土及污物，用紙袋或多孔的塑膠帶套好，放在陰涼處。

(五)酒類儲存要領

1.放置於陰涼處。

2.勿使陽光照射。

3.密封箱裝勿常搬動。

4.儘量避免震盪而使酒類喪失原味。

5.標籤瓶蓋保持完好（標籤向上或向下）。

6.不可與特殊氣味併存。

啤酒是唯一愈新鮮愈好的酒類，購入後不可久藏，在室內約可保持三個月不變質，保存最佳溫度為6℃～10℃。此外，啤酒存放冰箱冰涼後，應待要飲用時再取出，不可在回溫後再放入冰箱，反覆如此，啤酒易發生混濁或沉澱現象。

六、倉儲作業須知

(一)食品儲藏不當之原因

1.不適當的溫度。

2.儲藏的時間不適當，不作輪流調用。如把食物大量堆存，當需要時由外面逐漸取用，因此使某些物品因堆存數月以致變質不能使用。

3.儲藏時堆塞過緊，空氣不流通，致使物品損壞。

4.儲藏食物時未作適當的分類。有些食品本身氣味外洩，若與其他食物堆放在一起，易使其他食物變質。

5.缺乏清潔措施，致使食物損壞。

6.儲存時間的延誤。食物購進後，應即時將易腐爛之食物分別予以冷藏或冷凍。如有魚肉、蔬菜、罐頭食品等，應先處理魚肉，其次蔬菜，最後罐頭食品，以免延誤時間，致使食物損壞。

(二)倉儲作業原則

1.專人負責：負責場所整頓、清潔及貨品出入日期、數量之登記。

2.貨品分類：貨品應分類存放並記錄，常用物品應置於明顯且方便取用之處，易造成污染之物品（如油脂、醬油）應放於低處。

3.舖設棧皮與放物架：食品、原料不可直接置於地上，放物架應採用金屬製造。

4.通風良好：倉儲內應有良好的通風，以防止庫內溫度過高，因此最好能裝設溫度計。

5.有良好採光，並有完善措施以防病媒侵入。

6.定期清理，確保清潔。

7.應設置貨品儲存位置平面點與卡片，並記錄出入庫貨品的品名、數量及日期。

8.貨品存放時應排列整齊，不可過擠。

第六節　發放管理

一、發放之意義與重要性

(一)發放之意義

　　庫藏作業之功能乃在使物料得以妥善保管，防止損耗與流失。至於發放之意義有二：積極方面係在使庫藏品能依產銷運作需求，適時適量地迅速供應，以提高餐飲生產力；消極方面是在管制庫存量，防止庫藏品之浮濫提領或盜領，使物料進出得以有效管制，進而建立良好成本控制概念。

(二)發放之重要性

　　倉儲發放管理，近年來備受餐飲業者所重視，究其原因不外乎有下列幾點：

1. 防範庫存品之流失與浪費：庫藏與發放乃一體之兩面，表面上其性質迥異，但實質上其作用是相同的，均係為妥善保護庫藏品免於無謂浪費，完備倉儲發放作業可完全管制庫存，免於浮濫領用之缺失。
2. 可防範庫存品之損壞或敗壞：倉儲發放作業，一般均係採先進先出（first in first out）之存貨轉換法，以便先購物品先發放使用，以免庫藏時間過久而造成損壞。
3. 有效控制庫存量，減少生產成本：發放管理能確實控制庫存量，使庫存品保持基本存量，不但可避免累積過久而陳舊腐敗之弊，更可避免公司大量資金之閒置。
4. 有利於瞭解餐廳各有關部門之生產效率與工作概況：餐飲管理部可從物料進出帳卡中來瞭解各單位對庫存品之領用。

二、發放作業須知

(一)庫存品發放作業流程

庫存品發放作業須依一定程序辦理，茲將其發放作業流程列表於後：

1. 申請單之填寫：由使用單位人員提出所需提領之物料申請單，依規定格式詳細填寫並簽名。（如**表10-5**）
2. 單位主管簽章：申請單由申請人填妥後，須先送所屬單位主管簽章核可。
3. 倉儲主管簽章：申請單位主管簽章後，再將此申請單送交倉儲單位主管審核無誤後，轉交倉庫管理員如數核發。
4. 物料發放：倉儲管理員根據核可之物料申請單開立出庫憑證，如數發貨。
5. 庫存表之填寫：倉庫管理員根據出貨憑單，每日統計並填寫庫

表10-5 物料領用單

領料單						
領用部門：				月　日　NO.		
品名	規格	單位	數量		金額	
			請領數	實發數	單價	小計
合計						
備註						

領料人：　　　　　主廚／部門主管：　　　　倉庫保管員：

存日報表，且於每月定期或不定期盤存，並製作月報表呈核。

(二)倉庫管理員簽出庫憑證

1.申請單。
2.物料發放。
3.申請單位主管。
4.統計。
5.倉庫部主管。

三、發放作業應注意事項

餐廳庫房為求有效管理物料進出帳目之確實，以確實掌握餐廳財物用品與物料管理，在發放作業時，必須注意下列幾點：

1.由使用單位如廚房、餐廳、酒吧等，提出出庫領料單。
2.各負責主管簽名或蓋章之出庫傳票發出，無簽蓋之申請不能發出，領用手續要求齊全，使帳目清楚。
3.發出程序應迅速簡化，以達餐飲業快速生產銷售之特性。
4.發交廚房之物料，只發每日的需要量，尤其是較昂貴的食物原料更須如此。
5.乾貨存庫量以五天至十天為標準。
6.每日應分別依各單位提領的物料分類統計。
7.月終時應依據當月之領料申請實施倉庫盤存清點，亦可不定期實施盤存清點，以杜絕浪費等流弊。

一、簡答題

(一)試寫出現代餐飲採購研究之目的。

　答：現代餐飲採購研究之主要目的乃在提供採購部門各項資訊，
　　　確定採購人員之職責，釐訂標準採購作業程序，以提高餐飲
　　　採購效率，降低營運成本，增進營業利潤。

(二)請寫出餐飲業在生產過程中的三大步驟。

　答：現代化的採購管理、物料的籌供管制、運輸倉儲。

(三)適當的倉儲方式可分為哪幾種？

　答：分類式、索引式、混合式。

(四)試寫出餐飲成本控制基本作業之主要步驟。

　答：採購、驗收、儲存、發放。

二、問答題

(一)請寫出倉儲的主要目的。

　答：保存足夠的食品原料及各項餐飲用品，以備不時之需，並予
　　　有效保管與維護，將物料因腐敗或遭偷竊所受之損失降至最
　　　低程度。

(二)請寫出倉儲作業發放之意義。

　答：積極方面係在使庫藏品能依產銷運作需求，適時適量地迅速
　　　供應以提高餐飲生產力；消極方面是在管制庫藏品之浮濫提
　　　領或盜領，使物料進出得以有效管制，進而建立良好成本控
　　　制概念。

(三)採購市場調查的重要性為何？

答：餐飲事業之本質為服務，易言之，餐飲業是一種服務性事業，其服務之對象為社會大眾，為達此目標，非運用「低價格，高服務」之原則不可。因此任何餐飲業者為求有效營運，無不汲汲於市場調查，竭盡其所能研究減低採購成本，提高營運利潤之方法，而採購市場調查乃降低採購成本，獲取適當品質之最有效手段。

謹將採購市場調查的重要性分述如下：

1.採購市場調查所得資料情報可作為擬訂餐飲採購政策與計畫之參考。

2.可作為餐廳庫存量管理政策之參考。

3.有利於餐飲營運策略之擬訂。

4.可瞭解物料供應商目前之經營狀況及未來展望。

5.可獲得最新市場產品訊息，供決策單位參考。

Chapter 11
餐飲控制

第一節　餐飲服務質量控制

一、確立標準，完善制度

要使餐飲服務達到規範化、程序化、系統化和標準化，保持餐飲質量的穩定性，明確具體的標準和科學完善的制度是基本的保證。

二、充當客人，實地檢查

餐飲部爲了有效掌握餐飲質量狀況，可以透過陪客人吃飯或在不打招呼的情況下突然光臨餐廳點菜吃飯，來感受就餐的氣氛、觀察服務水準，檢查菜餚質量。這種方法往往能找到一般檢查所不能發現的問題。

餐飲製作必須注重質量的穩定性

三、深入現場，例行檢查

我們說，判斷來自感受，感受來自現實，現實—感受—判斷，這就是人們對事物的認識規律。

服務現場必須具備三個基本要素：

1.服務對象：即被服務者——客人。
2.服務者：即提供服務的人——服務人員。
3.服務條件：包括作爲提供服務物質條件的設施、材料和進行服務活動的場所。

四、利用間接材料進行檢查

餐飲部對餐飲質量的檢查，還可透過其他間接材料進行，如各種報表、顧客意見書。

第二節　餐飲成本控制

一、食品原材料成本控制

食品原材料成本的高低，主要取決採購、驗收、庫存、製作等四大環節。餐飲部不可能對具體業務進行控制，關鍵是要指導、督促餐飲及有關部門建立完善的各項制度，並及時檢查執行情況。

(一)健全採購制度

採購是食品原料成本控制中的首要環節。採購的數量、規格、質量和價格如何，將直接關係到食品原材料成本的高低。

1.供貨單位的地理位置、交易條件、服務條件如何。

2.對本飯店餐飲的經營策略是否理解，並且是否願意全力協助。

3.供貨單位的信譽如何，是否穩定，是否可長期合作。

4.能否提供有關商品和消費的情報。

5.能否提供本飯店餐飲經營所必須的商品種類、數量和質量。

其次，要建立標準化的採購程序，也應要求在原採購人員因事離開工作崗位時，其他人能順利接替工作。標準化的採購程序主要包括採購申請書、定購單和進貨回單。

(二)完善的驗收與庫存制度

驗收是指驗收人員檢驗購入商品的質量是否合格，數量是否準確無誤。驗收制度，就是對驗收人員、驗收項目、要求及程序的具體規定。庫存制度則是在入庫、儲存、出庫等方面的規定。驗收、庫存制度，主要應注意以下幾個方面：

1.要有專人驗收，並且做到相互牽制。

2.要明確規定驗收的項目及具體要求。

3.要規定驗收的程序和各種表單的填報。

4.要有完善出、入庫的手續，做為準確無誤。

5.各種商品要分類存放、達到衛生防疫要求，並且做到先進先出。

6.要明確規定各類商品的存放溫度和最長儲存時間，防止食品腐爛、變質或缺乏新鮮度。

7.要規定合理的儲存定額，既要避免庫存物品的積壓，又要防止供不應求，影響餐飲的正常經營。

8.要建立盤存制度，防止和堵塞各種漏洞。

(三)加強烹調標準化，有效控制食品成本

食品從原料到成品，必須經過一系列的加工製作過程，如果不加控制，就會出現浪費現象。

(四)完善的表格制度

要有效控制食品原料成本，還必須充分發揮各種表單的作用。在餐飲運轉中，要利用表單進行控制，並進行監督。

凱悅大飯店有多個廚房，每個廚房基本都有自己的洗滌切配場地，各自加工。他們現在建立統一的切配中心，根據各廚房需求總量統一進貨，統一驗收，然後按照要求加工成食品原料。這樣不僅提高了經濟效益，而且還帶來了其他效應。

二、費用支出的控制

食品成本水準的高低，決定著觀光大飯店的毛利水準，要增加利潤，還須嚴格控制屬於成本範圍的費用支出。主要應把握住以下四個基本環節：

1. 確定科學的消耗標準：根據上年度的實際消耗額以及透過消耗合理程度的分析，確定一個增減的百分比，然後，以此為基礎確定本年度的消耗標準。

2. 嚴格預算，核准制度：餐飲部用於購買食品飲料的資金，由飯店核定一定量的流動資金，由餐飲部支配使用，但必須事先列出預算，報餐飲部核准，不得隨意添置和選購。臨時性的費用支出，也必須提出申請，統一核准。

3. 完善各種責任制：要控制各種費用，還必須落實各種責任制，做到分工明確，使專人負責和團體控制相結合，並且要把控制好壞與每個人的物質利益結合起來。

4. 加強核算和分析：觀光大飯店必須建立嚴格的核算制度，定期分析費用開支情況，如計畫與實際的對比、同期的對比、同行對比，費用結構的分析，影響因素的分析等。

三、餐飲考核

根據餐飲在觀光大飯店中的地位和管理的基本要求，餐飲部對餐飲的考核，主要包括以下幾個方面：

1. 營業收入：這是表現餐飲工作量和經濟效益的主要指標。營業收入的高低，在一定程度上也反映了客人對餐飲工作的滿意程度。

2. 毛利率：這是影響餐飲銷售，直到整個飯店銷售的關鍵，也是關係到飯店經濟效益的關鍵。

3. 利潤：這是表現餐飲管理水準的綜合指標。以上三項以財務報表為依據。

4. 服務品質：如餐廳佈置、儀表儀容、服務態度、服務項目、服務效率、服務方式、食品衛生等。它主要根據各種檢查結果和客人的意見表來加以評定。

5. 工作品質：根據平時的檢查和有關職能部門的統計材料來進行考核。該指標一般作為參考標準，作為提高或改進工作的依據。

第三節　生產流程控制

廚房的生產流程主要包括加工、配份、烹調三個程序，控制就是對生產質量、產品成本、製作規劃加以掌控，在三個流程中加以檢查督導，隨時控制一切生產性誤差。保證產品一貫的質量標準和優質形象，保證達到預期的成本標準，消除一切生產性浪費，保證員工都按製作規範操作，形成最佳的生產秩序和流程。

一、制訂控制標準

生產控制必須有標準，設有標準就無法衡量，就沒有目標，也就無法實行控制。管理人員必須首先規定要生產製作這種產品的質量標準，然後需要經常監督和評價，確保產品符合質量要求，符合成本要求。通常有以下幾種形式：

(一)標準菜單

標準菜單可以幫助餐飲部統一生產標準，保證菜餚品質的穩定。使用它可節省生產時間和精力，避免食品的浪費，並有利於成本核算和控制。

(二)標準量菜單

標準量菜單就是在菜單的菜名下面，分別列出每個菜餚的用料配方，用它來作為廚房備料、配份和烹調的依據。由於菜單同時也送給客人，使客人清楚地知道菜餚的規格，達到了讓客人監督的作用。

(三)生產規格

生產規格是指三個流程的產品製作標準。它包括了加工規格、配份規格、烹調規格，用這種規格來控制各流程的製作。加工規格主要是對原料的加工原定用料要求、成形規格、質量標準。配份規格主要是對具體菜餚配製規定用料品種和數量。烹調規格主要是對加熱成菜規定調味汁比例、盛器規格和盛裝形式。

二、控制過程

在制訂了控制標準後，要達到各項生產標準，就一定要有訓練有素、知曉標準的生產人員，在日常的工作中有目標地去製作，管理者應一貫地高標準嚴格要求，保證製作的菜餚符合質量標準，因此生產

控制應成為經常性的監督管理的一部分內容。進行製作過程的控制是一項最重要的工作，是最有效的現場管理。

(一)加工過程的控制

加工過程包括了原料的初加工和細加工，初加工是指對原料的初步整理和洗滌，而細加工是指對原料的切割成形。在這個過程中應注意加工出淨率，它是影響成本的關鍵，控制應規定各種出淨率指標，把它作為加工廚師工作職責的一部分，尤其要把昂貴食品的加工作為檢查控制的重點。

(二)配份過程的控制

配份過程的控制是食品成本控制的核心，也是保證成品質量的重要環節。在配份時如果每份五百克的菜餚，只要多配二十五克，那麼就有百分之五的成本被損失，這種損耗即使只佔消售額的百分之一，也是十分可觀的，因為餐飲成功的管理要取得的利潤幅度，一般是銷售額的百分之三到五，所以某一種或幾種產品損失掉銷售額的百分之一到二，就相當於丟掉成功經營一半的利潤，所以配份是食品成本控制的核心。

(三)烹調過程的控制

烹調過程是確定菜餚色澤、質地、口味、形態的關鍵，因此應從烹調廚師的操作規範、製作數量、出菜速度、成菜溫度、剩餘食品等五個方面加強監控。必須督導爐灶廚師嚴格按操作規範工作，任何圖方便的違規做

烹調過程中應注意色澤、質地、口味

法和影響菜餚質量的做法都應立即加以制止。其次應嚴格控制每次烹調的生產量，這是保證菜餚質量的基本條件。

三、控制方法

爲了保證控制的有效性，除了制訂標準、重視流程控制和現場管理外，還必須採取有效的控制方法。常見的控制方法有以下幾種：

(一)程序控制法

按廚房生產的流程，從加工、配份到烹調的三個程序中，每一道流程都應是前一道流程的控制點，每一道流程的生產者，都要對前一道流程的食品質量，實行嚴格的檢查控制。

(二)責任控制法

按廚房的生產分工，每個崗位都擔任一個方面的工作，責任分工制要體現生產責任。首先，每位員工必須對自己的生產質量負責。其次，各部門必須負責對本部門的生產質量實行檢查控制。

(三)重點控制法

對那些經常和容易出現生產問題的環節或部門，作爲控制的重點。

第四節　餐飲成本類型

一、餐飲成本的類型

餐飲成本三要件（材料、勞務、經常費）僅是一種概念，對於成本的分析僅具基本的參考作用。這是靜態的成本，而動態的成本則和

銷售量有關係。以這種標準而言，成本還可分為四種類型：

1. 固定成本：這些成本不管銷量的變化如何，它們都是一定的，例如稅捐、租金、保險費等。

2. 半固定成本：這些成本雖會受到銷售量的變動而有所增減，但其增減並不會成正比，例如燃料費、電話費、洗滌費等。

3. 可變成本：這些成本和銷售量的大小有密切關係，它們的變化和銷售量的變化成正比例，例如食品、飲料。

4. 總成本：這是上述三類成本的總和。最後和營業利潤發生關係的就是這種成本。

二、餐飲成本之控制要件

1. 標準的建立與保持：任何餐飲營運，在根本上均建立一套營運標準，而這類標準卻是各有不同，例如連鎖國際觀光旅館的營運標準就不同於一般餐廳。

2. 收支分析：這種分析僅指餐飲營運的收支而言。收入分析通常是以每一次的銷售為分析目標，其中包括餐飲銷售量、銷售品、顧客在一天當中不同時間的平均消費額，以及顧客的人數。

3. 餐飲之定價：餐飲管制的一項重要目標是為菜單定價（包括筵席報價）提供一種健全的標準。

4. 防止浪費：為了達到營運業績的標準，成本管制與邊際利潤的預估是很重要的。

5. 杜絕矇騙或詐欺：監察制度必須能杜絕或防止顧客與店員可能有的矇騙或詐欺行為。

6. 營運資訊：監察制度的另一項重要任務是提供正確而適時的資訊，以備製作定期的營業報告。

三、餐飲成本控制特性

餐飲成本控制較之於其他企業的物料管制要困難得多，其主要理由約有五項分述於下：

1. 產品的易腐性：餐廳的食品無論是生的或已烹煮過的都是易於腐敗的，而且保存的壽命也有一定的限度。
2. 營業量的不可預測性：餐廳在其營業方面可以說是典型的不可預測性，因為每天都會有變化。
3. 菜單的調度難於恰如其分：為了競爭及滿足市場或顧客的需求，餐廳業者往往會將其菜單上的項目列出相當多的菜名，以供顧客有較多的選擇。
4. 營業循環週期短暫：餐飲營運較之其他事業不容易做時間管制，主要的理由是採購進來的食品材料通常都是要在當天處理，當天售出，最遲也只能夠拖到第二天或第三天。所以在成本報表方面需要每天製作，最遲也要一個禮拜製作一次。
5. 營運上分門別類：餐飲營運上往往會有幾個生產與服務部門，在不同的營運方向下供銷不同的產品。因此每一種生產與銷售活動會有不同的營業成果，這自然會給營運帶來若干困擾。

第五節　員工成本控制

在餐廳和飲食業中，員工成本已經變得愈來愈重要，由於組織工會、勞動基準法、社會保險和許多的員工福利，在一些飲食供應中，勞工成本已經相當於或高於食物成本了。

一、員工成本的定義

在薪資表上，付予員工的直接或間接的費用，都可稱為員工成本。

1.薪水和工資（包括加班費）。

2.假期和節日的加班費。

3.員工餐點費。

4.員工健康保險費。

5.員工勞工保險費。

6.住院、生命和意外保險。

7.養老金和退休金。

二、成本的影響分析

當價格提高時，像食物成本、員工成本的分配比率就比較合理，數量的增加或減少，對食物和勞工的成本比率，影響差異很大。提高或維持供應數量，就可以自動降低勞工成本的比率，並增加大量的利潤。

(一)工作記錄與應用分析

必須保存員工的工作時間記錄，這些記錄是填寫薪資表所必須的，而且對統計也有價值。另外，為了控制員工成本，首先必須一項項分析員工個人的工作項目，以判斷是否已經有效率地人盡其才：

1.公司的主管熱衷於職業分析，而分析員必須對整個程序加以負責，並盡可能委託更多的責任給其他人：

　(1)做問卷調查，給同樣工作的員工填寫，分析人員比較這些問卷後，選擇比較具有代表性的，做完整的職業記述。

　(2)訓練每一位公司主管，都能夠履行分析公司的能力。

(3)結合前面兩種方法。

2.員工明瞭職業分析的目的，以及在他們工作上所顯現的益處。

3.在小型的餐飲業中，所有人都可以分析他自己，在大型的組織中，分析工作就可以經由其他對這項工作有興趣的人來做。

(1)職業分析表。

(2)體格條件表（列出這些職業對體格的要求項目）。

(3)職業特殊才能表。

4.從獲得的職業資料中，使用提出問卷調查和個人的複述兩種方法。

5.通知公司主管進行的程序，給他們在安排員工和時間的忠告和建議。

(二)膳食的供應

膳食供應的生產量，一日日一週週都要有變換，例如餐廳在星期五的晚餐，供應五百份，到星期日早餐，可能就降到三十五份。要將計畫有效率地應用在膳食供應中，可以依照下列幾點：

1.分配輪班計畫：服務生、女服務生和會計可以分配在中午時間工作，然後一直休息到晚餐才又上班。

2.規則性的計畫：有些員工可以計畫從中午開始工作，一直工作到隔天整天，要注意不要有些人工作過多，或造成許多不便。

3.使用工讀的員工：工讀生可以廣泛地應用在供應許多種食物的餐飲業中。例如，供應數量集中在中午用餐時間，就只需一組全天班的員工就夠了，為培養餐飲專業人才，餐廳更應與學校建教合作。

(三)員工工作表的使用

員工工作表是一種有效率的員工控制計畫，它是以當天每餐供應的顧客數目為主，所作的分配員工工作的計畫表。

餐飲管理：重點整理、題庫、解答

(四)勞工成本的預算

不管是全天班或工讀，現代化的管理原理，對所謂的「預算」，是將人力和金錢、物質或機器計算在內。

(五)員工成本與其他成本之比較

核對真正的勞工成本的方式，以比較性的最有用。

1. 利潤和損失資料的比較：以記錄的利潤損失的資料，或圖表指數做比較。
2. 不同單位的成本比較：以同樣的管理方法，管理不同的供應據點，以比較他們之間的差異。
3. 以工作時數作比較：在公司中，所有員工的某段工作總時數和另一段時數作比較。
4. 比較每餐員工工作時數所賣的數量：可以以收銀機內的記錄作比較。
5. 根據每位員工工作時數中，服務的顧客數目作比較。

三、以系統分析做成本控制

較成功的系統是僅由勞工成本這部分所構成的，它會受販賣數量的波動而改變。如此一來，成本愈低，就愈容易運作。餐廳要做系統分析時，可以採取下面的步驟：

1. 經理應先預測一星期的供應數量。
2. 公司的管理人必須以預測和管理顧問所繪製的員工時數指線為基本，做他們一星期的人力預算。
3. 管理人再根據人力預算，做一星期的工作程序表。
4. 會計部門應該每天分析比較，真正的工作時數和預算的工作時數降低勞工成本的方式。

除了增加販賣的數量外，還有許多降低勞工成本的方式。

1.用機器取代人工，或輔助人工。

2.重新安排廚房和供應區的設備，以節省程序。

3.將工作簡化的方法應用到所有的工作和程序。

4.要再次排定員工，以適應工作的波動。

一、簡答題

(一)如何控制餐飲服務質量？

　　答：1.確立標準，完善制度。

　　　　2.充當客人，實地檢查。

　　　　3.深入現場，例行檢查。

　　　　4.利用間接材料進行檢查。

(二)服務現場必須具備哪三個基本要素？

　　答：1.服務對象：即被服務者──客人。

　　　　2.服務者：即提供服務的人──服務人員。

　　　　3.服務條件：包括作為提供服務物質條件的設施、材料和進行服務活動的場所。

(三)要增加利潤，還須嚴格控制屬於成本範圍的費用支出，主要應把握住哪四個基本環節？

　　答：1.確定科學的消耗標準。

　　　　2.嚴格預算，核准制度。

　　　　3.完善各種責任制。

　　　　4.加強核算和分析。

二、問答題

(一)詳述餐飲成本一般由哪兩部分組成？

　　答：餐飲成本一般由食品原料成本和各種費用消耗兩部分，前者一般稱為餐飲成本，主要包括主料成本、配料成本、調味料成本和飲料成本。後者一般稱為費用，主要包括人力成本、

固定資產折舊、水電及燃料費用、餐具、用具的消耗、服務用品及衛生用品的消耗、管理費用、銷售費用及其他費用等。

(二)在觀光飯店中,餐飲部對餐飲的考核主要包括哪些方面?

答:根據餐飲在觀光大飯店中的地位和管理的基本要求,餐飲部對餐飲的考核,主要包括以下幾個方面:

1.營業收入:這是表現餐飲工作量和經濟效益的主要指標。

2.毛利率:這是影響餐飲銷售,直到整個飯店銷售的關鍵,也是關係到飯店經濟效益的關鍵。

3.利潤:這是表現餐飲管理水準的綜合指標。

4.服務質量:如餐廳佈置、儀表儀容、服務態度、服務項目、服務效率、服務方式、食品衛生等。它主要根據各種檢查結果和客人的意見表來加以評定。

5.工作質量:如全局觀念、合作精神、執行飯店的有關方針與制度的情況等。它主要根據總經理平時的檢查和有關職能部門的統計材料來進行考核。

(三)生產控制必須要有標準,而制定控制標準有哪些形式?

答:通常有以下幾種形式:

1.標準菜譜:標準菜譜可以幫助餐飲部統一生產標準,保證菜餚質量的穩定。

2.標準量菜單:標準量菜單就是在菜單的菜名下面,分別列出每個菜餚的用料配方,用它來作為廚房備料、配份和烹調的依據。

3.生產規格:生產規格是指三個流程的產品製作標準。它包括了加工規格、配份規格、烹調規格,用這種規格來控制各流程的製作。

Chapter 12
餐廳設計與廚房規劃

餐飲管理：重點整理、題庫、解答

　　餐廳管理的好壞，直接影響到餐廳的聲譽，關係到餐飲經營的成效。本章將具體闡述各類餐廳主題的確定方法和內部的設計與佈置。

第一節　餐廳設計

一、餐廳的性質與佈置

(一)餐廳性質的選擇

　　餐廳的主題與藝術作品的主題相仿，是餐廳服務的內容的集中反映。它包括：（如**圖**12-1）

　　1.確定該餐廳的營業性質或功能，是作為風味餐廳，還是宴會餐廳；是作為中餐廳，還是西餐廳。

　　2.表現該餐廳的銷售內容和方式。

　　3.明示該餐廳的服務規格或水準。

　　4.反映該餐廳的技術能力和專長。

　　餐廳主題的選擇正確與否，關係到餐廳經營的成效。某些獨特主題餐廳對國際旅客有極大的吸引力，因此，達到了投資和裝潢花費少

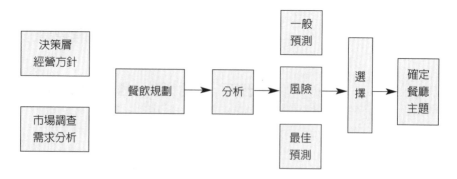

圖12-1　餐廳主題選擇程序

但收益好的效果。餐廳主題選擇的成功，使該餐廳的經營如同順水行舟，在市場競爭中取勝。

確定餐廳主題過程中，還應考慮各種主觀、客觀條件。客觀條件包括餐廳經營期間的社會、經濟形勢，氣候因素，客源狀況及地理位置的分析。主觀條件包括餐廳的設施設備、資金財力、技術力量等軟硬體水準。

(二)餐廳的佈置

餐廳的佈置，包括餐廳的門面（出入口）（如**圖**12-2）、餐廳的空間、座席空間、光線、色調、音響、空氣調節、餐桌椅標準，以及餐廳中客人與員工流動線設計等內容。

餐廳在店面設計與佈置上已擺脫了以往封閉式的方法而改為開放式。外表採用大型的落地玻璃使之透明化，使人一望即能感受到廳內用餐的情趣；同時注意餐廳門面的大小和展示窗的佈置，招牌文字的醒目和簡明。

餐廳通道的設計佈置應表現流暢、便利、安全，切忌雜亂。

■餐廳空間

通常狀況下，餐廳的空間設計與佈局包括幾個方面：

1.流通空間（通道、走廊、座位等）。
2.管理空間（服務台、辦公室、休息室等）。
3.調理空間（配餐間、主廚房、冷藏保管室等）。

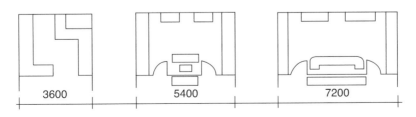

| 3600 | 5400 | 7200 |

圖12-2　餐廳出入口之形式

4.公共空間（洗手間）。

　　餐廳內部的設計與佈局應根據餐廳空間的大小決定。由於餐廳內部各部門所佔空間的需要不同，要求在進行整個空間設計與佈局規劃時，統籌兼顧，合理安排。要考慮到客人的安全性與便利性、營業各環節的機能、實用效果等諸因素；注意全局與部分間的和諧、均勻、對稱，表現出特殊的風格情調，使客人一進餐廳，在視覺和感覺上都能強烈地感受到形式美與藝術美，得到一種享受。

■餐廳座位

　　餐廳座位的設計、佈局，對整個餐廳的經營影響很大。儘管座位的餐桌、椅、架等大小、形狀各不相同，還是有一定的比例和標準，一般以餐廳面積的大小，按座位的需要作適當的配置，使有限的餐廳面積能極大限度地發揮其運用價值。

　　目前，餐廳中座席的配置一般有單人座、雙人座、四人座、六人座、圓桌式、沙發式、方型、長方型、家族式等形式，以滿足各類客人的不同需求。通常餐廳桌椅使用尺度如圖12-3至圖12-8所示。

二、餐廳動線之安排

　　餐廳動線是指客人、服務員、食品與器物在餐廳內的流動方向和路線。

(一)客人動線

　　客人動線應以從大門到座位之間的通道暢通無阻為基本要求，一般而言，餐廳中客人的動線採用直線，避免迂迴繞道，任何不必要的迂迴曲折都會使人產生一種人流混亂的感覺，影響或干擾客人進餐的情緒和食慾，餐廳中客人的流通通道要儘可能寬敞，動線以一個基點為準，如圖12-9。

餐廳設計與廚房規劃

就餐場所	酒廊區域
餐桌直徑 900mm 3或4張椅	4或5張椅
1,050mm 4或5張椅	5或6張椅
1,200mm 6或7張椅	7或8張椅
1,500mm 8或9張椅	9或10椅
7,500mm直徑 半圓形增加 一張椅子	

就餐場所	酒廊區域
最小750×750mm 最小700×700mm	700×700mm
最小750×750mm	750×750mm 最小700×700mm
1,200×750mm	1,200×750mm 1,200×700mm（最小）
1,500×750mm	1,500×750mm
1,000×750mm	1,000×750mm

圖12-3 餐桌尺寸

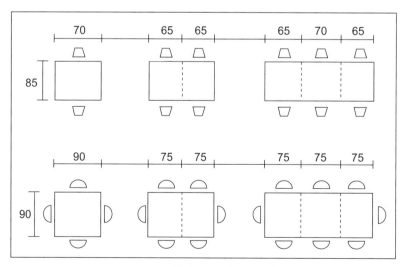

圖12-4 長方形餐桌排列方式

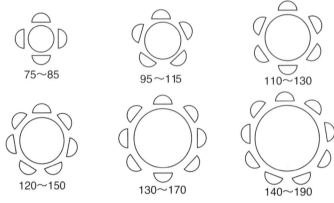

圖12-5　圓形餐桌

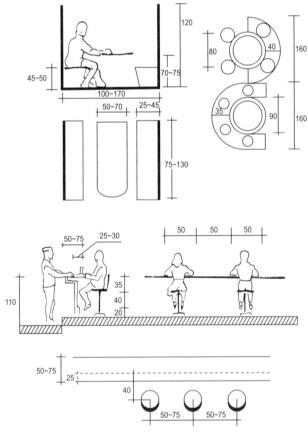

圖12-6　分隔形座位

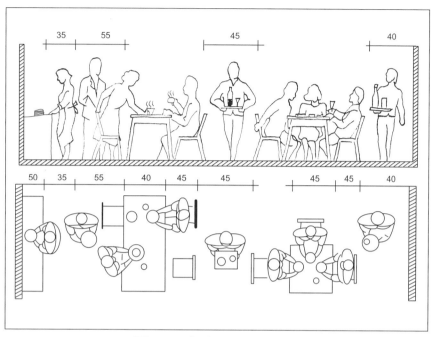

圖12-7　餐廳內的尺度距離

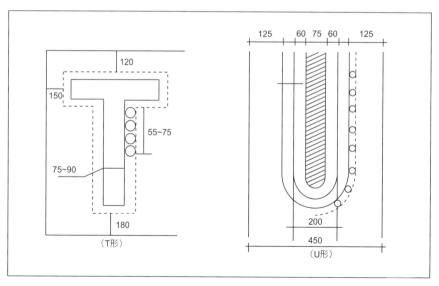

圖12-8　宴會廳的尺度距離

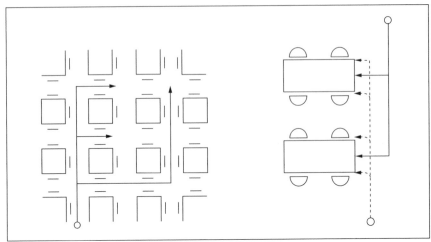

圖12-9　客人動線圖

(二)服務人員動線

　　餐廳中服務人員的動線長度對工作效益有直接的影響，原則上愈短愈好。

　　在服務人員動線安排中，注意一個方向的道路作業動線不要太集中，儘可能除去不必要的曲折。可以考慮設置一個「區域服務台」，既可存放餐具，又有助於縮短服務人員行走的動線。（**圖12-10**）

三、餐廳的光線與空調

(一)光線

　　大部分餐廳設立於鄰近路旁的地方，並以窗代牆；也有些設在高層，這種充分採用自然光線的餐廳，使客人一方面能享受到自然陽光的舒適，另一方面能產生一種明亮寬敞的感覺，心情舒暢而樂於飲食。

　　還有一種餐廳設立於建築物中央，這類餐廳須借助燈光，並擺設各種骨董或花卉，光線與色調也要十分協調，這樣才能吸引客人注

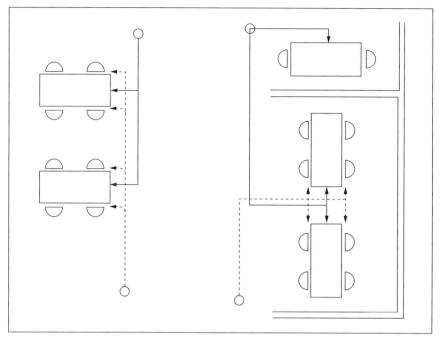

圖12-10　服務員動線圖

目，滿足客人的視覺。

　　通常飯店餐廳所使用的光源佈置如下：

1.光源種類說明：光源主要可分爲燈泡和日光燈，詳見**表12-1**。
2.照明方法說明：可分爲全體照明和部分照明，詳見**表12-2**。
3.光度計算法：「光度和距離的平方成反比」，如兩支二十瓦的日光燈，在兩公尺距離發出一百燭光，而要達到兩百燭光，則需一點四公尺。

　　餐廳入口照明是爲了使客人能看清招牌，吸引注意力。它的高度應與建築物的高低相配合，光線以柔和爲主，使客人感覺舒適爲宜。

　　餐廳走廊照明，如遇拐彎和梯口，如果應配置燈光，燈泡只要二十至六十瓦就夠了。長走廊每隔六公尺左右裝一盞燈，如遇角落區有電話或儲物，要採取局部照明法。

表12-1　光源種類

類別	亮度	壽命	色彩	調光	用途	性能
燈泡	1	100小時，倘使用調光器時，可用400小時。	紅黃	可	使用於入口門廳、餐廳、廚房、洗手間處。	白燈是鎢絲製成，熔點甚高。
日光燈	3	3000小時，每開關一次，就縮短2小時壽命。	黃綠（也可出現紅燈黃色）	不可	使用於外燈、門燈、公用燈等。	即螢光燈

表12-2　照明方法說明

種類	全體照明（天花板燈）	部分照明（吊燈）	全體照明（壁內燈）	部分照明（托架燈）
用途特性	種類繁多，有白燭燈和日光燈兩種，也有防爆性。	這種燈裝飾性簡單，是室內佈置常用燈，很少使用日光燈。	照明器不明顯，因為燈光不耀眼，所以室內有柔和感，但照明效果不太好，這類燈目前無日光燈。	活動空間，可以局部使用，門外、大門、通道等都可使用。

　　光線的調配要結合季節來調整（**表12-3**），或依餐廳主題安排（**表12-4**）。

　　無論哪一種光線與色調的確立，都是為了充分發揮餐廳的作用，以獲取更多的利潤，和給客人更多的滿足。

(二)空氣調節系統的佈置

　　客人來到餐廳，希望能在一個四季如春的舒適空間就餐，因此室內空氣與溫度的調節對餐廳的經營有密切的關聯。

　　餐廳的空氣調節受地理位置、季節、空間大小所制約。如地處熱帶的餐廳，沒有一個涼爽宜人的環境，不可能吸引客人上門。雖然空氣調節設備費用昂貴，只要計劃安排得當，總是收入大於支出的。（如**表12-5**）

餐廳設計與廚房規劃

表12-3　按季節調整光度

季節	色調	光源（線）
春	明快	50~100燭光
夏	冷色調為主	50燭光
秋	成熟強烈色彩	50~100燭光
冬	暖色調為主	100燭光

表12-4　不同類餐廳的照度

餐廳	色調	光源
豪華型	較暖或明亮	50燭光
正餐	橙黃，水紅	50~100燭光
快餐	乳白色，黃色	100燭光

表12-5　不同季節的溫度與濕度

溫度（攝氏）	溫度（攝氏）	與室外濕度比例
25°C	22°C	65%
26°C	23°C	65%
28°C	24°C	65%
30°C	25°C	60%
35°C	29°C	60%
-10°C	1~5°C	45%
-50°C	5°C	50%

(三)音響

　　餐廳根據營業需要，在開業前就應考慮到音響設備的佈置。音響設備也包括樂器和樂隊。高雅的餐廳中，有的在營業時，有人現場演奏鋼琴。有的在餐廳營業時播放輕鬆愉快的樂曲；也有的餐廳，是有樂隊演奏，有歌星獻唱，也有客人自娛自唱。有時餐廳會場，還要為會議提供七種以上的同聲翻譯的音響設備。作為餐飲部經理，還可根據餐廳主題，按客人享受需要，在營業時增添必要的音響設備，提高經濟效益。

(四)非營業性設施

餐廳中常設有一種非營業性公共設施，以便利客人。

1. 接待室。接待室的設立是為了在餐廳客滿時，客人不必站立等候，可以在設備舒適的地方休息。接待室提供給客人消遣的設施，如電視機、報刊、雜誌等，如有可能，還可設立一個小酒吧。如接待空間較寬，必要時還可作為小型會議場所。

2. 衣帽間。通常設在靠近餐廳進口處。

3. 洗手間。評估一個好的餐廳是從裝潢最好的洗手間開始，因為任何人都可以由洗手間的整潔程度來判斷該餐廳對於食物的處理是否合乎衛生，所以應特別重視。洗手間的設置應注意：

   (1)洗手間應與餐廳設在同層樓，免得客人上下不便。

   (2)洗手間的標記要清晰、醒目（要中英對照）。

   (3)洗手間切忌與廚房連在一起，以免影響客人的食慾。

   (4)洗手間的空間能容納三人以上。

   (5)附設的酒吧應有專用的洗手間，以免客人飲酒時跑到別處去洗手。

另外，還要在餐廳方便處設置專用的電話服務，以便利客人，並且選擇恰當的地方安置收銀結帳處。

第二節　廚房規劃

廚房生產管理是餐飲管理的重要組成部分，廚房是飯店向客人提供食品的生產部門，廚房生產對餐飲經營至關重要。廚房生產的水準和產品質量，直接關係餐飲的特色和形象。

而餐飲衛生則是餐飲經營第一條需要遵守的準則。餐飲衛生就是食品在選擇、生產、銷售的全部過程，都確保食品處在安全的完美

狀態。爲了保證食品的這種安全性，採購的食品必須未受污染，不帶致病菌，食品必須在衛生許可的條件下儲藏，餐飲的製作設備必須清潔，生產人員身體必須健康，生產過程必須符合衛生標準，銷售中要時刻防止污染，安全可靠地提供給客人。

一、廚房規劃的目標

一個好的規劃工作大體上來說是指能符合相關人員最大的方便程度而言，其主要目標應爲：

1. 蒐集所有相關的佈置意見。
2. 避免不必要的投資。
3. 提供最有效的空間利用。
4. 簡化生產過程。
5. 安排良好工作動線。
6. 提高人員生產效率。
7. 控制全部生產品質。
8. 確保員工在作業上的環境衛生良好及安全性。

廚房的規劃設計在營運計畫中必須做一個非常謹慎的分析以決定需求量，要考慮到目標、實際大小和經營方式、服務方式、顧客人數、營業時間、菜單設計及內容、未來的需求和趨勢分析，甚至增加產能等問題，也要包括品質的標準維持及整體的財務情況，而設備規劃的需求方面，尤其要注意不要因短期需求購買備用設備。

二、影響廚房規劃的因素

廚房的內部環境不僅直接影響工作人員的生活、健康狀態，亦會影響到食品原料的儲藏與調理。如果環境不良，易使工作人員產生容易疲勞、抵抗力弱、工作效率減低等不良後果，亦會使食品易受污染

或促進細菌繁殖而使品質變差。日本對於廚房面積的概算值，可參考表12-6。

由上述敘述所得的結論是：

1. 十分之一的比例僅適用於使用半成品較多的西餐廳。
2. 中餐廳廚房面積仍以實際需要為決定原則，否則仍應以三分之一比例為考慮。

三、廚房與供膳場所氣流的壓力

當客人進入餐廳時，在外場聞到內場烹飪的味道，是絕對要避免的。對於一個餐廳經營者來說，外場空氣一定是最清潔的，因而若外場一直保持正壓，會有如下的優點：

1. 當客人進來時，會給予客人一個涼快的感覺。
2. 由於氣流往室外吹，因而可以防止灰塵、蚊子、蒼蠅等小病媒的入侵。
3. 降低廚房的溫度。
4. 調節廚房污濁的空氣。

表12-6　日本對於廚房面積的概算值

廚房種類	A類	B類	C類
	廚房面積	衛生設施、辦公室、機電室等公共設施	條件
學校	0.1m²／兒童（人）	0.03m²~0.04m²／兒童（人）	兒童700~1,000人
學校	0.1m²／兒童（人）	0.05m2~0.06m²／兒童（人）	兒童1,000人以上
學校	0.4~0.6m²／人	0.1~0.12m²／人	人數700~1,000人
醫院	0.8~1.0m²／床	0.27~0.3m²／床	300床以上
小型團膳	0.3m²／人	3.0~4.0m²／從業人員（人）	50~100人
工廠	供需場所1/3~1/4	無其他公共設施	100~200人
一般餐館	供需場所1/3	2~3.0m²／從業人員（人）	
西餐廳	供需場所5/1~1/10	2~3.0m²／從業人員（人）	

四、其他基本設施

(一)牆壁和壓花板

所有食品調理處、用具清潔處和洗手間的牆壁、壓花板、門、窗均應為淺淡色、平滑及易清潔的材料，同時天花板應選擇能通風、能減少油脂、能吸附濕氣的材料。

(二)地板

餐廳（無論是調製室、儲藏室、用具清潔室、化妝室、更衣室以及洗滌室）的地板都應以平滑、耐用、無吸附性以及容易洗滌的材料來鋪設。

(三)排水

排水溝設置位置應距牆壁三公尺，而兩排水溝之間距離為六公尺，排水溝之寬度應在二十公分以上，而深度至少十五公分，水溝底部之傾斜度應在每一百公尺二至四公尺，排水溝底部與溝面連接部分要有五公分半徑的圓弧（R）（圖12-11），材質為易洗、不滲水、光滑之材料。同時排水溝應儘量避免彎曲。溝口應防止昆蟲、鼠之侵入及食品殘渣流出，排水溝口附近應設置三段不同濾網籠及廢水處理過程，並要有防止逆流設施。

(四)採光

要有足夠的照明設備以提供足夠的亮度，所有工作檯面、調理檯面、用具清潔處、洗手區及盥洗室光度應在一百燭光以上。尤其調理檯面與工作檯面光度為兩百燭光以上，愈高愈好。

(五)通風

要有足夠通風設備，通風排氣口要有防止蟲媒、鼠媒或其他污染

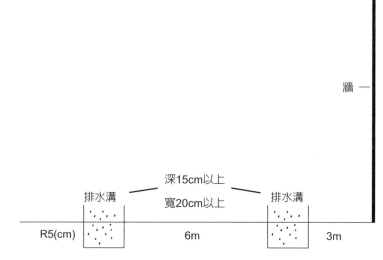

圖12-11　排水溝的相關規定

物質進入措施。同時通風系統應符合政府規定的需求，當排氣時不會製造噪音及裝設廢氣處理系統。

(六)盥洗室

應有足夠的盥洗設備以敷人們使用，作業人員應有專用的盥洗室，所有的盥洗室均應與調理場所隔離，其化糞池更應距水源二十公尺以上。最後並應有流動自來水、洗潔劑、烘手器或擦手紙巾等洗手設備。

(七)洗手設備

洗手設備應充足並置於適當場所，且應使用易洗、不透水、不納垢之材料建造，並備有流動自來水、洗潔劑、消毒劑、烘手器或擦手設備。

(八)水源

要有固定水源與足夠的供水量及供水設施。凡與食品直接接觸之用水應符合飲用水水質標準。水管應以無毒材質架設，蓄水池（塔、槽）應加蓋且為不透水材質建造。

 第三節　廚房佈局與生產流程控制

一、廚房佈局

廚房佈局就是根據廚房的建築規模、形式、格局、生產流程及各部門的作業關係，確定廚房內各部門的位置，以及設備和設施的分佈。實施佈局，必須對許多因素加以考慮，從而才能達到合理佈局的目的。

(一)影響佈局的因素

1.廚房的建築格局和大小：即場地的形狀、房間的分隔格局，實用面積的大小。

2.廚房的生產功能：廚房的生產功能不同，其生產方式也不同，佈局必須與之相適應。

3.廚房所需的生產設備：這些設備的種類、型號、功能、所需能源等情況，決定著擺放的位置和面積，影響著佈局的基本格局。

4.公用事業設施的狀況：即電路、瓦斯、其他管道的現狀。在佈局時，對事業設備的有效性必須作估計。

5.法規和政府有關執行部門的要求：如《食品衛生法》對有關食品加工場所的規定，衛生防疫部門、消防安全部門、環保部門提出的要求。

6.投資費用：即廚房佈局的投資多少，這是一個對佈局標準和範圍有制約的經濟因素，因為它決定了用新設備還是改造現有的設施，決定了重新規劃整個廚房還是僅限於廚房內特定的部門。

(二)廚房佈局的實施目標

為了保證廚房佈局的科學性和合理性，廚房佈局必須由生產者、管理者、設備專家、設計師共同研究決定，並保證達到下列目標。

1.選擇最佳的投資，實現最大限度的投資收回。
2.滿足長遠的生產要求。
3.保障生產流程的順暢合理。
4.簡化作業程序，提高工作效率。
5.要能為員工提供衛生、安全、舒適的作業場所。
6.設備和設施的佈局，要便於清潔、維修和保養。
7.要使員工容易受到督導管理。
8.保證生產不受特殊情況的影響。

二、廚房的格局設計

廚房格局設計之樣式雖多，但主要有四種基本型態：背對背平行排列、直線式排列、L型排列、面對面平行排列。茲分述於下：

(一)背對背平行排列

背對背平行排列又稱島嶼式排列，此型式係將廚房主要烹飪設備以一道小牆分隔為前後兩部分，其特點係將廚房主要設備作業區集中，僅使用最少通風空調設備即可，最經濟方便，此外它在感覺上能有效控制整個廚房作業程序，共可使廚房有關單位相互支援、密切配合。

(二)直線式排列

此型式排列之特點,係將廚房主要設備排列成直線,通常均面對著牆壁排成一列,上面有一長條狀之通風系統罩,與牆面成直角固定著,此型式適於各種大小餐廳之廚房使用,不論肉類、海鮮類之烹飪或煎炒,均適於此型式,操作方便,效率高。

(三)L型排列

此型式廚房之設計係在廚房空間不夠大、不能適用於前面兩種型態時採用。它係將盤碟、蒸氣爐那部分自其他主要烹飪區如冷熱食區等部分挪移成L型,此類格局設計適用於餐桌服務之餐廳。

(四)面對面平行排列

此型式廚房設計係將主要烹調設備面對面橫置整個廚房中間,它將二張工作檯橫置中央,工作檯之間留有往來交通孔道,此處之烹調及供食不依直接作業流程操作,它適用於醫院或工廠公司員工供餐之廚房使用。

 第四節　廚房設備的設計

一、基本原則

1. 正常情況及操作下,所有的設備應是持久耐用、抗磨損、抗壓力、抗腐蝕且耐磨擦。
2. 設備應簡單並可有效發揮其功能。同時設備並不一定是固定不動的,只要它能易於清洗與維護,那麼分解、拆卸亦無所謂。
3. 食品接觸的設備表面是平滑的,不能有破損與裂痕,要有良好的維護並隨時保持清潔。

4.與食品接觸表面接縫處與角落應易於清潔。

5.與食品接觸面應以無吸附性、無毒、無臭，不會影響食品安全的材料。

6.所有與食品接觸面都應是易於清潔和檢查的。

7.有毒金屬如汞、鉛或是它們的合金類，均會影響食品的安全，絕不可使用，劣質塑膠材料亦相同。

8.其他不與食品接觸的表面，若易染上污跡，或需經常清洗的設備表面，應該是平滑、不突出、無裂縫、易洗並易維護。

二、安裝與固定

1.置於桌上或櫃檯上的設備，除了可迅速移開者外，應把其固定在離桌腳至少四吋的高度，以便於清洗。

2.地面上的設備，除了可以立即移開者外，應把它固定在地板上或裝置在水泥檯上，以避免液體滲出或碎屑落在設備的下面、後面或不易清潔、檢查的空間。

3.介於設備與牆壁間的走道或工作空間，不可堵塞，並要有足夠的寬度供工作人員清洗。

4.固定方法：由於高度、重量等種種因素，某種設備無法按預定計畫來安裝，因此必須明瞭各種固定方法。一般固定方法有下列幾種（**圖12-12**）：

(1)地面固定：當設備無腳架或腳輪時，必須直接裝置於地面或台座上，接觸面四周必須以水泥密封。

(2)水泥底座：有許多設備必須裝置在水泥底座上。這樣可以減少清潔面積。底座高至少兩吋，與地面接觸應為至少1/4吋（26.4mm）的圓弧面。

(3)懸掛式架設：懸掛式架設是把設備裝設於有支架牆上，此種架設方式必須能防止設備與牆之間聚集水、灰塵和碎片。它最低的水部分與地面最少要在十五公分以上。

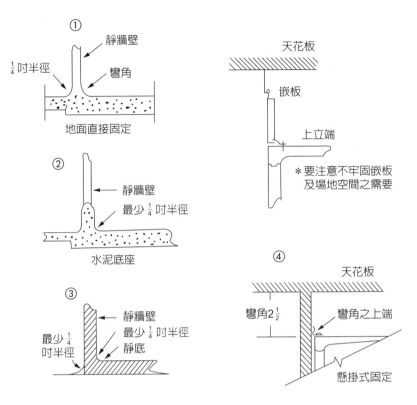

圖12-12　設備安裝固定標準

三、餐具的材質

(一)金屬

　　金屬製的食器優點是傳熱快、易洗、有光澤、可延展。但有些金屬具有毒性，因此在選擇上必須注意。常用的金屬有：

1.銀：銀器自古以來即被人們喜愛，是一種高貴餐具，具有最佳的導熱性。

2.銅：銅的導熱性僅次於銀，亦是食器中常用的金屬，它在空氣中容易被熱氧化而生成一層黑色皮膜的氧化銅。若在濕的環境

中會產生銅綠，銅綠容易溶解於酸性溶液中而造成食品中毒，所以銅器使用時得注意表面應要有光澤。

3.鋁：鋁是目前食器中較常用的材質，優點亦是具有良好的導熱性且質輕。缺點是表面容易氧化生成一層氧化膜而破壞了器皿的外觀。

4.不鏽鋼：不鏽鋼是近年來才被用來製造餐具的材質。優點是不會生鏽、易洗、易消毒，缺點是費用較鋁高且重量較重。

(二)陶瓷

陶瓷製食品是我國使用最久亦是最普遍的一種食器，它的優點是保存性高，且有似玉質的美麗半透明體，可彩繪，保溫性良好。缺點則是易碎，且若是製造上有所疏忽時，則易造成有害物質溶出。陶瓷餐具選擇時應以素色爲主。

(三)塑膠

塑膠製餐具的優點是不吸水、耐腐蝕、不生鏽、不易破損、著色成型簡單，缺點是有的不耐熱且有有毒物質（甲醛）溶出。

1.聚苯乙烯：目前常被使用做爲免洗餐具，優點是隔熱性良好、具有金屬似光澤、有良好印刷性，缺點是體積大、質軟、不耐熱、廢棄物處理不易。

2.樹脂：樹脂雖有被用來做爲餐具，但是此種製品中易發現有甲醛溶出，因此實不適合做爲食器材質。

3.美耐皿：美耐皿著色容易，不容易褪色，具有陶瓷的質感而較陶瓷輕，且不易破損。它是最常用來做餐具的塑膠材料。美耐皿與樹脂同屬於熱硬化性樹脂，製造原理相似，因此若是製造上不慎，易造成甲醛溶出。甲醛溶出是美耐皿製食器最大缺點，爲了避色甲醛溶出，美耐皿製餐具在清洗時宜用化學消毒法來消毒（**表**12-7）。

表12-7 美耐皿製餐具與甲醛溶出量關係

甲醛溶出量 使用日數	0 ppm	1~3.9 ppm	大於4.0 ppm
新品	67.2%	30.4%	3.4%
8日	63.4%	31.6%	5.0%
28日	42.0%	51.2%	6.8%
50日	15.3%	75.0%	9.2%

四、空調設計

(一)空調設計主要目的

1.保持正常的室內空氣的組成成分。

2.脫（除）臭。

3.除濕。

4.除塵。

5.使室溫下降。

■二氧化碳（CO_2）

一般空氣中即含有二氧化碳，少量的二氧化碳並不會使人感覺不舒服或是危害人體，但是由於人體的呼吸（4% CO_2）、煮飯或抽煙都會增加空氣中二氧化碳的量，因此二氧化碳可以做為空氣污染的指標。

1.測定：二氧化碳定量是利用比色法來做一簡單定量法。

2.評價：一般空氣中即含有0.03%的二氧化碳，當二氧化碳濃度達0.5%以上時對人體有害，一般是希望它的濃度能在0.01%以下，而規定濃度是0.15%（**表12-8**）。

■氣體流動

氣體流動與通風有著相當大的關係，通風良好卻會造成室內氣體流動。當風速在每秒一公尺時會使室內溫度下降1℃。雖然一般室內

表12-8　二氧化碳濃度評量表

名稱 \ 等級	A	B	C	D	E
二氧化碳濃度（%）	<0.07	0.71-0.099	0.10-0.140	0.141-0.199	>0.2

人們不易感覺出氣體在流動，實際上適度的風速會使人感到舒適。

1. 測定法：一般測定氣體流動是以煙流動速來加以判定，或是利用風速計來測定。
2. 評價：氣體流動的評價會隨季節不同而有所變動，這是因為人體感覺上不同的緣故。夏季的流速要較其他季節為大（**表12-9**）。

■濕度

　　濕度過高易產生疲勞，濕度過低則會變得非常乾燥，而引起鼻、咽喉等黏膜疼痛，可見濕度過高或過低都會使降低人們工作效率。濕度亦會隨著溫度變動而不同。

1. 測定法：濕度大都是利用乾濕球溫度計來加以測定。利用乾濕球溫度（T℃）（室溫）找出室溫（T℃）下飽和蒸氣壓（F），濕球濕度（t℃）找出t℃時溫度之蒸氣壓（F），相對濕度（R）等於濕球溫度（t℃）的飽和蒸氣壓（f）除以乾球溫度

表12-9　氣體流速評量表

季節 \ 等級	A	B	C	D	E
夏	0.4-0.5	0.51-0.74 0.39-0.25	0.75-1.09 0.24-0.10	1.10-1.49 0.09-0.04	>1.50 <0.03
春、秋	0.3-0.4	0.41-0.57 0.29-0.17	0.58-0.82 0.16-0.08	0.83-1.15 0.07-0.03	>1.16 <0.02
冬	0.2-0.3	0.31-0.45 0.19-0.02	0.48-0.65 0.11-0.06	0.66-0.99 0.05-0.02	>1.00 <0.02

（T℃）的飽和蒸氣壓。即：

R=f／F×100

2.評價：濕度評價基準是以人體感覺為基礎，人體最適當的濕度
　在55～56%間（**表12-10**）。

■落塵

　大氣中由於空氣污染、風吹塵土等現象，自然就會引起落塵，室內落塵除了上述原因尚有因打掃、走動或物品移動，或是室內空氣遭受衝擊，這些因素都是生成落塵的主要原因。

1.測定：落塵量測定方式有重量法（mg／m^3）、計算法（個／
　ml）及光學法三種。
2.評定：有關落塵量的評定如**表12-11**。從表中可知個數與重量值
　並無一致性。廚房內落塵應採用計數法為佳。

■溫度

　溫度是環境因素中最重要的項目。

1.測定法：廚房內溫度一般是以溫度計（水銀溫度計、酒精溫度
　計）來測定。

表12-10　濕度評量表

濕度 ＼ 等級	A	B	C	D	E
相對濕度（%）	50-60	61-70 49-42	71-80 41-35	81-90 34-29	> 91 < 28

表12-11　落塵評量表（室內）

方法 ＼ 等級	A	B	C	D	E
計數法（個／ml）	< 200	201-499	500-699	700-999	> 1,000
重量法（mg／m^3）	< 2	3-4	5-8	9-14	> 15

表12-12　溫度評量表

季節 ＼ 等級	A	B	C	D	E
夏（℃）	25	26-27 24-23	28-29 22-20	30-31 19-18	>32 <17%
春、秋（℃）	22-23	24-25 21-20	26-27 19-18	28 17-16	>29 <15%
冬（℃）	20	21-22 19-17	23 16-15	24 14	>25 <13

2.評價：廚房內作業最適溫度並非是一成不變，它會隨著季節不同而有所變動（**表12-12**），這是因為人體的體溫會隨季節不同會作適度的調節，此外在不同狀況下至適溫度亦不相同，如在空腹的時候溫度會偏高。

(二)空調設計方式

空調設計依照施行區域可分為局部換氣（如排油煙機）及全部換氣（如利用天窗等）兩種。若依照利用換氣方法來分則可分成自然換氣（對流換氣）及機械換氣（強迫換氣）兩種。

■自然換氣

自然換氣主要是以促進室內空氣循環為目的，它通常是以房屋的門窗、屋頂的天窗作為換氣的孔道，利用室內外溫差所引起氣流達到換氣的目的（**圖12-13**）。

■機械換氣

當自然換氣無法達到預定的換氣量時，可以利用機械力（例如抽風機、送風機）將室內空氣送出，而將室外空氣吸入，達到換氣目的。

■局部換氣

局部換氣的目的是直接去除室內局部場所內所產生的污染源，防

天窗

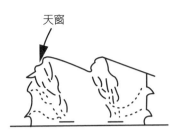

天窗

圖12-13　自然換氣

止它擴散而污染了整個場所（**圖12-14**）。

　　換氣裝置於設置時仍須注意下列幾點：

1.排氣與吸氣裝置必須要有防止害蟲侵入設施。

2.吸氣口必須遠離污染源。

3.吸氣口必須要能防止風直接吹入。

4.注意吸入氣體溫度的調節。

5.排出的氣體溫度的調節。

6.廚房內排氣要強。（如**圖12-15**）

7.注意換氣所引起氣流速度。（如**圖12-16**）

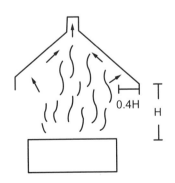

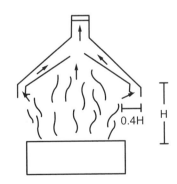

0.4H　H

0.4H　H

圖12-14　局部換氣

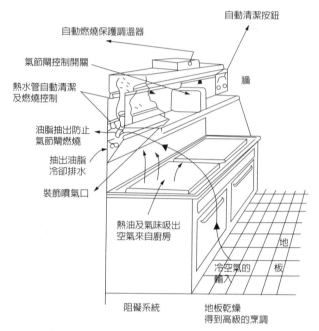

圖12-15　廚房排油煙設備各部位說明

資料來源：John C. Birchfield, *Design and Layour of Foodservice Facilities,* p.205.

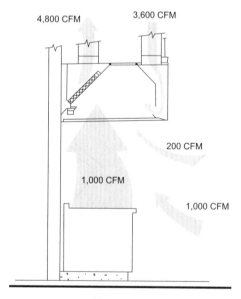

圖12-16　有系統的創造出新鮮空氣

第五節　廚房作業人體工學的考量

　　設備設計時應符合人體特性，如人體高度（身高、坐高）、手伸直的寬度……等，此種設計的優點是能使工作的效率發揮至最高而花費卻最低。然而人體個體上受到年齡、性別及遺傳因子、營養等因素影響，而有著相當大差異性存在，其中尤以年齡及性別上的不同造成的影響最大，因此在設計上必須注意。

一、高度

　　理想調理台高度應以實際作業員工高度來設計建造，然而大多數作業先有設施、設備後才有員工，所以無法達到理想高度。不過在設計時我們可以事先預期此調理台使用者是男或是女，然後依據平均身高來考慮，男性一般較女性高，所以他們所使用的調理台自然要高一點（**表12-13**）。

　　上面所述只不過是大約原則，實際上調理台與工作台的長、寬、高，必須與整個廚房作業線、配備相配合，才能發揮它最大功能。

二、長度與寬度

　　一個人站立時兩手張開，手能伸張的範圍大約在四十八公分，而軸體為中心在七十一公分左右，所以一個人他所需要的作業面積要一百五十公分，寬五十公分，如果要有傾斜動作，那麼他所能做到的面積則是一百七十公分，寬八十公分（**圖12-17**）。

表12-13　身高與工作台的高度

身高	工作台高度
145~160公分	65~75公分
160~165公分	80公分
165~180公分	80~85公分

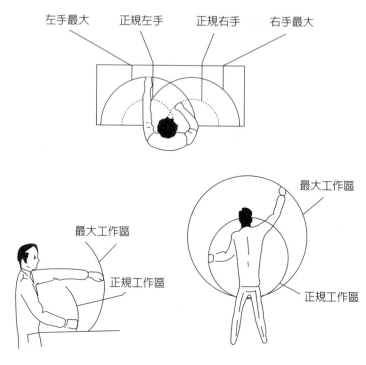

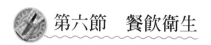

圖12-17　一般和最大移動區

第六節　餐飲衛生

　　餐飲衛生是保護客人安全的根本保證。餐飲服務的對象是客人，在經營中餐飲衛生要比獲取利潤更重要，食品的安全衛生，不僅對提高產品質量、樹立餐飲信譽有直接關係，而更重要的是對保障客人健康起決定作用。

一、廚房環境的衛生控制

　　餐飲衛生控制是從採購開始，經過生產過程到銷售為止的全面控制。廚房是製作餐飲產品的場所，各種設備和工具都有可能會接觸

保持廚房環境的衛生是餐飲經營最重要的守則之一

到食品，如果環境衛生控制不良既影響員工健康，又會使食品受到污染。

二、原料的衛生控制

原料的衛生程度決定了產品的衛生質量，因此，廚房在正式取用原料時，要認真加以鑑定，罐頭食品如果已膨起、有異味或汁液混濁不清，就不應使用，高蛋白食品有異味或表面粘滑就不應再用。果蔬類食品如已腐爛也不應使用。

三、生產過程的衛生控制

加工中對凍結食品的解凍，一是要用正確的方法；二是要迅速解凍，儘量縮短解凍時間；三是解凍中不可受到污染，各類食品應分別解凍，不可混合一起進行解凍。烹調過程中所使用的器具皆必須注意其清潔衛生，定期進行清洗或消毒。

四、生產人員的衛生控制

廚房生產人員接觸食品是日常工作的需要，因此生產人員的健康和衛生就十分重要。廚房生產人員在就業前必須通過身體檢查。生產人員不得帶傳染性的疾病進行工作，為保證餐飲衛生應嚴格實行這個規則。

 第七節　食品安全與衛生

廚房的不安全來自兩個方面：食物中毒和生產事故。餐飲經理要充分認識到這兩個方面不安全的嚴重性和危害性，要清楚自己的責任，同時還必須明白，廚房的安全並非只是管理人員重視就能有效的，必須使廚房全體員工都認識到安全的必要，有安全意識，共同負責，才能達到安全的目的。

一、食物中毒的預防

廚房安全最重要的是防止食物中毒對餐飲經營造成極大的危害，因此是值得餐飲部經理時時加以重視的問題。

食物中毒是由於食用了有毒食物而引起的中毒性疾病。食物之所以有毒致病，造成不安全的原因有：

1. 食物受細菌污染，細菌產生的毒素致病。這種類型的食物中毒是由於細菌在食物上繁殖，並產生有毒的排泄物，致病的原因不是細菌本身，而是排泄物毒素。
2. 食物受細菌污染，食物中的細菌致病。這種類型的食物中毒，是由於細菌在食物上大量繁殖，當食用了含有對人體有害的細菌就會引起中毒。

3.有毒化學物質污染食物，並達到能引起中毒的劑量。

4.食物本身含有毒素。

(一)食物的貯存

在生活忙碌的現代人中，每天上市場買菜的機會較少，常常會一次買好幾天甚至一週的存糧，這時候食物正確的貯存就顯得相當重要，貯存不良會造成食物變質、品質下降甚至腐敗，若是不注意仍然拿來烹食，就容易引起食物中毒。

食物在貯存的過程中腐敗變質的原因包括：

1.貯存溫度不足。

2.貯存時間過久。

3.貯存處通風不良等。

保存食物的方法有很多種，如：

1.高溫保存，加熱可以抑制酵素活性，延長保存的時間。

2.低溫保存，在低溫下可以延緩細菌的繁殖，甚至使細菌停止生長。

3.控制水分，破壞細菌、黴菌的生長條件，例如以日光乾燥，冷凍乾燥等。

4.添加防腐劑，如香腸添加的亞硝酸鹽等。

(二)食物的保存方法

■生鮮食品

蔬菜類	蔬菜類應該先洗去髒污，以紙袋或透氣塑膠袋包裝好來貯存，擺放在冰箱的下層，不要被其他食物重壓，並且儘早食用，若貯存過久不但會降低營養價值，也會因為酵素與微生物的作用而腐敗。瓜果類如皮厚的冬瓜、南瓜等則可以貯存於室溫通風處。
水果	水果的貯存與蔬菜類相同。

餐飲管理：重點整理、題庫、解答

穀物	米、麥、玉米等穀物的貯存，都要注意應該貯存在陰涼乾燥的環境，並且用密閉容器包裝，若是溼度溫度太高就會容易發霉長蟲。甘薯、馬鈴薯可以貯存於乾燥通風處，太潮溼容易發芽或感染黴菌。澱粉類開封以後要以密閉容器密封避免受潮。
肉類和內臟類	肉類和內臟類在貯存之前應該要先清洗乾淨，瀝乾以後分小包裝貯存，若非在24小時以內要烹調的，就要貯存在冷凍庫。盤餘的肉品冷卻以後可以用保鮮膜包裝貯存在冷藏庫，並且儘快食用。
魚類	魚類的貯存方式與肉類相同，先清洗乾淨並除去內臟，瀝乾之後貯存於冷凍庫。
豆腐、豆乾	豆腐、豆乾用冷開水清洗乾貯存於冷藏庫中，並於在保存期限以前儘早食用。豆漿要保存在冷藏庫，儘快食用。
蛋	蛋要貯存在冷藏庫，鈍端向上擺放於蛋架上，在1-2週內儘快食用。
鮮奶	鮮奶應該要貯存於冷藏庫，避免放在室溫下，也要避免日照，開封以後要儘快喝完，沒有喝完也應該封好放入冰箱，儘快在1-2天內喝完。奶粉貯存放置在通風、乾燥、沒有日照的地方，每次取用完要將蓋子蓋好，避免受潮、引來螞蟻或是掉入異物。

■加工食品

油品	油品應該貯存在陰涼乾燥的地方，盛放油的容器最好不要使用銅製或鐵製容器，會促進氧化作用的發生，使用過的油若顏色變深、變的濃稠就不能夠再使用，並且不能將不同的油品混合在一起，會加速油品的酸敗。
冷凍食品	冷凍食品應該密封貯存在攝氏零下18℃。若是數量很多可分成小包裝冷凍，要用時僅取出需要的數量來解凍。蔬果、肉類、水產品避免存放在一起，應該要分開包裝以免產生不良氣味。
罐頭	罐頭要貯存在陰涼通風、乾燥的地方，避免潮溼悶熱使得罐頭瓶身生鏽，影響罐頭食品品質。雖然罐頭的保存期限約有兩年之久，但是仍不宜貯存過久，最好先買的先使用，若是要擦拭也要使用乾的布來擦拭。沒有吃完的罐頭食品要放進冰箱冷藏庫，若是鐵製的罐頭則把食物倒到保鮮盒或其他容器中密封貯存在冰箱，並且儘快食用完。
醃漬食品	尚未開封的醃漬食品可以貯存在陰涼通風的地方，開封過的則應該要密封存放在冰箱冷藏庫，而且醃菜的部份最好全浸到醃漬液中，夾醃菜的用具最好用熱水燙一下，比較不容易發生發霉腐壞的情形。
煙燻食品	火腿、香腸、臘肉貯存在冷藏或冷凍庫。烹煮時也應該完全煮熟才能食用。
調味料	調味料貯存在陰涼乾燥的地方，避免高溫及陽光照射，開封的調味料每次用完都要緊閉封蓋，味噌、豆瓣醬、甜辣醬、辣椒醬等開封以後應該放在冰箱冷藏庫貯存。
餅乾飲料	餅乾飲料貯存於在陰涼通風的地方，現在有很多貯存於4℃的飲料則應該存放在冰箱冷藏庫，並且在保存期限內食用。

(三)冰箱的使用

1. 食物要冷卻、密封以後才放進冰箱，以免食物的溫度降低了冰箱的溫度，影響冰箱裡面食物的品質。（如**表12-14**）
2. 冰箱的最佳儲藏容積約50%~60%，可維持正常的冷空氣循環，使冰箱溫度保持在正確的範圍。
3. 冰箱冷凍庫的溫度低於零下18℃，適合長期貯存食物，冷藏庫的溫度約5℃左右，適合短期貯存食物。
4. 養成良好的使用習慣，減少開冰箱的次數，以免冰箱溫度受影響。

　　食品良好的儲存可以妥善保持食品的品質，保障食品的安全，進而促進我們身體的健康，減少食物的浪費喔。

二、細菌性食物中毒的預防

　　細菌性食物中毒實際可行的防止方法有：

1. 嚴格選擇原料，並在低溫下運輸、儲藏。
2. 烹調中調溫殺菌。
3. 創造衛生環境，防止病菌污染食品。

(一)防止沙門氏菌的污染及中毒

　　預防的措施是：

表12-14　冰箱溫度及貯存食物表

冰箱位置	溫度	貯存食物種類
冷凍庫	−18℃	冷凍食品
冷藏庫上層	0~5℃	肉類、魚貝類
冷藏庫下層	5~7℃	調理食品、蛋、乳製品
蔬果盒	7~10℃	蔬菜類、水果類

1. 生產員作定期的健康檢查和保持個人衛生，並避免帶菌者工作。
2. 保持加工場所的衛生，防止動物、鼠類、蠅蚊、昆蟲侵入廚房。
3. 杜絕熟食長時間放置在室溫下，應及時冷卻保藏。
4. 對雞、蛋類的食品加工應防止帶菌污染。

(二)防止副溶血性弧菌的污染及中毒

本菌又稱致病性嗜鹽菌。廣泛分佈於海水中，病原菌的媒介食品是海產品。中毒發生期以六至八月最多。預防措施是：

1. 利用冷凍和冷藏阻止增殖。攝氏十度時則生長緩慢，而攝氏五至八度時可抑制生長。
2. 加熱殺菌徹底。通常攝氏六十度十分鐘即可。
3. 盛裝海產品的盛器必須洗滌乾淨，以免間接污染。
4. 不生食海產品。

(三)防止葡萄球菌的污染及中毒

預防措施是：

1. 有感冒、受傷及咽喉炎、鼻炎的人員不能參與食品製作。
2. 食品應及時冷藏，因為攝氏七度以下本菌就不能繁殖及產生毒素。

(四)防止肉毒桿菌的污染及中毒

預防的措施是：

1. 劣質罐頭要充分加熱後再食用。
2. 食品應冷藏，因肉毒桿菌攝氏十度以下很難繁殖。
3. 在肉製品及魚製品中加入食鹽或硝酸鹽有抑菌作用。

4.防止受土壤及動物糞便的污染。

(五)防止黃麴霉毒素污染及中毒

黃麴霉毒素是黃麴菌的代謝產物,具有致癌性。預防措施是:

1.花生、大豆、大米等應儲藏於低溫乾燥處,以免高溫潮濕而發霉,使食品產生毒素。
2.以上幾種發霉的食品不能食用。

三、化學性食物中毒的預防

1.從可靠的供應單位採購食品。
2.化學物質要遠離食品處安全存放,並由專人保管。
3.不使用有毒物質的食品器具、容器、包裝材料。
4.廚房使用化學殺蟲劑要謹慎安全,並由專人負責。
5.廚房清掃時,化學清潔劑的使用必須遠離食品。
6.各種水果、蔬菜要洗滌乾淨,以進一步消除殺蟲劑殘留。
7.食品添加劑的使用,應嚴格執行國家規定的品種、用量及使用範圍。

四、有毒食物中毒的預防

1.毒蕈含有毒素而且種類很多,所以餐飲中只可食用證明無毒的蕈類,可疑蕈類不得食用。
2.白果的食用要加熱成熟,少食,切不可生食。
3.馬鈴薯發芽和發青部位有葵素毒素,加工時應去除乾淨。
4.苦杏仁、黑斑甘薯、鮮黃花菜、未醃透的醃菜不能使用。
5.秋扁豆、四季豆烹調要加熱徹底,不可生脆。木薯不宜生食。

第八節　廚房操作安全注意事項

一、割傷

割傷主要是由於使用刀具和電動設備不當引起。其預防措施是：

(一)使用刀具方面

1.要求廚師用刀操作時要集中注意力，按正確的方法使用刀具，並隨時保持砧墩的乾淨和不滑膩。

2.操作時不得持刀比手畫腳，攜刀時不得刀口向人。

3.放置時不得將刀放在工作台邊上，以免掉落砸到腳，一旦發現刀具掉下不要隨手去接。

4.禁止拿著刀具進行打鬧。

5.清洗時要求分別清洗，切勿將刀具浸在放滿水的池中。

6.刀具要妥善保管，不能隨意放置。

(二)使用機械設備方面

1.要求懂得設備的操作方法才可使用。

2.使用時要小心從事。

3.如使用絞肉機，必須使用專用的填料器推壓食品。

4.在清洗設備時，要求先切斷電源再清洗。

5.清潔銳利部位要謹慎，擦拭時要將布摺疊到一定的厚度，從刀口中間部位向外擦。

6.破碎的玻璃器具和陶瓷器具要及時處理，並要用掃帚清掃，不得用手撿。

二、跌傷

1. 要求地面始終保持清潔和乾燥，油、湯、水灑地後要立即洗掉，尤其在爐灶作業區。
2. 廚師的工作鞋要具有防滑性能的廚師鞋，不得穿薄底鞋、已磨損鞋、高跟鞋，以及拖鞋、涼鞋。
3. 穿鞋的腳不得外露，鞋帶要繫緊。
4. 廚房行走的路線要明確，避免交叉，禁止在廚房裏跑跳。
5. 廚房內的地面不得有障礙物。
6. 發現地面舖面磚塊鬆動，要立即修理。
7. 在高處取物時，要使用結實的梯子，並小心使用。

三、扭傷

扭傷通常是引起廚房事故的另一原因，多數是因為搬運超負荷的物品和搬運方法不正確引起。預防措施是：

1. 教會員工正確搬運物品的方法是最關鍵的預防措施。
2. 要求員工在搬運重物前，先要把腳站穩，並保持背挺直，不得向前或向側面彎曲，從地面取物要彎曲膝蓋，搬起時重心應在腿部肌肉上，而不要在背部肌肉上。
3. 一次搬物不要超負荷，重物應請求其他員工幫助合作，或者使用手推車。

四、燙傷

燙傷多發生在爐灶部門。防範的措施是：

1. 要求員工在使用任何烹調設備或點燃瓦斯設備時，必須遵守操作規程。

2.使用油鍋或油炸爐時，要嚴禁水分濺入，以免引起爆濺；使用蒸鍋或蒸汽箱時，首先要關閉閥門，再背向揭開蒸蓋。

3.烤箱或烤爐在使用時，嚴禁人體直接接觸。

4.煮鍋中攪拌食物要用長柄勺，防止滷汁濺出燙傷。

5.容器中盛裝熱油或熱湯時要適量，端起時要用墊布，並提醒別人注意，不要碰撞。

6.清洗設備時要冷卻後再進行，拿取放在熱源附近的金屬用具時應用墊布。

7.嚴禁在爐灶間、熱源處嬉戲，這要成為工作規則。

五、電擊傷

廚房中的電器設備極易造成事故，預防的措施是：

1.首先要請專家檢查設備的安裝和電源的安置，是否符合廚房操作的安全，不安全的應立即改正。

2.所有電器設備必須有安全的接地線。

3.要培訓員工學會設備的操作。

4.要求在使用前對設備的安全狀況進行檢查，如電線的接頭是否牢固，絕緣是否良好，有無損傷或老化現象。

5.使用中如果發現故障，應立即切斷電源，不得帶故障使用。

6.濕手切勿接觸電源插座和電氣設備，清潔設備時要切斷電源。

7.廚房人員不得對電路和設備進行擅自的拆卸維修，設備故障時要及時提出維修。

8.發現漏電的設備要立即取走，維修後再用。

六、火災

火災的預防措施為：

1. 要求在廚房生產中，使用油鍋要謹慎，油鍋在加溫時，作業人員切不可離開，以免高溫起燃，並教會員工油鍋起火的安全處理方法。操作中要防止油外溢，以免流入供熱設備引起火災。要經常清潔設備，以防積在設備上的油垢著火。要防止排煙罩油垢著火，竄入排風道，這樣會很難控制，會造成火災。

2. 要求使用瓦斯設備的員工一定要知道瓦斯的危險性。發現瓦斯灶有漏氣現象，要立即檢查，並確認完全安全後再使用。

七、搶救燒燙傷：沖、脫、泡、蓋、送

當不幸發生燒燙傷時，掌握黃金時間針對燙傷部位做正確的處理，就能將傷害降至最低。

(一)搶救燒燙傷的重要程序──沖、脫、泡、蓋、送

「沖脫泡蓋送」是搶救燒燙傷的重要處理程序，因為人類的皮膚在接觸到攝氏五十度的溫度約十分鐘才會遭受傷害，一旦接觸到攝氏七十度，只要一秒鐘就會導致燒燙傷。所以在燒燙傷後，皮膚要立即局部降溫以減低傷害，沖涼水是最可行的方法。沖洗的時間越早越好，即使表皮已有脫落，還是要持續以涼水沖洗，不要因為怕受到感染而不敢沖洗，沖洗的時間約持續半小時左右，直到疼痛有顯著減輕為原則。

沖：用流動的冷水沖洗傷口十五～三十分鐘。

脫：在水中小心地除去衣物。

泡：用冷水浸泡十五～三十分鐘。

蓋：覆蓋乾淨的布巾。

送：趕快送醫急救。

(二)正確執行燒燙傷處理程序，勿錯失黃金搶救時間

雖然大部分的人對燒燙傷處理口訣耳熟能詳，但一旦發生燒燙傷意外時，反而會忽略就醫前的緊急處置，以致錯失搶救的時間。例如當小朋友遭受燒燙傷時，常會因疼痛而大聲哭鬧，使得家長常為了安撫小朋友，以致忘記立刻沖水降溫，或只是快速沖一下，就急著直接送醫。

其實若在送醫過程中，錯失了搶救燒燙傷的黃金時間，易使皮膚留下疤痕，甚至讓原本有機會自行痊癒的燙傷變成需接受植皮手術的治療。因此，一旦發生燒燙傷時，一定要保持冷靜，依「沖脫泡蓋送」的原則處理，確實執行沖水的動作，在降低熱傷害後，緊急送醫治療，是最正確的補救方式。

一、簡答題

(一)請寫出在通常情況下，餐廳的設計與佈局應包含哪幾個方面？

答：1.流通空間。

2.管理空間。

3.調理空間。

4.公共空間。

(二)在設計餐廳的通道時應注意的要點有哪些？

答：表現流暢，便利與安全。

(三)廚房的格局設計有哪幾種？

答：廚房係烹飪調理生產單位，關於廚房之格局設計，必須根據廚房本身實際工作負荷量來設計，依其性質與工作量大小作為決定所需設備種類、數量之依據，最後才決定擺設位置與地點，以發揮最大工作效率為原則。目前歐美廚房格局設計之樣式雖多，但主要有四種基本型態：

1.背對背平行排列。

2.直線式排列。

3.L型排列。

4.面對面平行排列。

(四)廚房規劃的目標為何？

答：一個好的規劃工作大體上來說必須能使相關人員擁有最大的方便，其主要目標應為：

1.蒐集所有相關的佈置意見。

2.避免不必要的投資。

餐飲管理：重點整理、題庫、解答

3.提供最有效的空間利用。

4.簡化生產過程。

5.安排良好工作動線。

6.提高人員生產效率。

7.控制全部生產品質。

8.確保員工在作業上的環境衛生良好及安全性。

(五)廚房生產中的餐飲衛生是由哪些因素所決定的？

答：生產環境、設備和工具的衛生；原料的衛生；製作過程的衛生；生產人員的衛生。

(六)請寫出解凍食物應注意的事項。

答：1.用正確的方法。

2.要迅速解凍，儘量縮短解凍時間。

3.解凍中不可受到污染，各類食品應分別解凍，不可混合。

(七)廚房的不安全，產生的原因為何？

答：1.食物中毒。

2.生產事故。

二、問答題

(一)餐廳設立接待室的功能為何？

答：接待室的設立是為了在餐廳客滿時，客人不必站立等候，可以在設備舒適的地方休息。接待室提供給客人消遣的設施，如電視機、報刊、雜誌等，如有可能還可設立一個小酒吧；如接待空間較寬，必要時還可作為小型會議場所。

(二)餐廳設計洗手間的設置應注意事項為何？

答：洗手間的設置應注意：

1.洗手間應與餐廳設在同層樓，免得客人上下不便。

2.洗手間的標記要清晰、醒目（要中英對照）。

3.洗手間切忌與廚房連在一起，以免影響客人的食慾。

4.洗手間的空間能容納三人以上。

5.附設的酒吧應有專用的洗手間，以免客人飲酒時跑到別處去洗手。

(三)影響廚房佈局的因素是什麼？

答：1.廚房的建築格局和大小：即場地的形狀、房間的分隔格局、實用面積的大小。

2.廚房的生產功能：即廚房的生產形式，廚房的生產功能不同，其生產方式也不同，佈局必須與之相適應。

3.廚房所需的生產設備：這些設備的種類、型號、功能、所需能源等情況，決定著擺放的位置和佔據的面積，影響著佈局的基本格局。

4.公用事業設施的狀況：即電路、瓦斯、其他管道的現狀。在佈局時，對事業設備的有效性必須作估計。

5.法規和政府有關執行部門的要求：如《食品衛生法》對有關食品加工場所的規定，衛生防疫部門、消防安全部門、環保部門提出的要求。

6.投資費用：即廚房佈局的投資多少，這是一個對佈局標準和範圍有制約的經濟因素，因為它決定了用新設備還是改造現有的設施，決定了重新規劃整個廚房還是僅限於廚房內特定的部門。

(四)廚房設備設計之考量須注意哪些？

答：設備設計時應符合人體特性，此種設計的優點是能使工作的效率發揮至最高而花費卻最低。

1.高度

理想烹飪台高度應以實際作業員工高度來設計建造。實際上調理台與工作台的長、寬、高，必須與整個廚房作業

線、配備相配合，才能發揮它最大功能。

2.長度與寬度

一個人站立時兩手張開，手能伸張的範圍大約在四十八公分，而軸體為中心在七十一公分左右，所以一個人他所需要的作業面積要一百五十公分，寬五十公分，如果要有傾斜動作，那麼他所能做到的面積則是一百七十公分，寬八十公分。

(五)請寫出預防細菌性食物中毒的方法。

答：細菌性食物中毒實際可行的防止方法有：

1.嚴格選擇原料，並在低溫下運輸、儲藏。

2.烹調中調溫殺菌。

3.創造衛生環境，防止病菌污染食品。

(六)食物之所以有毒致病，造成不安全的原因有哪些？

答：1.食物受細菌污染，細菌產生的毒素致病。

2.食物受細菌污染，食物中的細菌致病。

3.有毒化學物質污染食物，並達到能引起中毒的劑量。

4.食物本身含有毒素。

(七)餐飲衛生的重要性為何？

答：餐飲衛生是保護客人安全的根本保證。餐飲服務的對象是客人，在經營中餐飲衛生要比獲取利潤更重要，食品的安全衛生，不僅對提高產品質量、樹立餐飲信譽有直接關係，而更重要的是對保障客人健康和幸福起決定作用。客人光顧你的餐飲，是為了獲得衛生安全、營養豐富、可口滿意的食品，如果食品在加工製作中，生產人員不遵循餐飲衛生的規則操作，提供給客人的是不安全的產品，那麼很可能會引起客人嚴重的疾病，甚至死亡，所以餐飲衛生是直接影響客人健康的關鍵問題，保持餐飲衛生如同保護客人的生命一樣重要。

模擬試題

模擬試題（一）

(　)1.餐飲管理就是運用組織、招募、領導、控制、預算、發展、行銷、規劃、溝通、決定等基本活動，以順利達成某一餐飲業的特定任務。

(　)2.顧客用餐期望獲得方便、周到、舒適、親切、愉快等方面的精神享受。

(　)3.餐廳服務直到付完帳即告完畢。

(　)4.餐飲招徠顧客的重要競爭力是環境舒適、菜餚精緻、服務親切的餐飲。

(　)5.餐飲業之餐具洗滌場所必須有充足之流動自來水。

(　)6.餐飲的經營過程是一系列餐飲決策及具體經營餐廳活動的周而復始的循環過程。

(　)7.餐飲服務員為講究效率，避免客人等候，必要時在餐廳可以快跑為之。

(　)8.隱含的服務指能使消費者獲得某些心理感受的服務。

(　)9.個人衛生純屬隱私，不須列入餐飲管理的範圍。

(　)10.平均消費額是指營業收入除以就餐人數的值，它關係到客人的消費水準，是掌握市場狀況的重要數據。

(　)11.餐飲事業依用餐地點、服務方式、菜式花樣和加工食品等而有不同類型。

(　)12.餐飲主要收入來自餐廳、酒吧、宴會廳、客房餐飲服務和外燴等。

(　)13.家庭式餐廳顧名思義，此類型餐廳適合全家大小一起用餐，價格也較美食餐廳低，在一般中等收入之家庭可負擔的範圍內。

(　)14.在餐廳生意競爭日趨激烈之情況下，許多國際觀光大飯店之餐廳或宴會廳，不得不積極開發外燴市場。

(　)15.客房服務是指將餐飲送至客房給顧客享用。

（　）16.餐飲行銷指餐廳與顧客雙方互相溝通訊息。

（　）17.菜單是一種「推銷櫥窗」，它可用來推銷菜餚的內容與價格。

（　）18.大眾媒體報導不能帶來名氣、聲望與深刻印象。

（　）19.餐廳所提供的產品和服務必須能滿足客人的要求。

（　）20.行銷的過程也就是訊息傳遞的過程。

（　）21.人員銷售的主要優點在於每個接觸對象的成本相當便宜。

（　）22.銷售促銷最誘人之處，在於能夠讓銷售量在短期間內立刻激增。

（　）23.行銷的首要重點在於滿足顧客的需求與顧客的慾望

（　）24.促銷行銷最強而有力之特色，在於完成交易的能力。

（　）25.行銷是需要不斷規劃與更新的長期性活動。

（　）26.行銷環境要素可分為競爭、經濟環境、政治與立法、社會與文化，以及科技。

（　）27.廣告能讓顧客迅速做出反應，是招徠顧客的重要競爭力。

（　）28.餐飲從業人員應每年作一次肺結核病檢查。

（　）29.隨著菜單內容之不同，廚房內部設備亦有所差異。

（　）30.一般正式西式菜單的排列順序：前菜類、魚類、湯類、主菜類或肉類、點心類、飲料。

（　）31.單點菜單的菜色比套餐多，顧客有更多的選擇空間。

（　）32.套餐菜單的主要特性是其為限定的菜單，僅提供數量有限的菜色。

（　）33.兒童餐是唯一須與餐廳的主題和裝潢格調一致的套餐。

（　）34.用餐場地的不同，會改變烹調和服務的方法，因此菜單內容的選擇也會受到影響。

（　）35.外帶餐飲最大的特色是菜色種類多，必須有選擇性，且能長時間保藏，而不會損害品質和影響口味。

（　）36.為樹立餐廳風格，菜單內容要儘量奇怪讓客人不瞭解，最好價格也不要標明。

（　）37.正式西餐廳的西餐菜單不可有中文字。

（　）38.菜單是越華麗、越大越好。

（　）39顧客若對菜單有不明瞭之處，應誠摯為客人講解。

（　）40.定食菜單的價格不是固定的，所以必須按照其菜單個別定價。

（　）41.菜單設計每道菜餚的主菜、配料及調味品之間的色彩時，要與
上下道菜的色彩調和。

（　）42.菜單設計上每道菜之菜色調配，可不用考慮與上下道菜色彩的
調和。

（　）43.菜單之"a la carte"是指餐廳當天的特餐。

（　）44.客人正式用餐時，桌面上多餘的餐具杯皿要拿走。

（　）45.菜單不影響餐桌的擺設，隨便擺設是沒有關係的。

（　）46.菜單須經常擦拭，以保持菜單的清潔與衛生。

（　）47.每一個客人都應遞給一份菜單，如果菜單不夠，則應先給女
客，如果沒有異性，則以年長者為優先。

（　）48.服務人員應熟悉菜單上各類名稱及價格，但對於其菜餚之烹調
及內容不必注意。

（　）49.菜單是一種「推銷櫥窗」，它是餐廳行銷的一種方法。

（　）50.中式菜單可以附加英文說明。

解答

1.○；2.○；3.×；4.○；5.○；6.○；7.×；8.○；9.×；10.○；
11.○；12.○；13.○；14.○；15.○；16.○；17.○；18.×；19.○；
20.○；21.×；22.○；23.○；24.×；25.○；26.○；27.○；28.○；
29.○；30.○；31.○；32.○；33.×；34.○；35.○；36.×；37.×；
38.×；39.○；40.×；41.○；42.×；43.×；44.○；45.×；46.○；
47.○；48.×；49.○；50.○

(　)1.若客人詢問到自己不清楚的問題，服務員應該 (A)說不知道就好 (B)先向客人說抱歉再去找瞭解的人來回答 (C)不干我的事，不用理他 (D)裝做沒看見。

(　)2.如果客人大聲喧嘩，服務人員應 (A)以客為尊，任他去吵 (B)請他們先結帳 (C)禮貌地去制止 (D)請長官出面。

(　)3.尊敬顧客與同事，從事工作時應具備基本 (A)知識 (B)態度 (C)技能 (D)技術。

(　)4.餐飲是屬於哪一種行業？ (A)製造業 (B)服務業 (C)慈善事業 (D)半製造業。

(　)5.在工作場所，坦率表達自我、個性、脾氣是 (A)合理的 (B)受歡迎的 (C)適合自我發展的 (D)不成熟的 行為。

(　)6.為避免食物中毒，酸性食物最好儲存在下列哪種材質器皿中？ (A)銅 (B)錫 (C)鋅 (D)陶瓷。

(　)7.「不吃牛肉、豬肉等肉類」，此項禁忌規定係屬於下列何種宗教的餐食？ (A)摩門教 (B)回教 (C)印度教 (D)猶太教。

(　)8.中餐中的「冷盤」應何時上菜？ (A)首道菜 (B)最後一道菜 (C)高興什麼時候上就什麼時候上 (D)上湯之後。

(　)9.如餐具出現破損時 (A)只是個小缺口沒關係 (B)為避免藏污納垢，應立即停止使用 (C)雖會藏污納垢，為了控制成本還是會繼續使用 (D)等它真正不能用再說。

(　)10.用餐一半發生地震，正確的處理方式為 (A)請客人立即疏散 (B)先請客人就地掩蔽至桌下或柱子邊，再視情況疏散 (C)當作沒事繼續工作 (D)先搶救財物。

(　)11.餐廳顧客意外事件發生的原因很多，試問下列哪項原因發生意外的比率最高？ (A)食物中毒 (B)電梯夾傷 (C)滑倒或跌倒 (D)食物燙傷。

( )12.下列菜單何種較不受場地限制？ (A)客房餐飲菜單 (B)西式菜單 (C)中式菜單 (D)兒童菜單。

( )13.就餐飲服務技巧而言，下例何者為是？ (A)收拾餐具可發出刺耳的聲音 (B)不管客人是否用餐完畢，可強行收拾餐具 (C)服務時避免碰觸到客人，手臂不要越過人面前 (D)隨時在客人桌前巡走，藉機催促客人結帳。

( )14.服務兩對男女客人時，先服務 (A)男主人 (B)男主人右側女賓 (C)男主人左側女賓 (D)男主人對面男賓。

( )15.餐廳員工意外事件中，員工發生意外比率最高者為 (A)刀傷 (B)滑倒 (C)燙傷 (D)機械碾傷。

( )16.在報紙上刊登餐飲廣告十分普遍，但是其缺點是 (A)費用高 (B)變更彈性低 (C)時效性短 (D)閱讀群不普及，不易傳閱。

( )17.下列哪一項不屬於點菜記錄應符合的三種功能之一？ (A)能夠清楚地指示廚房準備何種菜餚，是否有特別要求 (B)帳單內所記載的項目應保持彈性，以免客人要增減點叫的內容 (C)服務員必須瞭解哪一樣菜餚是提供哪一位客人 (D)當帳單準備好時，必須清楚記載所點叫及消費的項目。

( )18.在餐飲界之網路行銷方式中，下列哪一項風險較小？ (A)網路訂位 (B)網路訂餐外送 (C)網路餐廳印象調查 (D)網路刷卡。

( )19.餐廳行銷策略擬定前應做SWOT分析；所謂SWOT，下列何者錯誤？ (A)S＝strength (B)W＝weakness (C)O＝opportunity (D)T＝treat。

( )20.下列何種行銷方法會使商品成交的機會較高？ (A)D.M. (B)電視廣告 (C)雜誌廣告 (D)人員推銷。

( )21.自助餐菜單之特色為 (A)菜色繁多，任君選擇 (B)價格低廉，菜色固色 (C)提供數量有限的菜色，價格固定 (D)可單點餐食，給顧客更大選擇空間。

( )22.下列敘述何者錯誤？ (A)菜單設計要考慮成本與利潤 (B)菜單內容要簡單易懂 (C)菜單不須考慮營養成分 (D)菜單是餐廳中重要

的商品目錄。

(　)23.客人跑帳時，我們要　(A)口出穢言 (B)追出去打他 (C)自認倒楣 (D)委婉地請他回來結帳。

(　)24.若客人遺留東西在餐廳內，你將　(A)丟掉 (B)占為己有 (C)交予櫃檯，以便客人認領 (D)不管他。

(　)25.菜單上不須具備哪一種項目？　(A)價目 (B)菜名 (C)是否加才服務費 (D)成本。

(　)26.下列何種不是構成菜單的要素？　(A)顏色 (B)質料 (C)菜色料理 (D)餐桌擺設。

(　)27.美式早餐和歐式早餐的不同是在於美式早餐再加上　(A)一道主菜 (B)一杯咖啡 (C)一杯酒 (D)一份麵包。

(　)28.「不吃牛肉、豬肉等肉類」，此項禁忌規定係屬於下列何種宗教的餐食？　(A)摩門教 (B)回教 (C)印度教 (D)猶太教。

(　)29.餐廳準備工作不包括　(A)準備餐桌 (B)迎賓 (C)準備餐具 (D)準備檯布。

(　)30.套餐菜單之特色為　(A)菜色繁多，任君選擇 (B)價格低廉，菜色固色 (C)提供數量有限的菜色，價格固定 (D)可單點餐食，給顧客更大選擇空間。

(　)31.餐廳服務的要領，下列何者不正確？　(A)熱菜須趁熱上桌，所以油炸食物必須加蓋上桌 (B)拿取餐具的原則，是客人會吃到的部位不可用手觸之 (C)上熱湯、熱咖啡和熱茶需提醒客人注意 (D)一般而言每個服務員約可服務四桌（十六位客人）。

(　)32.一般菜單可分為單點、套餐，及合用菜單，這種分類是根據 (A)季節 (B)經營的需求 (C)就餐習慣 (D)宗教信仰。

(　)33.「滿漢全席」是興起於　(A)宋 (B)元 (C)明 (D)清　朝的一種大型宴席。

(　)34.下列何者不是目前一般餐飲菜單必備的基本資料？　(A)價格 (B)烹調方式 (C)服務費 (D)烹調者姓名。

(　)35.菜單最好是清晰易懂，例如「魚香茄子」一菜中，1.可說明本

菜使用材料是茄子 2.魚香代表其原料之一 3.魚香代表烹調方式 4.可看出其份量有多少，以上敘述何者正確？ (A)1,2 (B)1,3 (C)1,4 (D)2,4。

(　)36.安排菜單之原則，下列何者為非？ (A)烹調方法調配，可再三重複 (B)注重菜餚本身之色香味 (C)菜餚之烹調，上菜時間前後 (D)菜餚要具獨特風味。

(　)37.餐飲業室內工作環境之衛生規定中，二氧化碳濃度不得高於百分之多少？ (A)0.015% (B)0.15% (C)1.05% (D)15%。

(　)38.餐廳之安全門平時應 (A)鎖上 (B)保持暢通 (C)放置不用之東西以充分利用空間 (D)封住以免顧客偷跑。

(　)39.菜單設計的基本原則，下列敘述何者錯誤？ (A)內容可以與實際不符 (B)要符合顧客消費趨勢 (C)要能展現餐廳的特色 (D)要考量餐廳設備與人力。

(　)40.菜單依據不同的要求、年齡和宗教信仰分為多種，下列何者不是？ (A)宴會和聚餐菜單 (B)客房用餐菜單 (C)兒童菜單 (D)晚餐菜單。

(　)41.菜單的基本作用是廣告，下列何者不是它的任務？ (A)告訴顧客餐館或飯店的餐廳能向他們提供菜餚的項目 (B)告訴顧客價格 (C)餐館或飯店餐廳的廚房區域的工作則是根據菜單作原料準備，生產菜餚 (D)告訴顧客餐廳的價值。

(　)42.下列何者為餐廳必備之安全設備？ (A)安全帽 (B)滅火器 (C)殺蟲劑 (D)工程梯。

(　)43.廚房工作場所若採光不良，會影響工作效率，因此廚房內之光至少應用 (A)50米燭光 (B)70米燭光 (C)90米燭光 (D)100米燭光以上。

(　)44.廚房工作人員的服裝應以哪種顏色為主？ (A)白色 (B)紅色 (C)藍色 (D)灰色。

(　)45.廚房水溝出口想防範蟲鼠入侵，最好的方法是 (A)水溝加蓋 (B)水溝密封 (C)水封式水溝 (D)開放式水溝。

（　）46.廚房牆角與地板接縫處在設計時，應該採用下列哪一種設計？
(A)採用直角 (B)採用圓弧角 (C)加裝飾條 (D)加裝鐵皮。

（　）47.餐廳廚房設計時，廁所的位置至少須遠離廚房多遠才可以？
(A)1公尺 (B)1.5公尺 (C)2公尺 (D)3公尺。

（　）48.廚房砧板的材質最好採用 (A)木質砧板 (B)塑膠砧板 (C)合成塑膠砧板 (D)不鏽鋼板。

（　）49.餐廳進行消毒時，餐具應 (A)放在桌上 (B)放在地上 (C)放在櫃子 (D)放在門邊。

（　）50.餐廳廚房面積與供膳場所面積之比例最理想的標準為 (A)1：2 (B)1：3 (C)1：4 (D)1：5。

解答

1.B；2.C；3.B；4.B；5.D；6.D；7.C；8.A；9.B；10.B；11.C；
12.A；13.C；14.B；15.A；16.C；17.B；18.A；19.D；20.D；21.A；
22.C；23.D；24.C；25.D；26.D；27.D；28.C；29.B；30.C；31.A；
32.B；33.D；34.D；35.B；36.A；37.B；38.B；39.A；40.D；41.D；
42.B；43.D；44.A；45.C；46.B；47.D；48.C；49.C；50.B

模擬試題（三）

（　）1.餐廳廚房的地板建材須選擇不透水、易洗、耐酸鹼的深色材料為宜。

（　）2.餐廳廚房的門窗、出入口應設置防範病媒體入侵的設備。

（　）3.廚房砧板應消毒洗淨後，應以側立方式存放。

（　）4.廚房砧板應該冷、熱、生、熟食分開使用，不可共用一塊砧板。

（　）5.為避免腐蝕、鬆動脫落，廚房的刀具柄應儘量採用木柄材質。

（　）6.廚房排水溝寬度應在20公分以上，底部呈圓弧形以利排水。

（　）7.廚房排水溝應有0.02至004公分之斜度以利排水。

（　）8.廚房排水溝深度至少要有15公分以上，底部與溝側面要有5公分半徑之固弧角。

（　）9.廚房地板之鋪設應保持0.015至0.02公分之斜度，以防止積水。

（　）10.廚房生產設備電源一般是110V和220V，因此特殊電氣設備必須另設電壓瓦數。

（　）11.電壓110V的設備在插座不足狀況下可改插220V插座。

（　）12.現代化西餐廚房已不使用裝有鼓風車之爐灶。

（　）13.餐飲工作檯面、食品器具應以易洗、不納垢之材質製造並經常保持清潔。

（　）14.餐飲工作檯面、食品器具之材質雖會納垢但易洗即可。

（　）15.餐飲工作檯面、食品器具應以不易發霉之材質製造並經常保持清潔。

（　）16.餐飲工作檯面、食品器具之材質雖容易發霉但經常保持清潔即可。

（　）17.餐飲食品之製造應在工作台上操作，不得與地面直接接觸。

（　）18.合格餐飲業須在工作台上操作，不得與地面直接接觸。

（　）19.一個良好的廚房設備應該是容易清洗維護與修理的。

（　）20.「適用、大小、價錢」是選擇廚房器具設備的三個主要因素。

( )21.廚房刀具的使用應當適材選用。

( )22.為了提升生產力,在需要時廚師可以不在砧板上用刀。

( )23.鋒利的刀具在使用上比圓鈍的刀具安全。

( )24.廚房照明之亮度以150至300米燭光之間為佳。

( )25.餐飲工作檯面、食品器具應以易洗、不納垢之材質製造,並經常保持清潔。

( )26.餐飲業之餐具洗滌場所須有充足之流動自來水。

( )27.高密度聚乙烯(HDPE)白色塑膠砧板較易清洗,用於切割食物比木質砧板好。

( )28.西餐烹調用微波爐會比傳統烤爐快捷。

( )29.使用微波爐之微波烹調的食物會呈金黃色。

( )30.餐廳管理的好壞,直接影響到餐廳的聲譽,關係到餐飲經營的成效。

( )31.餐廳內部的設計與佈局應根據餐廳空間的大小。

( )32.餐廳座位的設計、佈局,對整個餐廳的經營影響不大。

( )33.餐廳動線是指客人、服務員、食品與器物在廳內的流動方向和路線。

( )34.餐廳中服務員的動線長度對工作效益有直接的影響。

( )35.原則上服務員的動線越長越好。

( )36.客人來到餐廳,希望能在舒適的環境就餐,因此室內空氣與溫度的調節對餐廳經營有密切的關聯。

( )37.餐廳與廚房是不可分割的兩環,它們是前檯和後檯的關係。

( )38.餐廳中常設有非營利性公共設施,以便客人使用。

( )39.洗手間應與廚房連在一起,以便客人使用。

( )40.服務不良將給客人留下不好的印象,而遭致無可彌補之損失。

( )41.不因情緒失控影響對客人之服務態度。

( )42.餐飲工作人員應力求儀容端莊,上班時應配戴飾物,並塗胭脂,以給予客人好感。

( )43.盡可能記住顧客的愛好與憎惡。

( )44.餐飲服務員為講究效率，避免客人等候，必要時在餐廳可以快跑為之。

( )45.能積極適時為顧客提供所需之服務，就是好的服務態度。

( )46.服務人員應隨時注意客人，以備隨時服務。

( )47.服務方式固然很多，但是最方便又最能讓客人滿意的，就是最好的服務方式。

( )48.中餐貴賓服務的順序是從主人開始。

( )49.所謂正確的服務心態係指瞭解並尊重自己所扮演的角色，並能有效控制自己的情緒於工作場合。

( )50.要對顧客提供針對性的服務，所以不必一視同仁。

解答

1.╳；2.○；3.○；4.○；5.╳；6.○；7.○；8.○；9.○；10.○；
11.╳；12.○；13.○；14.╳；15.○；16.╳；17.○；18.○；19.○；
20.○；21.○；22.╳；23.○；24.○；25.○；26.○；27.○；28..○；
29.╳；30.○；31.○；32.╳；33.○；34.○；35.╳；36.○；37.○；
38.○；39.╳；40.○；41.○；42.╳；43.○；44.╳；45.○；46.○；
47.○；48.╳；49.○；50.╳

模擬試題（四）

( )1.廚房水源要充足，並應設置足夠洗手槽，洗手槽、工作台之材質應為 (A)水泥 (B)塑膠 (C)木材 (D)不鏽鋼。

( )2.廚房地面應保持何種斜度以維持排水功能？ (A)0.5%-10% (B)1.0%-15% (C)1.5%-20% (D)2.0%-25%。

( )3.廚房之理想室溫應在攝氏幾度？ (A)10-15度 (B)15-20度 (C)20-25度(D)25-30度。

( )4.廚房之最佳濕度比應是多少？ (A)45% (B)55% (C)65% (D)75%。

( )5.乾貨架之規格深度應為多少公分？ (A)30公分 (B)35公分 (C)40公分 (D)45公分。

( )6.乾貨架上下間隔之高度應為多少公分？ (A)30公分 (B)35公分 (C)40公分(D)45公分。

( )7.乾貨架之底層應離地面多少公分？ (A)10-15公分 (B)15-20公分 (C)20-25公分 (D)25-30公分。

( )8.乾貨架之規格高度應為多少公分？ (A)155-165公分 (B)165-175公分(C)175-185公分 (D)185-195公分。

( )9.下列何者不是抽油煙機的排除對象？ (A)油水氣 (B)熱氣 (C)噪音(D)煙霧。

( )10.購買或使用廚房之器具，其設計上不應有何種現象？ (A)四面採直角設計(B)彎曲處呈圓弧形 (C)與食物接觸面平滑 (D)完整而無裂縫。

( )11.廚房生產設備器具，其主要電壓為幾瓦？ (A)110V, 210V (B)110V, 220V (C)120V, 230V (D)130V, 240V。

( )12.餐具櫥宜採用何種材質？(A)紙板 (B)木製 (C)不鏽鋼 (D)磁磚。

( )13.餐廳廚房應如何設計？ (A)良好的通風與採光 (B)通風即可 (C)採光即可(D)視狀況而定。

( )14.在室溫攝氏30度打開冷凍庫門15秒鐘，庫內溫度會上升幾度？

(A)6度(B)10度 (C)14度 (D)18度。

( )15.廚房工作檯面的光度應在幾米燭光？ (A)50米燭光 (B)100米燭光以上(C)300米燭光以上 (D)沒有規定。

( )16.下列何者為餐飲業防止微生物污染的最有效方法之一？ (A)曝曬 (B)風乾 (C)洗淨 (D)冷藏。

( )17.飲業室內工作環境之衛生規定中，二氧化碳濃度不得高於百分之多少？ (A)0.015% (B)0.15% (C)1.05% (D)15%。

( )18.廚房工作場所若採光不良，會影響工作效率，因此廚房內之光至少應用 (A)50米燭光 (B)70米燭光 (C)90米燭光 (D)100米燭光以上。

( )19.廚房牆角與地板接縫處在設計時，應該採用下列哪一種設計？ (A)採用直角 (B)採用圓弧角 (C)加裝飾條 (D)加裝鐵皮。

( )20.餐廳廚房設計時，廁所的位置至少須遠離廚房多遠才可以？ (A)1公尺 (B)1.5公尺 (C)2公尺 (D)3公尺。

( )21.冷凍冷藏庫之溫度規定，冷凍庫溫度至少為 (A)-10℃ (B)-12℃ (C)-15℃ (D)-18℃。

( )22.廚房工作區落菌量應儘量減少，依規定清潔作業之落菌量每分鐘不可超過多少個？ (A)70 (B)80 (C)90 (D)100。

( )23.廚房主要設備作業區宜採集中化，而其中需最少通風空調設備的是屬於下列一種格局設計？ (A)島嶼式 (B)直線式 (C)L型 (D)面對面平行排列。

( )24.管理餐廳營業收入的部門、對餐廳的營業收入有監督的作用是 (A)餐務部 (B)餐飲部 (C)財務部 (D)餐務部。

( )25.對餐廳設備的維修保養直接負責的是 (A)餐務部 (B)工程部 (C)財務部 (D)客務部。

( )26.餐廳營業中的治安問題是由哪一部門來取得支持和解決？ (A)餐務部 (B)工程部 (C)財務部 (D)安全部。

( )27.餐廳與下列哪一個是不可分割的兩環？ (A)餐務部 (B)廚房 (C)財務部(D)安全部。

(　)28.有關餐廳、燈光的佈置,下列哪一項不符合實用原則? (A)燈型美觀 (B)安全 (C)光源適當 (D)光源良好。

(　)29.蓋住桌面,可保護檯布減輕其磨損及聲響的是指 (A)top cloth (B)service cloth (C)napkin (D)silence pad。

(　)30.桌巾邊緣自桌邊垂下以幾英吋最適合? (A)6 (B)8 (C)10 (D)12 英吋。

(　)31.通常桌子的寬度是多少公分較適合單人的使用? (A)43-48cm (B)53-61 cm (C)63-68 cm (D)73-78cm。

(　)32.餐廳經營成功與否,首要的因素是 (A)高雅的裝潢 (B)親切的服務 (C)良好的地點 (D)美食與佳餚。

(　)33.餐廳的基本定義,下列敘述何者為非? (A)服務性事業 (B)無須固定營業場所 (C)以營利為目的 (D)提供顧客餐飲的設備與服務。

(　)34.若客人詢問到自己不清楚的問題,服務員應該 (A)說不知道就好 (B)先向客人說抱歉再去找瞭解的人來回答 (C)不干我的事,不用理他 (D)裝做沒看見。

(　)35.就服務而言,服務人員面帶微笑去為顧客提供服務是 (A)心理服務 (B)微笑服務 (C)一般服務 (D)功能服務。

(　)36.要感謝客人的消費,何種方式為最適合? (A)說「謝謝」 (B)用感激的眼神望著他 (C)給折扣 (D)以最誠的心服務他。

(　)37.客人跑帳時,我們要 (A)口出穢言 (B)追出去打他 (C)自認倒楣 (D)委婉地請他回來結帳。

(　)38.下列何者是為服務員應有的? (A)接受客人贈示 (B)男女同事有公事外的交往約會 (C)乘座客人電梯 (D)不取營業用食物或飲料。

(　)39.為了實現優質服務,服務人員在工作中的情緒狀態應保持在 (A)橙色到綠色 (B)紅色到橙色 (C)綠色到紫色 (D)黑色。

(　)40.餐飲服務質量主要由環境質量、菜餚質量和 (A)服務水準 (B)菜單設計 (C)價格高低 (D)廚師風格 組成。

( )41.什麼是食品原料成本控制中的首要環節？ (A)製作 (B)庫存 (C)採購 (D)驗收。

( )42.能依據標準食譜製作菜餚是誰的責任？ (A)食品供應商 (B)老闆 (C)廚師 (D)顧客。

( )43.誰最應瞭解標準食譜之使用目的與成本控制的關係？ (A)經理 (B)主廚 (C)顧客 (D)老闆。

( )44.在餐飲業經營管理原則下，若盲目大批預購會造成何種結果？ (A)既方便又節省 (B)有效利用庫房空間 (C)增加食物腐爛及員工偷竊的行為 (D)可使投資成本降低。

( )45.依採購的觀點來說，增加特別的保護費，實際就是等於增加 (A)運輸時間 (B)成本支出 (C)乍業流程 (D)品質管制。

( )46.下列哪一項可以幫助統一生產標準？ (A)廚師的經驗 (B)標準菜譜 (C)客人的點單 (D)服務員的上菜速度。

( )47.將食物原料加工是屬於誰的工作？ (A)廚師 (B)服務員 (C)領班 (D)出納。

( )48.下列哪一項不是餐飲直接成本？ (A)飲料成本 (B)調料成本 (C)主料成本(D)洗衣房成本。

( )49.下列何者與採購成本高低無關？ (A)數量 (B)規格 (C)種類 (D)質量。

( )50.當工作場所的機器設備有故障情形發生時 (A)裝作沒事 (B)馬上逃離現場，當做不知道 (C)主動通知維修單位及單位主管 (D)停止工作。

解答

1.D；2.C；3.C；4.C；5.D；6.B；7.B；8.D；9.C；10.A；11.B；12.C；13.A；14.D；15.B；16.C；17.B；18.D；19.B；20.D；21.D；22.A；23.A；24.C；25.B；26.D；27.B；28.A；29.A；30.A；31.C；32.D；33.B；34.B；35.D；36.D；37.D；38.D；39.A；40.A；41.C；42.C；43.B；44.C；45.B；46.B；47.A；48.D；49.C；50.C

模擬試題（五）

( )1.餐飲質量的控制，主要取決於餐飲部的管理水準。

( )2.服務員不必經常對餐飲工作進行督促、檢查、指導，把握餐飲服
務工作的方向，促進餐飲服務質量的提高。

( )3.驗收是指驗收人員檢驗購入商品的質量是否合格，數量是否準確
無誤。

( )4.監察制度必須能杜絕或防止顧客與店員可能有的矇騙或詐欺行
為。

( )5.為了控制員工成本，首先需要一項項地分析員工個人的工作項
目。

( )6.洗滌必先認清洗滌物的種類與材質及污染物的性質。

( )7.餐具在清洗、高溫殺菌、烘乾後，仍須用乾布將其拭乾以便收
藏。

( )8.餐務部的經理必須瞭解餐具洗滌的全部過程，以便指導、監督和
檢查各環節的運轉，及時發現問題、解決問題。

( )9.有害昆蟲主要指鼠類動物，有害動物是指蟑螂、臭蟲、蒼蠅、蚊
子等。

( )10.餐飲部與其他各部門的關係中，要堅持分工負責、垂直領導的
原則，任何交叉指揮，都會形成各自工作上的紊亂，降低勞動
生產力，甚至造成餐具、設備的損失。

( )11.連鎖經營是主導生意的一種方法，常見於行銷。

( )12.「美國商務局」替餐飲連鎖經營下了一項定義：一種持續性的
關係，連鎖加盟總部提供組織、訓練、企劃及管理上的協助。

( )13.旅遊人口的增加並不會影響餐飲連鎖國際的擴展。

( )14.食物的接受基於一種特別的產品的「味道的開發」。

( )15.並非所有餐廳都適合使用加盟連鎖制度。

( )16.建立餐廳的第一步是選擇店內的設備。

餐飲管理：重點整理、題庫、解答

( )17.區域劃分是商業餐廳最重要的一個考量。明確地知道可用的區域劃分許可是基本的要求。

( )18.所有的餐廳都適合使用加盟連鎖制度。

( )19.食物的組織和形狀會影響消費者的偏好。

( )20.材料在餐廳營運中扮演著重要的角色。

( )21.餐飲業者對於提升服務品質方面的投資，至少應該與改善餐飲品質、改善裝潢兩項投資相當才對。

( )22.餐飲品質的提升才是提高競爭力最有效的途徑。

( )23.外場管理系統是整個餐飲業自動化系統的核心。

( )24.建立餐飲資訊系統是件簡單的事情，同時又方便於管理，所以大多數的餐飲都已建立。

( )25.餐廳中消耗人力與時間最多的環節，是服務人員往返廚房與餐室之間的點菜與上菜工作。

( )26.所謂健康餐膳的開發與否，實際上就是行銷上的策略之一。

( )27.餐飲業者在食物及飲料儲存方面，總是無法有效管制大批存貨的累積及其破損兩大問題。

( )28.廚房中完全電腦化的生產模式，無法決定於烹調菜餚的標準食譜。

( )29.在選擇一種適用於餐飲的資訊系統時，業者應注意其基本功能是否完全滿足餐廳的需要。

( )30.系統必須具有可投資性，換言之，電腦不應被視為是一種單純的事務機器，它應當具有某種形式的生產力。

( )31.財務管理運用妥當可發揮利潤規劃的功能。

( )32.所謂的財務的安定，是指資金的需要與調配維持均衡的作用。

( )33.餐飲業營運目標不外乎利潤和服務兩項。

( )34.餐飲業利潤規劃涉及「收益」、「成本」兩基本要項，兩者間的差額方係「利潤」。

( )35.預算期間的長短的基本原則為「連續預算」。

( )36.預算時間的長短須視該項預算的性質。

(　)37.人力資源管理是餐飲業管理中較爲重要及複雜的一環。

(　)38.人事資料之保障與運用是餐飲業管理的重要工作之一，它是企業管理的骨幹。

(　)39.員工甄選爲餐飲業看門把關的工作。

(　)40.餐飲業中員工異動率大，但不會造成餐飲業的損失。

(　)41.員工不須有在職與進修訓練。

(　)42.對新進員工，介紹其認識新的工作環境是必要的。

(　)43.激勵，又稱策勵或誘導，源於拉丁字movere，代表移動或轉變的意思。

(　)44.溝通至少包含自上而下、自下而上、平行、斜向的溝通。

(　)45.領導與溝通是現代管理上的重要技術，兩者的關係是獨立的。

(　)46.領導者可以指定一方佔有決定權的職位。

(　)47.現代化餐廳最重要的商品就是美酒佳餚的餐食。

(　)48.所謂服務，就是一種以親切熱忱的態度爲客人著想，使客人有一種賓至如歸之感。

(　)49.服務乃餐廳的生命，無服務即無餐廳可言。

(　)50.餐飲工作人員須有主動負責的敬業精神與團隊合作觀念，始能發揮最大工作效率。

解答

1.○；2.╳；3.○；4.○；5.○；6.○；7.╳；8.○；9.╳；10.○；
11.○；12.╳；13.╳；14.○；15.○；16.╳；17.○；18.╳；19.○；
20.○；21.○；22.○；23.○；24.╳；25.○；26.○；27.╳；28.╳；
29.○；30.○；31.○；32.○；33.○；34.○；35.╳；36.○；37.○；
38.╳；39.○；40.╳；41.╳；42.○；43.○；44.○；45.╳；46.○；
47.╳；48.○；49.○；50.○

模擬試題（六）

（　）1.下列何者不屬於國內逐漸盛行的南洋菜？ (A)印尼菜 (B)越南菜 (C)夏威夷菜 (D)泰國菜。

（　）2.適合肉末的刀具是 (A)骨刀 (B)砍刀 (C)薄刀 (D)拍面刀。

（　）3.冷凍食品的解凍方法，下列何者較不適宜使用？ (A)冷藏庫 (B)微波爐 (C)以流動的自來水 (D)浸泡於熱水中。

（　）4.法國菜中的三大珍味豆指鵝肝、魚子醬及 (A)龍蝦 (B)松露 (C)竹笙 (D)蝸牛。

（　）5.「溫蒂」和「哈帝」是屬於何種型態的餐飲？ (A)西式速食業 (B)中式速食業 (C)高級法式餐廳 (D)高級中式餐廳。

（　）6.一般而言，室內適當的溫度是 (A)40 ℃ (B)30 ℃ (C)25 ℃ (D)22 ℃。

（　）7.食用法式西餐時，田螺或蝸牛專屬的叉子一般是放在餐皿的 (A)右方 (B)上方 (C)左方 (D)中央。

（　）8.在法式服務中，下列何者是從左邊供應的？ (A)麵包 (B)白酒 (C)冰水 (D)咖啡。

（　）9.國際上最正式的宴，亦即是元首間的正式宴會為 (A)banquet (B)soiree (C)state banquet (D)supper。

（　）10.藍山是咖啡中的珍品，其產地來自於 (A)巴西 (B)哥倫比亞 (C)衣索比亞 (D)牙買加。

（　）11.當你發現地板上有水，應 (A)馬上擦乾 (B)當作沒看見 (C)等有空再處理 (D)用腳踩一踩。

（　）12.下列何者屬於設備不良造成的意外？ (A)因地板打蠟滑倒 (B)儲存方式不良導致食物中毒 (C)因光線不良跌倒 (D)熱湯倒在客人上。

（　）13.廚房水溝出口想防範蟲鼠入侵，最好的方法是 (A)水溝加蓋 (B)水溝密封 (C)水封式水溝 (D)開放式水溝。

( )14.下列有關餐飲業廢棄物之敘述，何者正確？ (A)餐飲業廢棄物依其物理性質可分成固相及液相兩種 (B)廚房的污水含有有機質，應先處理後再排除 (C)儲存垃圾的地方不可噴灑殺蟲劑，以免貓、狗誤食之 (D)餐廳每天的剩菜剩飯，只要倒到垃圾桶就可以了。

( )15.餐巾、桌布等棉織品的定額，與客房的床單一樣，通常是所使用的餐桌的 (A)二倍 (B)三倍 (C)四倍 (D)五倍 供周轉。

( )16.餐飲連鎖國際擴展的因素，何者不是？ (A)大量生意的減少 (B)餐飲市場的增加 (C)旅行與旅遊人口的增加 (D)餐飲企業化經營。

( )17.購買或使用廚房之器具，其設計上不應有何種現象？ (A)四面採直角設計 (B)彎曲處呈圓弧形 (C)與食物接觸面平滑 (D)完整而無裂縫。

( )18.加盟連鎖雖不保證成功，但卻提供了通往成功的工具。這些工具中，下列何者不是？ (A)提供了地點的選擇 (B)來自於加盟總部不同層次持續性的協助 (C)提供採購器材的選擇 (D)彈性很大。

( )19.連鎖經營的缺點，下列何者不是？ (A)連鎖經營缺乏彈性 (B)擴大廣告和促銷的助益 (C)支付總部提供的成本 (D)過於衣賴連鎖總部。

( )20.連鎖餐廳總部提供的標準服務中，何者不是？ (A)地點選擇之建議和協助 (B)協助行銷、廣告及促銷 (C)服務的有效性 (D)原料發展。

( )21.地點分析所考慮的因素，何者有誤？ (A)區域劃分 (B)地段便宜 (C)地點的位置 (D)餐廳類型及服務種類。

( )22.連鎖餐廳一套規劃完備且有組織的訓練課程有下列幾項益處，何者不正確？ (A)減少意外 (B)行銷支援 (C)減少加盟單位營運中的破損及浪費 (D)改善加盟者的營運技巧。

( )23.成功概念的基本特點，何者不正確？ (A)菜單的多樣化 (B)品質

(C)應用的能力 (D)食物的特性。

( )24.評估食物所含營養是否均衡的方式，下列何者不是？ (A)重口味的食物 (B)維持健康的體重 (C)適量使用糖 (D)選擇少油脂的食物。

( )25.餐廳設計重要的考慮因素，不包括 (A)餐廳的設計和裝潢應符合餐廳主題(B)外觀應吸引人注意 (C)屋外及餐廳入口，應設計得端正醒目、整潔，並且藝術化 (C)員工使用的設施不須特別要求。

( )26.要成為餐飲者突破困境、擬定競爭策略的核心，須掌握三要點，下列何者有誤？ (A)顧客 (B)品質 (C)員工 (D)科技。

( )27.在餐飲管理資訊化的效益中，對於廚房方面的效益，下列何者敘述錯誤？ (A)點餐內容，透過電腦連線，可減少損失 (B)點餐資料可清潔而快速地傳達到廚房，可做最佳安排，提高生產力 (C)櫃台出納員不用擔心結帳錯誤 (D)根據餐點銷售分析資料，瞭解顧客喜好，提供顧客最滿意的餐飲品質。

( )28.在餐飲營運方面，餐飲資料系統可提供的協助或服務，下列何者正確？ (A)顧客帳單及現金管制 (B)餐飲營收統計 (C)餐廳勞務成本 (D)餐廳銷售額分析。

( )29.廚房設置電腦系統的主要用途在於 (A)協助其與餐廳取得有效的聯繫 (B)施行成本控制管理 (C)酒類的存貨管制 (D)顧客的帳單及現金管制。

( )30.酒類進貨時，有關資訊何者不須輸入電腦？ (A)品牌 (B)數量 (C)成本價 (D)酒瓶的顏色。

( )31.電腦化存貨管制的好處，下列何者敘述錯誤？ (A)提供正確的存貨資訊 (B)提供價格 (C)管制發貨收據 (D)防止失竊。

( )32.庫存管理電腦化的功能，何者不是？ (A)酒類存貨管制 (B)資料蒐集 (C)規劃或設計 (D)電腦管制膳食餐飲生產。

( )33.職業道德最重要之因素為 (A)敬業精神 (B)顧客至上 (C)供應美味可口的食品 (D)杜絕浪費。

餐飲管理：重點整理、題庫、解答

( )34.餐飲業是一種 (A)製造業 (B)觀光業 (C)服務業 (D)交通業。

( )35.餐飲管理原則上可概分為四部分，何者不正確？ (A)人的管理 (B)服裝的管理 (C)事的管理 (D)財的管理。

( )36.人力資源管理的範圍，不包括 (A)薪資待遇 (B)服裝管理 (C)安全保障 (D)組織編制。

( )37.員工的來源很多，何者非主要來源？ (A)從在職員工中調遷 (B)在職員工的推薦 (C)公開徵求 (D)非相關管道的推薦。

( )38.一般升遷方法有三，何者不正確？ (A)跳級升遷 (B)循序升遷 (C)考試升遷 (D)考核升遷。

( )39.進修訓練中，以下何者不正確？ (A)始業訓練 (B)工作方法訓練 (C)組織原理 (D)工作聯繫訓練。

( )40.有效的溝通中，何者有誤？ (A)以身做則 (B)信任度的維繫 (C)正式的溝通 (D)溝通意見的雙方責任。

( )41.產生差異的性質有四種因素，何者不包括在內？ (A)事實之不同 (B)目標之不同 (C)方法之不同 (D)喜好之不同。

( )42.有效處理衝突的方法，何者不正確？ (A)壓制衝突 (B)化解衝突為合作 (C)避免衝突之產生 (D)縮小衝突。

( )43.利潤規劃係協調餐飲業內各有關部門的活動，將「收益」、「利潤」和 (A)資產 (B)費用 (C)紅利 (D)公債金　統整的過程。

( )44.利潤的訂定有四種，何者有誤？ (A)員工平均每月淨利法 (B)投資報酬率法 (C)營業資產收益率法 (D)以所需盈餘作為目標利潤。

( )45.預算的功能有四種，何者有誤？ (A)規劃未來 (B)確立餐飲業整體經營目標 (C)加強內部協調 (D)營業預算。

( )46.預算控制的步驟，何者有誤？ (A)編定各部門預算 (B)依據所定預算，執行和指導各項業務活動 (C)比較成本與實際作業，分析差異原因 (D)採取改善措施。

( )47.餐飲業財務預算的種類有五種，何者有誤？ (A)營業預算 (B)連

續預算 (C)財務預算 (D)資本預算。

(　)48.下列何項不屬於餐廳的直接費用？ (A)印刷菜單 (B)員工薪資 (C)廣告費用 (D)清潔費用。

(　)49.下列何項不屬於餐廳的固定費用？ (A)能源成本 (B)保險費 (C)租金 (D)利息支出。

(　)50.電話費是屬於餐廳營業中的 (A)固定費用 (B)直接費用 (C)間接費用 (D)非固定費用。

解答

1.C；2.C；3.D；4.B；5.A；6.D；7.A；8.A；9.C；10.D；11.A；
12.C；13.C；14.B；15.D；16.A；17.A；18.D；19.B；20.C；21.B；
22.B；23.A；24.A；25.D；26.D；27.C；28.A；29.A；30.D；31.B；
32.C；33.A；34.C；35.B；36.B；37.D；38.A；39.A；40.C；41.D；
42.D；43.B；44.A；45.D；46.C；47.B；48.A；49.B；50.C

模擬試題（七）

(　　)1.菜式在廚房內由廚師裝盤妥當後，由服務員端至餐廳立即上桌，此種服務方式稱為 (A)美式服務 (B)法式服務 (C)英式服務 (D)中式服務。

(　　)2.菜式在廚房內由廚師裝飾在大銀盤上，服務員端到餐廳後，從客人左側呈上，供客人自行取用，並預先擺於其前的餐盤上。這種服務方式稱為 (A)美式服務 (B)法式服務 (C)義式服務 (D)中式服務。

(　　)3.所有菜盤皆同時出菜放於正中央，由客人自行分菜，這種服務方式稱為 (A)美式服務 (B)法式服務 (C)義式服務 (D)中式服務。

(　　)4.在類似的展示臺上供應全部的菜單項目，並且由客人自行取用，這種服務方式稱為 (A)美式服務 (B)法式服務 (C)自助餐式服務 (D)中式服務。

(　　)5.下列何者非「美式服務」的特色？ (A)菜餚均由左側供應 (B)餐具收拾均由右左側 (C)服務員只能服務一桌客人 (D)飲料供應左側、右側皆可。

(　　)6.在法式服務中，餐飲服務人員使用服務巾上菜，其目的是為了 (A)美觀 (B)防滑 (C)防割傷 (D)衛生。

(　　)7.法式服務中在準備服務叉匙時應放於左手上銀盤的前端 (A)餐叉在上、湯匙在下 (B)餐叉在右、湯匙在左 (C)餐叉在下、湯匙在上 (D)餐叉在左、湯匙在右　叉匙柄向著銀盤右側。

(　　)8.餐廳工作服務人員儀容準則，何者有誤？ (A)可留指甲 (B)勿濃妝豔抹 (C)禁止戴手鐲及項鍊等配件 (D)制服如沾上油漬、污垢，應立即換洗。

(　　)9.法式服務中在準備服務叉匙時應放於左手盤的前端，餐叉在左湯匙在右。叉匙柄向著銀盤的 (A)前方 (B)後方 (C)左側 (D)右側。

(　　)10.美式服務中食物 (A)以左手從客人左側 (B)以左手從客人右側

餐飲管理：重點整理、題庫、解答

(C)以右手從客人左側 (D)以右手從客人右側　上桌。

( )11.美式服務中飲料　(A)以左手從客人左側 (B)以左手從客人右側 (C)以右手從客人左側 (D)以右手從客人右側　上桌。

( )12.美式服務中殘盤殘杯　(A)以左手從客人左側 (B)以左手從客人右側 (C)以右手從客人左側 (D)以右手從客人右側　收拾。

( )13.英式服務中杯子　(A)以左手從客人左側 (B)以左手從客人右側 (C)以右手從客人左側 (D)以右手從客人右側　上桌。

( )14.英式服務中食物　(A)以左手從客人左側 (B)以左手從客人右側 (C)以右手從客人左側 (D)以右手從客人右側　上桌。

( )15.英式服務中殘杯　(A)以左手從客人左側 (B)以左手從客人右側 (C)以右手從客人左側 (D)以右手從客人右側　上桌。

( )16.英式服務中飲料　(A)以左手從客人左側 (B)以左手從客人右側 (C)以右手從客人左側 (D)以右手從客人右側　上桌。

( )17.就餐飲服務技巧而言，下例何者為是？　(A)收拾餐具可發出刺耳的聲音 (B)不管向人是否用餐完畢，可強行收拾餐具 (C)服務時避免碰觸到客人，手臂不要越過人面前 (D)隨時在客人桌前巡走，藉機催促客人結帳。

( )18.在服務客人就坐時，下列何者不是優先的對象？　(A)女士 (B)男士 (C)年長者 (D)小孩。

( )19.點菜單須經過何者簽證？　(A)領班 (B)經理 (C)櫃檯出納 (D)服務員。

( )20.服務兩對男女客人時，先服務　(A)男主人 (B)男主人右側女賓 (C)男主人左側女賓 (D)男主人對面男賓。

( )21.拿著空托盤的方法是　(A)放在指尖上旋轉 (B)像送餐點的方式托著 (C)夾在手臂上靠著身體 (D)把它丟在最近的空桌上。

( )22.客人跑帳時，我們要　(A)口出穢言 (B)追出去打他 (C)自認倒楣 (D)委婉地請他回來結帳。

( )23.下列哪一種餐飲服務方式又稱為推車服務？　(A)美式服務 (B)法式服務 (C)自助餐式服務 (D)俄式服務。

（　）24.所謂 "room service" 係指下列何者而言？　(A)客房服務 (B)房務管理 (C)房間清潔 (D)客房餐飲服務。

（　）25.客房餐飲服務中，客人所點的餐食以下列哪類為多？　(A)早餐 (B)午餐 (C)晚餐 (D)下午茶。

（　）26.如果客人點叫全餐及紅（白）酒，並要求在客房用餐時，請問服務員應如何送餐食給客人？　(A)以圓托盤裝盛 (B)以長方型托盤端送 (C)以客房餐飲推車送 (D)以L型推車送。

（　）27.餐廳餐桌桌面通常在桌巾下另鋪層桌墊，其主要目的是　(A)美觀 (B)吸水 (C)舒適且防噪音 (D)保護桌面。

（　）28.美式餐飲服務的基本原則是　(A)由客人左側收拾餐具 (B)由客人右側供應飲料，由左側供應菜餚 (C)由客人左側供應食物及飲料 (D)均由右側供食。

（　）29.客人未入座前水杯杯口朝下覆蓋，此服務方式係指下列哪一項？　(A)英式服務 (B)美式服務 (C)法式服務 (D)自助餐式服務。

（　）30.西式餐飲服務，下列哪些餐點係由客人左側供應？　(A)麵包 (B)牛排 (C)咖啡 (D)水果。

（　）31.通常在高級餐廳的餐桌擺設中，點心叉及甜點匙係擺在展示盤的哪一邊？　(A)右邊 (B)左邊 (C)上方 (D)下方。

（　）32.上菜時，除飲料自客人右側供應外，其餘菜餚均自左側供食，此種服務方式係指　(A)英式服務 (B)美式服務 (C)法式服務 (D)俄式服務。

（　）33.西式早餐煎蛋有一種是單面煎，其英文稱之為　(A)one side (B)1 side　(C)sunny side up (D)over easy。

（　）34.通常餐廳若要供應咖啡給客人，應在上完下列哪道菜之後？　(A)主菜 (B)前菜 (C)湯 (D)甜點。

（　）35.當食物須自客人右側供食時，試問服務員通常以哪一手端送食物較方便？　(A)右手 (B)左手 (C)雙手 (D)不一定。

（　）36.通常客房餐飲服務供應一人份早餐所附之咖啡量約為多少？

(A)一杯 (B)二杯 (C)三杯 (D)四杯。

(　)37.西餐服務流程中，當客人主菜用完時在尚未上點前，服務員應該 (A)倒茶水 (B)端上咖啡 (C)收拾餐具，整理桌面 (D)準備帳單。

(　)38.下列西餐餐具擺設方式何者爲正確？ (A)刀口向右 (B)叉齒向下 (C)湯匙心向上 (D)水杯置於湯匙右方。

(　)39.視客人個別嗜好點菜之方式稱之爲 (A)table d'hote (B)set menu (C)a la carte (D)menu。

(　)40.通常所謂套餐係指下列何者？ (A)a la carte (B)set menu (C)buffet (D)menu。

(　)41.法文table d'hote係指 (A)個別點菜 (B)全餐 (C)前菜 (D)開胃品。

(　)42.國家元首接受外交使節呈遞國書及富商高官所舉辦的豪華酒會稱爲 (A)punch party (B)cocktail party (C)tea party (D)champagne party。

(　)43.下列何者不是餐飲的服務方式？ (A)法式服務 (B)美式服務 (C)俄式服務 (D)客房服務。

(　)44.請選出中餐廳服務流程正確之順序 1.熱情迎客 2.接受點菜 3.結帳 4.開單下廚 5.上菜 6.禮貌送客 7.按序上菜 8.整理餐桌 (A)12546738 (B)12457683 (C)15247368 (D)14523768。

(　)45.下列何者不是目前常用的信用卡？ (A)JCB卡 (B)聯名折扣卡 (C)VISA卡 (D)MASTER卡。

(　)46.請選出餐廳正確使用信用卡結帳的流程 1.出納核對是否爲黑名單及有效日期 2.將帳單和簽帳卡帶到出納處刷卡在信用卡公司的簽帳單 3.核對客人的簽字有無錯誤 4.無誤後將信用卡及簽單上的顧客聯交給客人5.服務員送給客人簽字 6.出納填上金額 (A)123456 (B)216534 (C)214635 (D)261354。

(　)47.下列人物何者是服務最後的對象？ (A)女賓 (B)男賓 (C)主人 (D)年長者。

(　)48.下列人物何者是服務優先的對象？ (A)女士 (B)男士 (C)小孩

(D)年長者。

( )49.請選出法式服務流程正確之順序　1.領引入席就坐 2.接受點菜
3.結帳4.供應飲料 5.在客人面前完成最後烹調 6.餐食端入餐廳
(A)124653 (B)126534 (C)123456 (D)142653。

( )50.要感謝客人的消費，何種方式爲最適合？ (A)說「謝謝」 (B)用
感激的眼神望著他 (C)給折扣 (D)以最誠的心服務他。

解答

1.A；2.B；3.D；4.C；5.A；6.B；7.D；8.A；9.D；10.A；11.D；
12.D；13.D；14.A；15.D；16.D；17.C；18.B；19.C；20.B；21.B；
22.D；23.B；24.D；25.A；26.C；27.C；28.B；29.B；30.A；31.C；
32.B；33.C；34.D；35.A；36.B；37.C；38.C；39.C；40.B；41.B；
42.D；43.D；44.C；45.B；46.B；47.C；48.D；49.A；50.D

模擬試題（八）

（　）1.沙拉叉應擺在晚餐叉的外側，以方便客人使用。

（　）2.紅酒杯應擺設在白酒杯的左上方。

（　）3.口布的缺口應背對客人。

（　）4.西餐餐盤及刀叉必須離桌面約二公分。

（　）5.西餐餐桌擺設時，需以離桌兩指寬為標準。

（　）6.餐桌擺設原則是左邊放叉子、右邊放刀。

（　）7.中餐骨盤擺設時，需以離桌兩指寬為標準。

（　）8.西餐使用的餐具大致分為銀器、瓷器及玻璃器具。

（　）9.玻璃水杯可直接注入熱開水使用。

（　）10.西餐單點擺設中，奶油刀應與其他刀子放在一起。

（　）11.摺好的餐巾應整齊放在骨盤上或置於杯中。

（　）12.正式中餐，味碟擺設於骨盤右上方，間格約一指寬。

（　）13.中餐煙灰缸每桌擺設六個，等距排在餐具間與酒杯垂直。

（　）14.中餐圓桌架設程序，是事先將轉盤置放檯面中間，再放桌布。

（　）15.西餐中的銀器不須特殊保養，洗淨後直接放進餐具廚保存。

（　）16.為了誇示銀器的品質，要將餐具的背面朝上擺，這樣才夠明顯氣派。

（　）17.西餐中的主餐刀可以適用於牛排、魚排。

（　）18.西餐中單點菜單的餐具比套餐的餐具多。

（　）19.口布摺疊是一項重要的藝術，不能算是一種工作。

（　）20.口布的摺疊有美化餐桌的功能。

（　）21.桌卡的位置會影響桌面佈置的整齊氣氛。

（　）22.菜單不影響餐桌的擺設，隨便擺設是沒有關係的。

（　）23.中餐服務時，分菜員的位置是在主人的右方。

（　）24.餐桌桌面上的花有美化桌面的功能，所以花束愈大把愈好。

（　）25.檯布的選擇應與餐廳裝潢及餐具風格相搭配。

（　）26.餐具的種類與菜單無關。

（　）27.中餐服務桌上的餐具擺設順序與菜單有很大的關係。

（　）28.鮮花於打烊時，放置在桌上，好吸收氧氣。

（　）29.菜單須經常擦拭，以保持菜單的清潔與衛生。

（　）30.擦拭餐盤時，只需擦盤面，盤底要自然乾燥才不會留下水漬。

（　）31.瓶花留下凋零的花葉，才有現代抽象藝術的美感。

（　）32.服務中換檯布時，是先直接抽掉舊檯布，再鋪上新檯布。

（　）33.中餐擺設中，湯匙均一律放在小湯碗中，配成一套。

（　）34.中餐轉盤上的花飾盆花在上菜時通常均事先移開，以便餐桌服務與客人進餐。

（　）35.餐桌中的盆花的大小需和餐桌成比例。

（　）36.餐具如有店徽須正對著座位。

（　）37.水杯通常放於客人的右前方。

（　）38.餐桌上的桌花有礙視線，以不擺為宜。

（　）39.餐具愈花俏繁複愈能顯示餐廳水準，實用與否則不重要。

（　）40.服務人員應隨時注意客人，以備隨時服務。

（　）41.客人點沙拉，服務人員應將沙拉醬拿到客人面前讓他們自行挑選。

（　）42.上咖啡杯時應把咖啡杯把手向客人右側，湯匙置右側成45度角。

（　）43.餐具擺設無一定規矩，隨個人喜好而定。

（　）44.擺設餐具時應力求快速，故敲擊出聲亦無妨。

（　）45.西餐擺設中，餐刀應置於客人左邊。

（　）46.更換檯布時，桌面不可以露出來讓客人看見。

（　）47.西餐餐具的刀類種類很多，其中刀刃無鋸齒狀者是魚刀。

（　）48.西餐刀具有銳利鋸齒狀刀刃者是餐刀。

（　）49.西餐餐具中之圓湯匙係供食清湯用，橢圓湯匙係飲濃湯用。

（　）50.西餐常用的餐盤中，其直徑為10.5吋者稱之為主菜餐盤。

解答

1.○；2.○；3.○；4.○；5.✕；6.○；7.○；8.○；9.✕；10.✕；
11.○；12.✕；13.✕；14.✕；15.✕；16.○；17.✕；18.○；19.✕；
20.○；21.○；22.✕；23.○；24.✕；25.○；26.✕；27.○；28.✕；
29.○；30.✕；31.✕；32.✕；33.✕；34.○；35.○；36.○；37.○；
38.✕；39.✕；40.○；41.✕；42.○；43.✕；44.✕；45.✕；46.○；
47.✕；48.✕；49.✕；50.○

模擬試題（九）

( )1.服務方式固然很多，但是最方便又最能讓客人滿意的，就是最好的服務方式。

( )2.中餐貴賓服務的順序是從主人開始。

( )3.安排好餐桌後，須把表示「已訂」的訂座卡放置在已預留的各餐桌的中央部位，其顯示文字的一面須向著客人走近的方向。

( )4.正式的餐飲流程中包括要替客人攤口布。

( )5.剛開始營業時，須先安排客人至餐廳前段比較顯眼之處，使得餐廳不會顯得冷清。

( )6.上菜時手指應伸入盤中，才不會滑落。

( )7.上熱湯時，為避免傷及客人，應先告知客人注意。

( )8.接受點菜完畢後，必須向客人複誦一次，以防客人點錯菜，或是服務員會錯意或聽錯菜名。

( )9.中餐的服務場合，所點的菜餚皆係整桌和菜而食之，所以叫菜是以一桌為單位。

( )10.服務一對男女客人時，先服務男賓後服務女賓。

( )11.熱菜須趁熱上菜，冷菜則任何時候上菜皆可。

( )12.基於衛生的理由，食物絕不可以手碰之。

( )13.向客人提供零星服務，如口布、香煙、火柴等，不需使用襯盤服務。

( )14.收拾殘盤時須等到所有客人皆吃完畢時才開始。

( )15.菜餚常有一定的附帶調味醬，熱者由服務員準備之，冷者則由客人從服務桌處直接取之。

( )16.服務點心前，必須以摺塊服務巾和服務盤刷清桌面。

( )17.服務飯後酒時應逆時鐘方向服務客人。

( )18.收拾殘杯必須使用托盤來收拾。

( )19.客人正式用餐時，桌面上多餘的餐具杯皿皆要拿走。

( )20.端送叉類餐具時應放在鋪有餐巾的盤子上。

( )21.服務時避免碰到客人，手臂亦不要越過客人前面。

( )22.為了服務快速，可以用手指將數個玻璃杯持取在一起。

( )23.在分肉等類似服務時應先準備好主菜盤子。

( )24.供應咖啡時，酒杯應儘快收走。

( )25.不潔之煙灰缸應隨時更換。

( )26.服務時可背對客人。

( )27.服務人員須依規定門戶進出或指定方向行走。

( )28.西式服務中，奶油碟置於餐叉之右側，碟上置奶油刀一把，與刀叉平行。

( )29.除非客人要求，否則不要在客人未吃完前收拾餐盤。

( )30.服務時以女性，特別是年長者優先，主人墊後。

( )31.西餐最講究每道菜上菜順序，例如主菜之後才上湯。

( )32.服務人員需從客人面前過來，不可從背後出現。

( )33.服務態度的優劣攸關顧客用餐的第一印象。

( )34.餐盤服務又稱法式服務，其重點是：將製備完成的食物在廚房內分配好適當的份量，加上裝飾，而後由服務人員將餐盤直接置於顧客桌上，供其享用。

( )35.傾倒啤酒時，杯子稍微傾斜，速度加快，以避免產生太多泡沫。

( )36.供應啤酒給客人時，應注意須事先冷藏至適溫約7℃再供應為宜。

( )37.服務啤酒給客人時，不一定要使用啤酒杯，香檳杯也可以。

( )38.麵包類須用口布包裝於籃中，直接放在餐桌中央供客人自行取用。

( )39.帳單須呈給請客的主人，若看不出誰是主人時，則將帳單擺放在不特別靠近任何一人的中立地帶。

( )40.美式餐桌擺設，當客人入座時，服務生應將玻璃杯口朝上。

( )41.餐廳服務直到付完帳即告畢。

（　）42.接受點菜時，應對聲音要清晰，大小適中，並且要有禮貌。

（　）43.勿將盤疊堆積過高，以防傾覆。

（　）44.每一個客人都應遞給一份菜單，如果菜單不夠，則應先給女客，如果沒有異性，則以年長者為優先。

（　）45.服務人員應熟悉菜單上各類名稱及價格，但對於其菜餚之烹調及內容不必注意。

（　）46.結帳單據應正面朝上，置於收銀盤上，裝送給客人。

（　）47.結帳完畢後，無論有無小費，均須向客人道謝，並為其拉座送客。

（　）48.帳單應連同各項消費憑單向客人結帳，顯示帳目確實。

（　）49.服務生在上菜時可先試吃。

（　）50.客人若對菜單有不明瞭之處，應誠摯為客人講解。

解答

1.○；2.×；3.○；4.○；5.○；6.×；7.○；8.○；9.○；10.×；
11.×；12.○；13.○；14.○；15.×；16.○；17.×；18.○；19.○；
20.○；21.○；22.×；23.○；24.×；25.○；26.×；27.○；28.×；
29.○；30.○；31.×；32.○；33.○；34.×；35.○；36.○；37.×；
38.○；39.○；40.○；41.×；42.○；43.○；44.○；45.×；46.×；
47.○；48.○；49.×；50.○

模擬試題（十）

( )1.中餐的味碟盤應排在骨盤的 (A)右上方 (B)左上方 (C)右下方 (D)左下方。

( )2.筷子的擺設應平直架於筷架上，標誌一般朝 (A)上 (B)下 (C)內 (D)外。

( )3.中餐擺設的公杯其杯嘴方向應朝向 (A)前 (B)後 (C)左 (D)右。

( )4.西餐中十吋的盤子是為 (A)晚餐盤 (B)奶油麵包盤 (C)服務盤 (D)沙拉盤。

( )5.西餐餐具擺設順序是 (A)由外往內 (B)由內往外 (C)由中間向外 (D)客人使用方便就行。

( )6.西式全套套餐餐具的點心匙叉，其擺放位子為 (A)匙下朝左，叉上朝右 (B)匙上朝右，叉下朝左 (C)匙上朝左，叉下朝右 (D)匙下朝右，叉上朝左。

( )7.龍蝦箝應放置在餐桌客人哪一邊？ (A)左方 (B)右方 (C)右上方 (D)左上方。

( )8.龍蝦剔叉應放置在餐桌客人哪一邊？ (A)右上方 (B)左下方 (C)右方 (D)左方。

( )9.桌卡的放置應 (A)打開面對客人 (B)打開斜對客人 (C)打開背對客人 (D)闔上平放桌上。

( )10.口布的缺口放置應 (A)背對客人 (B)斜對客人 (C)面對客人 (D)闔上平放桌上。

( )11.龍蝦大餐中，置殼盤應放置在骨盤的 (A)正前方 (B)正後方 (C)左前方 (D)左後方。

( )12.中餐擺設中，小酒杯在啤酒杯的右方約 (A)一指寬 (B)兩指寬 (C)三指寬 (D)四指寬。

( )13.正式中餐圓桌，一桌有幾個公杯 (A)四個 (B)六個 (C)八個 (D)十二個。

(　)14.正式中餐的佐料壺應放在牙籤盅的　(A)右側 (B)右上方 (C)左側 (D)左上方。

(　)15.正式中餐中客人是每多少人共用一個煙灰缸？　(A)二人 (B)三人 (C)四人 (D)五人。

(　)16.中餐中，意見卡排在哪一個餐具上方？　(A)小酒杯 (B)公杯 (C)牙籤盅 (D)味碟。

(　)17.西餐中，銀盤服務即是　(A)裝菜 (B)旁桌服務 (C)小推車服務 (D)上菜服務。

(　)18.吃龍蝦時要附上　(A)牛排刀 (B)洗手盅 (C)餐刀 (D)牡蠣刀。

(　)19.西餐餐刀中最鋒利是　(A)奶油刀 (B)魚刀 (C)餐刀 (D)牛排刀。

(　)20.餐巾在清朝稱為　(A)懷兜 (B)口布 (C)席金 (D)懷擋。

(　)21.西餐中八吋的盤子稱為　(A)主菜餐盤 (B)中間菜盤 (C)點心盤 (D)麵包盤。

(　)22.下列何者非餐巾的別稱？　(A)席巾 (B)桌巾 (C)茶巾 (D)口布。

(　)23.下列何者非餐巾摺疊的原則？　(A)高雅 (B)衛生 (C)複雜 (D)清潔。

(　)24.獨木舟餐巾摺好需如何放置在餐盤上？　(A)倒立 (B)平放 (C)垂直 (D)橫放。

(　)25.西式餐桌擺設，通常餐叉係擺在展示盤的哪一邊？　(A)右邊 (B)左邊 (C)上方 (D)下方。

(　)26.西式餐具當中，有銳利鋸齒之刀具是　(A)肉刀 (B)魚刀 (C)牛排刀 (D)水果刀。

(　)27.中式宴席十二人桌擺設定位點，初學者用骨盤最好以何者為標的？　(A)偶數座位 (B)奇數座位 (C)學資深人員用「目測」 (D)12、3、6、9點鐘座位。

(　)28.當餐廳供應濃湯給客人時，通常應供應下列哪種匙類？　(A)圓湯匙 (B)橢圓湯匙 (C)服侍匙 (D)茶匙。

(　)29.西餐餐桌擺設時，通常湯匙係擺在下列哪個位置？　(A)餐刀右邊 (B)餐叉右邊 (C)展示盤上方 (D)麵包盤上。

餐飲管理：重點整理、題庫、解答

( )30.下列各式刀具中，哪一種最銳利？ (A)肉刀 (B)魚刀 (C)牛排刀 (D)奶油刀。

( )31.中式宴席所使用的大菜盤其尺寸為 (A)16～14吋 (B)12～10吋 (C)8～6吋 (D)6吋以下。

( )32.西餐主菜盤的尺寸，其直徑至少應為多少吋以上？ (A)10 1/2 (B)9 1/2 (C)8 1/2 (D)6 1/2。

( )33.供應半粒葡萄柚給客人時，應另附下列何種餐具？ (A)餐刀 (B)餐叉 (C)洗手盅 (D)湯匙。

( )34.供應田螺給客人時，田螺叉應放在餐巾的哪一邊？ (A)右邊 (B)左邊 (C)上方 (D)下方。

( )35.餐桌擺設時，通常餐刀的刀口係朝下列哪個方向？ (A)向左朝展示盤 (B)向右朝外側 (C)向上方 (D)向下方。

( )36.西餐餐桌擺設時，通常以下列哪項餐具作為定位用？ (A)杯皿 (B)刀具 (C)湯碗 (D)展示盤。

( )37.中餐餐桌擺設，通常以下列哪種餐具先置放？ (A)味碟 (B)筷架 (C)骨盤 (D)湯碗。

( )38.中餐宴席菜「糖醋黃魚」通常係以下列哪類餐盤來裝盛？ (A)16吋圓盤 (B)16吋橢圓盤 (C)14吋橢圓盤。

( )39.通常中餐酒席擺設的餐位係以多少人為標準？ (A)8人 (B)10人 (C)12人 (D)16人。

( )40.中餐餐桌擺設，通常將餐巾置於何處？ (A)味碟上方 (B)筷子架右側 (C)骨盤右側 (D)骨盤上。

( )41.一般中餐餐桌擺設，味碟的位置係在骨盤的哪一方？ (A)右上方 (B)右下方 (C)左上方 (D)左下方。

( )42.早餐餐桌擺設咖啡杯皿時，咖啡杯應置於何處？ (A)餐叉左側 (B)餐叉上方 (C)餐刀右側 (D)餐刀左側。

( )43.通常餐桌擺設時，田螺叉係擺在何處？ (A)左方 (B)前方 (C)右方 (D)餐盤上。

( )44.下列哪一項係屬於高級餐廳餐桌擺設的特性？ (A)擺展示盤 (B)

擺刀叉匙 (C)擺餐墊紙 (D)擺高腳杯。

( )45.中餐餐桌擺設時，筷子架通常應置於何處？ (A)骨盤左方 (B)骨盤上方 (C)骨盤下方(D)骨盤右方。

( )46.紹興酒其製造之性質屬於 (A)釀造酒 (B)蒸餾酒 (C)合成酒 (D)再製酒。

( )47.竹葉青酒其製造之性質屬於 (A)釀造酒 (B)蒸餾酒 (C)合成酒 (D)再製酒。

( )48.生啤酒其製造之性質屬於 (A)釀造酒 (B)蒸餾酒 (C)合成酒 (D)再製酒。

( )49.下列哪一種茶係屬於半發酵茶？ (A)紅茶 (B)綠茶 (C)鐵觀音 (D)烏龍茶。

( )50.較適於低溫沖泡的茶的是 (A)綠茶 (B)紅茶 (C)鐵觀音 (D)烏龍茶。

解答

1.A；2.A；3.C；4.A；5.A；6.A；7.B；8.C；9.A；10.A；11.C；
12.A；13.A；14.A；15.A；16.B；17.D；18.B；19.D；20.A；21.A；
22.B；23.C；24.D；25.B；26.C；27.D；28.A；29.A；30.C；31.A；
32.A；33.D；34.A；35.A；36.D；37.C；38.B；39.C；40.D；41.A；
42.C；43.C；44.A；45.D；46.A；47.D；48.A；49.D；50.A

模擬試題（十一）

（　）1.所謂餐飲服務，就是指供應食物和飲料的動作和技巧。

（　）2.餐飲服務員為講究效率，避免客人等候，必要時在餐廳可以快跑為之。

（　）3.餐飲服務手持熱盤，為避免燙傷須以餐巾端盤上桌，以免意外傷害。

（　）4.美式餐飲服務的特色是菜餚從客人左側供食，飲料從右側服務。

（　）5.餐飲服務時，應以女賓或年長者優先服務，主人殿後。

（　）6.餐飲服務員一天的工作量相當重，因此在餐廳服勤時可將身體靠牆作休息。

（　）7.餐桌服務時，若餐具不慎掉落地上，應立即撿起並拭淨再給客人使用。

（　）8.服務是餐廳的生命，更是餐飲業最重要的產品。

（　）9.所謂正確的服務心態係指瞭解並尊重自己所扮演的角色，並能有效控制自己的情緒於工作場合。

（　）10.餐飲服務員務須先熟悉餐廳菜單，才能提客人良好服務。

（　）11.餐飲服務員在工作時儘量避免與客人爭吵。

（　）12.法式服務時，展示盤上通常擺放一組刀叉餐具。

（　）13.餐飲服務流程，通常主菜上完以後應立即供應咖啡或紅茶等飲料。

（　）14.餐飲服務作業要領，通常規定盤碟收拾應自客人右手邊取走。

（　）15.一般而言，所謂 "plate service" 係指俄式餐飲服務。

（　）16.中餐餐桌服務可分廂房宴席服務和小吃服務兩種不同服務方式。

（　）17.在中式宴席服務流程中端茶給客人，通常僅限客人入座後為之。

（　）18.當顧客用餐結束後，服務多應立即主動遞上帳單，以免客人久候。

(　)19.餐飲服務人員遞帳單給客人時，應從客人右側送上為宜。

(　)20.餐飲服務人員清理桌面的主要目的是暗示客人準備打烊。

(　)21.不小心將菜汁、飲料濺灑在客人衣服上，趕快說對不起就可以。

(　)22.替客人倒飲料時，儘量避免用手碰觸杯口。

(　)23.服務人員應保持和藹的態度與專注的精神。

(　)24.在實際工作之前應先檢查自己的儀容是否整齊。

(　)25.如果有兩桌客人同時要求服務，可只理會其中一桌。

(　)26.餐具在清洗高溫殺菌烘乾後，仍須用乾布將其拭乾以便收藏。

(　)27.作推車服務時，看到客人在十公尺處招手時，要快跑將推車推到客人旁邊。

(　)28.若客人不停地抱怨，我們該站在公司的立場為公司講話與客人爭吵。

(　)29.西餐餐桌所使用的點心盤尺寸較麵包盤小。

(　)30.中餐宴席所使用的主菜盤其直徑通常在14吋以上。

(　)31.中餐大菜盤通常以橢圓形盤作為供食魚類佳餚用。

(　)32.中餐正式餐桌擺設時，一般均將湯匙統一置放於湯碗，匙柄朝右。

(　)33.中餐餐桌擺設時，通常先置放骨盤，以利於定位之用。

(　)34.中餐餐桌擺設時，骨盤右側擺毛巾，左側擺味碟。

(　)35.中餐檯布鋪設時，至少應使檯布自桌緣下垂約8～12吋或20～30公分為宜。

(　)36.西餐餐桌擺設，通常餐刀置於前菜盤左側，餐叉置放在其右側。

(　)37.西餐餐桌擺設時，水杯杯口朝下覆蓋，這是法式餐桌擺設的特色。

(　)38.餐桌擺設的基本原則除了講究美感與平衡感外，更應注意客人方便。

(　)39.紅酒杯與白酒杯的外型類似，不過白酒杯容量較紅酒杯大。

餐飲管理：重點整理、題庫、解答

( )40.在餐廳更換檯布時，最重要的基本原則為迅速、靜肅，及勿使桌面露出。

( )41.餐飲服務員使用的服務巾，其主要用途係為便於工作流汗時擦拭之用。

( )42.餐巾除了供餐桌擺設裝飾用外，尚可作為擦拭刀叉、餐刀及杯皿用。

( )43.洗手盅的主要用途係供客人餐前洗手用的一種餐具。

( )44.餐飲工作人員應力求儀容端莊，上班時應配戴飾物，並塗胭脂，以給予客人好感。

( )45.餐飲服務人員工作時，應多注意聆聽客人間的談話，以表示友善。

( )46.廚房發生火災時，必須先將瓦斯、電氣等開關關閉。

( )47.員工上班時間發生職業傷害時應填寫傷害報告書並送醫。

( )48.水、電、瓦斯是高危險設施，應特別注意操作安全與檢查維護。

( )49.廚房燈罩油垢最易引起火災，每天結束營業後應立即清洗。

( )50.靠近廚房出入口的地方，不可安置電氣器具、爐具及易燃物品。

解答

1.✕；2.✕；3.✕；4.○；5.○；6.✕；7.✕；8.○；9.○；10.○；11.○；12.✕；13.✕；14.○；15.✕；16.○；17.✕；18.✕；19.○；20.✕；21.✕；22.○；23.○；24.○；25.✕；26.✕；27.✕；28.✕；29.✕；30.○；31.○；32.✕；33.○；34.✕；35.○；36.✕；37.✕；38.○；39.✕；40.○；41.✕；42.✕；43.✕；44.✕；45.✕；46.○；47.○；48.○；49.○；50.○

模擬試題（十二）

（　）1.在目前餐廳營運中，促銷飲料是增加利潤的最佳方法。

（　）2.飲料是指可以喝的東西。

（　）3.果汁、汽水、可樂屬一般非酒精性的飲料。

（　）4.咖啡及可可都是由咖啡豆製作而成的。

（　）5.台灣是水果王國，果汁銷路極佳。

（　）6.琴酒是酒經蒸餾過程而製成的酒。

（　）7.瓶裝啤酒存放宜避免過熱及陽光直射的地方，儲存時間不可超過半年。

（　）8.各式各樣的酒杯各有使用的時機，通常必須在短時間內喝下的酒，多用修長底身深者，須長時間品嚐者則可用矮胖底淺者。

（　）9.紅、白葡萄酒多屬於佐餐酒。

（　）10.白酒一般配開胃菜與海鮮。

（　）11.紅酒一般配紅肉與獵物肉。

（　）12.傳統上，茶是用開水沖泡散裝的茶葉而成，但為方便現代人用茶包取代。

（　）13.一般所稱之紅茶，是經過完全發酵的茶，泡出來的茶湯是朱紅色，具麥芽糖的香氣。

（　）14.凍頂烏龍茶是屬於未經過發酵的茶。

（　）15.香片是以製造完成的茶加薰花香而成。

（　）16.通常當飯後飲料的咖啡都是喝熱的，所以咖啡杯最好能預熱，以免熱咖啡倒進杯內，被冷杯給降溫，因而失去原味。

（　）17.除不宜吃糖的人外，大部分喝咖啡都加糖，所以須準備糖包以備客人所需。

（　）18.倒啤酒應快速，以免讓客人久候。

（　）19.替客人開酒時，需先將酒拿給客人過目一下，確認所開的酒是從未開封過的。

（　）20.咖啡上桌時，先在托盤上將咖啡杯放在襯盤上，杯耳向左，咖啡匙放在咖啡杯右側，匙柄向左。

（　）21.咖啡之原始品種較適合調配冰咖啡的是阿拉比加（Arabica）種。

（　）22.為提供客人良好的服務，供應咖啡時，應該先將糖、奶精與咖啡調好。

（　）23.市面上所賣的紅茶是屬於半發酵茶。

（　）24.沖泡綠茶的水溫最好以滾燙開水沖泡為佳。

（　）25.陳年茶或焙火較重的茶其沖泡水溫應在攝氏90度以上為佳。

（　）26.所謂碳酸飲料係指含二氧化碳的清涼有氣飲料之統稱。

（　）27.威士忌（Whisky）係以甘蔗為原料，經發酵釀造而成。

（　）28.一般而言白蘭地（Brandy）係以葡萄或水果為原料，經發酵、蒸餾後再儲存於橡木桶之陳年老酒。

（　）29.琴酒又稱為杜松子酒，酒精濃度甚高，為今日調製雞尾酒的重要基酒之一。

（　）30.一般啤酒的酒精濃度約為16%。

（　）31.餐飲服務人員員工作帽應以整潔美觀為主。

（　）32.廚房工作人員的服裝儘量以暗色為主，如此較不容易髒。

（　）33.餐飲從業人員每年應定期健康至少一次。

（　）34.廚房工作時，若已烹調好的食物不慎掉落地上，絕對不可再用。

（　）35.細菌遍布整個大自然，大部分都會影響人體的健康。

（　）36.所謂防腐劑，事實上就是一種抗黴菌物，以防範食品受污染。

（　）37.一般細菌在攝氏零下15度時，細菌都會被消滅無法生存。

（　）38.餐廳廚房的地板建材須選擇不透水、易洗、耐酸鹼的深色材料為宜。

（　）39.餐廳房的門窗、出入口應設置防範病媒體入侵的設備。

（　）40.廚房砧板消毒洗淨後，應以側立方式存放。

(　)41.廚房砧板應該冷、熱、生、熟食分開使用，不可共用一塊砧板。

(　)42.爲避免腐蝕、鬆動脫落，廚房的刀具柄應儘量採用木柄材質。

(　)43.乾粉滅火器對於油類、電氣及液化石油氣等火災最爲有效。

(　)44.太平門及太平梯應保持暢通，不可加鎖或堆砌貨品。

(　)45.餐廳所遭遇的意外事件當中，最嚴重的首推火災。

(　)46.煮沸消毒法係指將餐具置放熱開水中消毒15分鐘以上。

(　)47.現代化餐廳最重要的商品就是美酒佳餚的餐食。

(　)48.所謂服務，就是一種以親切熱忱的態度爲客人著想，使客人有一種賓至如歸之感。

(　)49.服務乃餐廳的生命，無服務即無餐廳可言。

(　)50.餐飲工作人員須有主動負責的敬業精神與團隊合作觀念，始能發揮最大工作效率。

解答

1.○；2.○；3.○；4.×；5.○；6.○；7.○；8.○；9.○；10.○；
11.○；12.○；13.○；14.×；15.○；16.○；17.○；18.×；19.○；
20.○；21.×；22.×；23.×；24.○；25.○；26.○；27.×；28.○；
29.○；30.×；31.○；32.×；33.○；34.○；35.○；36.○；37.×；
38.×；39.○；40.○；41.○；42.×；43.○；44.○；45.○；46.×；
47.×；48.○；49.○；50.○

餐飲管理：重點整理、題庫、解答

模擬試題（十三）

(　　)1.餐廳的基本定義，下列敘述何者為非？ (A)服務性事業 (B)無需固定營業場所 (C)以營利為目的 (D)提供顧客餐飲的設備與服務。

(　　)2.法國所指的三大珍味是 (A)牛排、龍蝦、魚子醬 (B)鵝肝、魚子醬、龍蝦 (C)鵝肝、松露、魚子醬 (D)鮮蠔、松露、魚子醬。

(　　)3.一般速食業者所強調的"Q.S.C.V"之中，Q指的是 (A)quantity (B)quality (C)question (D)quotation。

(　　)4.現代西餐的主流為 (A)法國菜 (B)義大利菜 (C)美國菜 (D)英國菜。

(　　)5.餐廳經營成功與否，首要的因素為 (A)高雅的裝潢 (B)親切的服務 (C)良好的地點 (D)美食與佳餚。

(　　)6.餐飲業所指的"F&B"是指 (A)fruit & bread (B)food & beer (C)food & beverage (D)food & breakfast。

(　　)7.黃油蟹是何地的特產？ (A)香港 (B)義大利 (C)法國 (D)澳門。

(　　)8."restaurant"法文原義為 (A)餐廳 (B)菜單中的一組菜式 (C)使人恢復元氣的神品 (D)一種葡萄酒的名稱。

(　　)9.下列何者是陳水扁總統嫁女兒時的婚宴用酒？ (A)陳年紹興 (B)愛蘭囍酒 (C)玉山陳高 (D)烏龍茶酒。

(　　)10.手洗餐具時，應用何種清潔劑？ (A)弱酸 (B)中性 (C)酸性 (D)鹼性。

(　　)11.下列有關餐廳的敘述何者錯誤？ (A)現今"restaurant"這個字眼，起源於一種稱為「恢復之神」的湯類 (B)中國餐飲真正普遍流行是在唐宋，當時長安街上到處是肉店、酒店 (C)裝潢、設備、菜單及食物是屬於有形的產品 (D)清潔、衛生、氣氛、風格是屬於無形的產品。

(　　)12.西餐起源於 (A)美國 (B)法國 (C)義大利 (D)英國。

(　　)13.下列何者不屬於北平菜？ (A)牛腩 (B)炸八塊 (C)涮羊肉 (D)牛

肉扒。

(　)14.所謂的 "restaurant" （餐館）的前身，應該是要指 (A)酒店 (B)飲食店 (C)咖啡店 (D)茶館。

(　)15.下列何者屬於外顯服務（expaicit service）？ (A)餐點、飲料 (B)建築物、裝潢 (C)色香味、清潔 (D)幸福感、舒適。

(　)16.在西洋歷史上最早記載有「公共餐飲地點」者是公元前512年的 (A)希臘 (B)義大利 (C)法國 (D)埃及。

(　)17. "catering" 是指 (A)訂席 (B)速食 (C)外燴 (D)自助餐。

(　)18.餐廳的起源跟人類的何種活動有密不可分的關係？ (A)賺錢 (B)旅行 (C)應酬 (D)購買房地產。

(　)19.下列何屬於「內隱服務」（impaicit service） (A)餐點、飲料 (B)建築物、設備 (C)衛生與人的服務 (D)方便、成就感。

(　)20.台灣西餐廳源 (A)南京 (B)上海 (C)廣東 (D)北京。

(　)21.選擇餐廳傢具不須考慮什麼？ (A)造型 (B)方便儲存 (C)損壞率 (D)服務人員的喜好。

(　)22.有關我國餐飲發展史，下列敘述何者錯誤？ (A)古代為方便客商，設「驛」或「亭」以供膳食 (B)古代希伯來語「貿易者」與「旅行者」意義不同 (C)當時之餐館，完全屬於家族式之經營 (D)古代餐飲設備，由簡陋日趨考究且豪華。

(　)23. "buffet service" 創始於 (A)美 (B)法 (C)義 (D)英國。

(　)24.日本料理的主要烹調方式不包括 (B)炸 (A)煮 (C)烤 (D)蒸。

(　)25.英文的 "feeding" 是指 (A)廚師 (B)機關團體餐廳 (C)助理服務員 (D)空中廚房。

(　)26.整條魚上桌時，應如何擺放客人餐盤中？ (A)魚頭向左，腹部向桌緣 (B)魚頭向右，腹部向桌緣 (C)魚頭向左，腹部向上 (D)魚頭向右，腹部向上。

(　)27.牛排擺設於餐盤時 (A)骨頭向右，肥肉向上 (B)骨頭向左，肥肉向上 (C)骨頭向右，肥肉向下 (D)骨頭向左，肥肉向下。

(　)28.有關西餐的特色，下列何者何者有誤？ (A)除主菜外還重視點

心與飲料 (B)烹調方法採用標準食譜 (C)調味以調味汁（sauce）爲主 (D)採用共食的方法。

( )29.有關檯面的清理，下列敍述何者有誤？ (A)盤碟從客人右手收走，一次勿超過四個 (B)少量的杯類爲免破損，最好以手送走 (C)主菜用完而點心未上時是清理桌面碎屑的時機 (D)上咖啡、茶後，桌上僅留水杯及香檳杯。

( )30.中西餐在其特色的比較下，下列何者有誤？ (A)準備階段，中餐較費時，過程又繁雜 (B)烹調過程中，西餐簡單，中餐複雜 (C)西餐普遍採單人份，中餐多採合吃 (D)中餐的餐具較繁多。

( )31.所謂三P原則，下列何者有誤？ (A)賓客地位 (B)賓客年齡 (C)政治情勢 (D)人際關係。

( )32.美式菜單常以 "entree" 作爲何種菜式的代號 (A)開胃品 (B)點心 (C)主菜 (D)湯。

( )33.西餐的第一道菜是前菜，類似中餐的 (A)主菜 (B)點心 (C) 湯菜 (D)冷盤。

( )34.西餐中，麵包的功能最主要是 (A)以免吃不飽 (B)泡湯吃 (C)改變口中的餘味 (D)增加菜色的豐富。

( )35.食用魚子醬時，應使用何種餐具？ (A)魚餐刀、叉 (B)大餐刀、叉 (C)小餐刀、叉 (D)小湯匙即可。

( )36.單點用義大利麵時，餐具應擺設爲 (A)右餐叉、左湯匙 (B)右湯匙、左餐叉 (C)右餐刀、左餐叉 (D)叉與湯匙都在右側。

( )37.西餐中最後上菜的是誰？ (A)女主人 (B)男主賓 (C)男主人 (D)女主賓。

( )38.西餐中的B／B plate常擺在何處？ (A)右側 (B)左側 (C)上側 (D)左下方。

( )39.下列何者不是宴會席次安排的基本原則？ (A)尊右原則 (B)穿著原則 (C)分坐原則 (D)3P原則。

( )40.服務順序上，下列何者有誤？ (A)主賓須先服務 (B)席中有女士時，男性賓客仍優先 (C)年長者優先於年輕者 (D)主人殿後。

(　)41.所謂的"aperitif"指的是　(A)開胃菜 (B)點心 (C)開胃酒 (D)啤酒。

(　)42.食用煙燻魚類時，搭配何種餐具較合適？　(A)大餐刀、大餐叉 (B)小餐刀、小餐叉 (C)pastry fork (D)butter knife。

(　)43.西餐中，洗手碗使用的敘述，何者有誤？　(A)每次都以單手來清洗 (B)常見於法式餐廳 (C)食物用完，將拇指與食指浸入碗中 (D)可將點心匙順便清洗，以免口味雜陳。

(　)44.酥脆的bacon之形容為　(A)crisp (B)hard (C)over hard (D)over。

(　)45.冰淇淋宜保存在攝氏幾度下最適合？　(A)0℃ (B)-5℃ (C)-12℃ (D)-18℃。

(　)46.在full course中，被稱為middle course的是　(A)entree (B)roast (C)soup (D)sald。

(　)47.被稱為「有服務的自助餐」指的是　(A)美式 (B)英式 (C)法式 (D)俄式　服務。

(　)48.九○年代，消費者「吃的取向」是　(A)為娛樂 (B)為嗜好 (C)為流行 (D)為健康。

(　)49.下列敘述何者有誤？　(A)入座時，男士幫女士入座 (B)擦嘴時要使用餐巾一角，輕輕按壓為宜 (C)用餐完畢，餐具併排正放於餐盤中央 (D)飲湯時，用右手拿湯匙由內往外舀，再將湯送入口。

(　)50.西餐上菜的順序，下列何者是第一個上菜的人？　(A)女主人 (B)男主人 (C)女主人右邊男主賓 (D)男主人右邊女主賓。

解答

1.B；2.C；3.B；4.A；5.D；6.C；7.A；8.C；9.B；10. B；11.B；
12.C；13.A；14.B；15.C；16.D；17.C；18.B；19.D；20.B；21. D；
22.B；23.A；24.D；25.B；26.A；27.B；28.D；29.B；30.D；31.B；
32.C；33.D；34.C；35.C；36.A；37.C；38.B；39.B；40.B；41.C；
42.B；43.D；44.A；45.D；46.A；47.C；48.D；49.C；50.D

模擬試題（十四）

（　）1.American style服務的基本原則，下列何者敘述正確？ (A)菜餚從客人右側上 (B)飲料從客人左側上 (C)收拾盤碟從左側下 (D)帳單置於客人左側桌緣。

（　）2.French style服務的基本原則，下列何者敘述錯誤？ (A)菜餚從客人左側上 (B)飲料從客人右側上 (C)收拾盤碟從客人右側 (D)沿著桌邊順時針服務。

（　）3.Russian style服務的基本原則，下列何者敘述錯誤？ (A)菜餚從客人左側上 (B)飲料從左側上 (C)收拾從右側下 (D)沿桌邊順時針方向服務。

（　）4.有關法式餐桌擺設，下列何者有誤？ (A)餐刀置於餐皿的右側 (B)酒杯置於餐刀上方 (C)奶油碟置於餐刀左側 (D)點心叉匙置於前菜皿上端。

（　）5.法式服務之餐廳中，下列哪一項食物從左側供應？ (A)田螺 (B)龍蝦冷皿 (C)麵包、奶油 (D)甜點。

（　）6.歐洲的包餐出租公寓內的家庭式餐廳都採用 (A)分菜服務 (B)合菜服務 (C)旁桌服務 (D)餐盤服務的方式。

（　）7.被稱為改良式的法式服務是指 (A)美式 (B)中式 (C)俄式 (D)英式。

（　）8.所謂的scrambaed egg是指 (A)煮蛋 (B)煎蛋 (C)蛋捲 (D)炒蛋。

（　）9.歐陸式早餐中，最常被使用的牛角麵包是 (A)garlic bread (B)croissant (C)danish pastry (D)doughnut。

（　）10.西餐廳的經營型態，下列敘述何者有誤？ (A)歐式以法式為正宗 (B)美式較為便利 (C)歐式服務較快 (D)法式通常有洗手碗服務。

（　）11.有關服務盤的敘述，下列何者有誤？ (A)基本上放置於刀、叉的中間 (B)開胃菜可以放置於其上 (C)湯盤可放置於其上 (D)主

菜可放置於其上。

(　)12.所有食物與飲料皆從顧客右側服務的是　(A)美式 (B)英式 (C)法式 (D)俄式。

(　)13.plate service又稱為　(A)法式 (B)英式 (C)美式 (D)俄式。

(　)14.上菜與收盤的順序下列何者有誤？　(A)主賓需先服務 (B)席中有女士時，主人優先女士 (C)年長者優於年輕者 (D)主人殿後。

(　)15.所有菜餚從客人左側上菜，而飲料由客人右側供應是　(A)美式 (B)法式 (C)英式 (D)俄式　服務。

(　)16.早餐的蛋類中，將蛋煮到全熟須要　(A)2～4分 (B)4～6分 (C)6～8分 (D)8～10分。

(　)17.有關法式服務，下列敘述何者有誤？　(A)食物在烹飪車上完成，並使用服務匙分菜 (B)餐飲服務以右手從右邊服務 (C)清理工作，以右手從右邊服務 (D)沿著桌邊由逆時針方向做服務。

(　)18.早餐蛋類中，"over hard"代表　(A)兩面熟煎 (B)蛋卷 (C)水波蛋 (D)兩面嫩煎。

(　)19.水杯杯口朝下是屬於　(A)法式 (B)英式 (C)美式 (D)俄式　服務。

(　)20.大部分的食物，經由訓練有素的二名服務員，利用手推車或服務桌做現場烹調或切割的服務謂之　(A)英式 (B)美式 (C)法式 (D)俄式　服務。

(　)21.中國式服務是誰先被服務？　(A)主人 (B)由主人正對面的客人 (C)由主人右邊的客人 (D)由主人左邊的客人。

(　)22.中式服務上菜時由　(A)主賓右側 (B)主人左側 (C)主人右側 (D)主賓左側。

(　)23.西式圓桌排法，男女主賓如屬平輩，則男女主人對座，首席設在　(A)女主人之右 (B)女主人之左 (C)男主人之右 (D)男主人之左。

(　)24."omelet"是指　(A)蛋卷 (B)炒蛋 (C)煎蛋 (D)煮蛋。

(　)25.服務盤在桌上時，下列何者直接放置其上？　(A)主菜 (B)前菜和湯 (C)奶油、麵包 (D)咖啡。

(　)26.一般大型旅館在宴會推銷時，何者的開發可能成為該筆生意最大收入？　(A)印刷品 (B)酒類 (C)花卉 (D)餘興節目。

(　)27.義大利菜承自　(A)印加文化 (B)雅典文化 (C)希臘文化 (D)羅馬文化。

(　)28.在廚房中使用微波爐，何種器皿不適合　(A)玻璃 (B)瓷器 (C)陶器 (D)金屬　器皿。

(　)29.蟹類中的母蟹之臍成何種形狀？　(A)尖型 (B)方型 (C)圓型 (D)不規則型。

(　)30.下列何者不屬於歐陸式早餐所提供的食物？　(A)果汁 (B)咖啡 (C)麵包＋奶油 (D)火腿蛋。

(　)31.有關乾貨原料的儲存，下列敘述何者有誤？　(A)將有毒物品與食品分開存放 (B)將開封的物品存放於有加蓋的標示容器內 (C)將較重的物品置於地面上 (D)常用的放於出入口的貨架底層。

(　)32.top cloth是指　(A)口布 (B)檯布 (C)安靜墊 (D)頂檯布。

(　)33.何種咖啡份量最少？　(A)expresso cofe (B)cuppuccno cofe (C)royal cofe (D)Hawiai cofe。

(　)34.拔除葡萄酒的軟木塞，使用何工具較省事？　(A)knife (B)can opener (C)corkscrew (D)fork。

(　)35.廚房面積與供膳場所的最佳比例為何？　(A)1：3 (B)1：4 (C)3：1 (D)4：1。

(　)36.廚房的酸性食物，一般而言，何類器皿最適合存放？　(A)鋁 (B)銅 (C)美耐皿 (D)陶瓷。

(　)37.廚房的格局，將二張工作檯橫置中央，工作檯之間留有通道的廚房，稱為　(A)面對面平行排列 (B)直線式 (C)島嶼式 (D)L型排列。

(　)38.銀器餐具易氧化變為青綠色，故使用前應泡在　(A)熱水 (B)冷水 (C)雙氧水 (D)丙酮　中，擦洗清潔後，始可使用。

(　)39.鍋具的材料特性，何者為真？　(A)鋁質較軟，不是熱的良導體 (B)銅是金屬中最佳熱導體，目前使用最廣 (C)不鏽鋼不適合作

爲烹烘烤器具 (D)鑄鐵導熱很快，不過不易保持高溫。

( )40.gueridon是指 (A)切割車 (B)旁桌 (C)服務桌 (D)接待檯。

( )41.法國Bordeaux葡萄酒其專用的杯子是 (A)圓筒形杯 (B)鬱金香杯 (C)圓球形杯 (D)杯口大而淺呈V字形。

( )42.服務人員在服務時，作爲端送搬運熱食碗盤之布巾稱爲 (A)table skirting (B)napkin (C)service cloth (D)table cloth

( )43.1是dinner plate，2是B／B plate，3是service plate，4是dessert plate，依大而小是下列哪組排列？ (A)1＞2＞3＞4 (B)3＞1＞4 ＞2 (C)3＞1＞2＞4 (D)1＞3＞2＞4。

( )44.不鏽鋼具有不同的等級，常用的是8／18指的是 (A)18％的鉻， 8％的鎳 (B)18％的鎳，8％的鉻 (C)18％的碳，8％的鋅 (D)8％ 的碳，18％的鋅。

( )45.在布巾類的使用中，何者幫忙吸收水氣，且讓客人的手肘有柔 軟感？ (A)table cloth (B)silence pad (C)napkin (D)service cloth。

( )46.下列手推車中，何者具有冷藏的功能？ (A)flambe trolley (B)menu top set (C)pastry hors dourer (D)roast beef wagon。

( )47.所謂B／B plate指的是 (A)服務盤 (B)湯盤 (C)點心 (D)麵包盤。

( )48.下列何種設備不是廚房的基本設備？ (A)水槽 (B)油槽 (C)冰箱 (D)爐台。

( )49.所謂的"table cloth"，其最主要功能是 (A)減損餐具碰撞的聲 音 (B)節省清洗的費用 (C)防熱防髒 (D)襯托餐具。

( )50.西方萬聖節是指 (A)8／17 (B)9／28 (C)10／31 (D)11／11 日。

解答

1.D；2.A；3.D；4.C；5.C；6.B；7.C；8.D；9.B；10.C；11.D； 12.C；13.C；14.B；15.A；16.D；17.D；18.A；19.C；20.C；21.B； 22.C；23.A；24.A；25.B；26.B；27.D；28.D；29.C；30.D；31.C； 32.D；33.A；34.C；35.A；36.D；37.A；38.A；39.C；40.B；41.B； 42.C；43.B；44.B；45.B；46.C；47.D；48.B；49.D；50.C

模擬試題（十五）

( )1.所謂chafing dish是指 (A)點心盤 (B)蝸牛盤 (C)保溫鍋 (D)保溫蓋。

( )2.蓋住桌面，可保護檯布減輕其磨損及聲響的是指 (A)top cloth (B)service cloth (C)napkin (D)silence pad。

( )3.桌巾邊緣後桌邊垂下以幾英吋最合適？ (A)6 (B)8 (C)10 (D)12。

( )4.有關烹調用生鐵鍋，下列敘述何者不正確？ (A)不易損壞 (B)以青色發亮者優 (C)屬於烹調用次級品 (D)最適於煮與蒸方面。

( )5.有關廚房的清潔衛生，下列敘述何者不正確？ (A)每個月至少消毒一次 (B)通風設備應保持良好運作 (C)器皿與用具儘量用木製品 (D)材料腐爛應立即丟棄。

( )6.有關乾貨原料的儲存，下列敘述何者有誤？ (A)將有毒物品與食品分開存放 (B)將開封的物品存放於有加蓋的標示容器內 (C)將較重的物品置於地面上 (D)常用的放於出入口的貨架底層。

( )7.廚房設備中明火烤箱與傳統烤箱不同點，在於 (A)烘烤原理不同 (B)設置高度不同 (C)熱度不同 (D)材質不同。

( )8.下列有關鋁製鍋具的敘述，何者有誤？ (A)鋁是熱的良導體 (B)鋁質較軟，易凹陷 (C)抗酸性較強 (D)容易使盛裝食物變色。

( )9.專用於斬各種帶有細骨的肉塊是何刀？ (A)薄刀 (B)骨刀 (C)厚刀的刀身 (D)厚刀的刀口。

( )10.適合用來剁各種肉茸或敲鬆肉排是指厚刀的哪一部分？ (A)刀口 (B)刀背 (C)刀尖 (D)刀身。

( )11.廚房鍋具所使用的材料，以何者最普遍？ (A)鐵器 (B)銅器 (C)不鏽鋼 (D)鋁器。

( )12.top cloth是指 (A)口布 (B)檯布 (C)安靜墊 (D)頂檯布。

( )13.最常使用的庫存品，其高度最好是距離地面 (A)15～20cm (B)40～60cm (C)70～140cm (D)150～200cm。

( )14.西廚用途最廣的一把刀，又為法國刀，指的是 (A)paring knife
(B)chef knife (C)boning knife (D)butcher knife。

( )15.通常在西餐中，服務喝杯湯，用的是何種「餐具」？ (A)cereal
bowl (B)soup cup (C)soup plate (D)dessert plate。

( )16.所有的叉子中，又以何類最小？ (A)oyster fork (B)escargot fork
(C)salad fork (D)cocktail fork。

( )17.一般在西餐，最常用的餐盤，它通常約幾吋？ (A)13吋 (B)11吋
(C)9吋 (D)8吋。

( )18.依規定標準觀光旅館餐飲儲藏設施面積約佔整個餐飲場所總面
積的 (A)1／3 (B)1／4 (C)1／5 (D)1／10。

( )19.格局設計的基本原則，下列敘述何者為非？ (A)正門設計要便
於進出 (B)物品進出要有專門通道 (C)座位規劃愈多愈好，以利
營運 (D)工作有關部門規劃在同一樓層。

( )20.對空間的利用，可發揮最大效果的，是哪一種型式的餐桌椅配
置？ (A)直向型 (B)橫向型 (C)散佈型 (D)直橫交用型。

( )21."steel"是一種廚房刀具，其主要的功能 (A)切割及修整肉
類 (B)磨利廚房用刀 (C)專供控蛤之用 (D)作為食物切片或切肉
用。

( )22.下列用餐，何者不需要洗手碗？ (A)龍蝦 (B)生蠔或法國魚羹
(C)半顆哈蜜瓜 (D)蝸牛。

( )23.有關木製餐具的保存，下列何者何者有誤？ (A)宜以熱水燙洗
(B)要徹底乾燥之 (C)表面宜擦拭食用油 (D)不可以機器清洗。

( )24.有關炭鋼刀，下列敘述不正確的是何者？ (A)刀緣銳利 (B)不易
生銹 (C)易產生腐蝕現象 (D)易留下金屬的味道在食物上。

( )25.閩菜不是由何種菜系組成？(A)福州 (B)泉州 (C)梧州 (D)廈門。

( )26.有關餐廳燈光佈置，下列哪一項不符合實用原則？ (A)光源適
當 (B)燈型美觀 (C)光質良好 (D)安全。

( )27.下列何者不屬於歐陸式早餐所提供的食物？ (A)果汁 (B)咖啡
(C)麵包＋奶油 (D)火腿蛋。

( )28.通常桌子的寬度是多少，較適合單人的使用？ (A)43～48cm (B)53～61cm (C)63～68cm (D)73～78cm。

( )29.大型自助餐熟食盛裝於何種器皿？ (A)大瓷盤 (B)大銀盤 (C)保溫鍋 (D)平底鍋。

( )30.大型自助餐冷開胃菜盛於何種器皿？ (A)大銀盤 (B)保溫鍋 (C)平底鍋 (D)大湯鍋。

( )31.廚房工作人員對各種調味料之補充，應如何處理？ (A)應每天檢查 (B)不定期檢查 (C)吩咐檢查 (D)不必要檢查。

( )32.有關廚房的清潔衛生，下列敘述何者不正確？ (A)每個月至少消毒一次 (B)通風設備應保持良好運作 (C)器皿與用具儘量用木製品 (D)材料腐爛應立即丟棄。

( )33.餐飲業是一種 (A)製造業 (B)觀光業 (C)服務業 (D)交通業。

( )34.廚房設備中明火烤箱與傳統烤箱不同點，在於 (A)烘烤原理不同 (B)設置高度不同 (C)熱度不同 (D)材質不同。

( )35.當服務生在上菜前發現菜中有不潔之物，應 (A)馬上送回廚房處理 (B)假裝沒看見 (C)自己用手把他拿掉 (D)把菜放在上面掩蓋掉。

( )36.收拾餐桌的酒杯，應如何才正確？ (A)以托盤收拾 (B)直接放入水槽 (C)一個一個拿去洗 (D)集中收集。

( )37.通常在西餐中，服務喝杯湯，用的是何種「餐具」？ (A)cereal bowl (B)soup cup (C)soup plate (D)dessert plate。

( )38.當你發現地板上有水，應 (A)馬上擦乾 (B)當作沒看見 (C)等有空再處理 (D)用腳踩一踩。

( )39.餐廳餐桌桌面通常在桌巾下另鋪層桌墊，其主要目的是 (A)美觀 (B)吸水 (C)舒適且防噪音 (D)保護桌面。

( )40.何種咖啡份量最少？ (A)expresso cofe (B)cuppuccino cofe (C)royal cofe (D)Hawiai cofe。

( )41.如果客人點叫全餐及紅（白）酒，並要求在客房用餐時，請問服務員應如何送餐食給客人？ (A)以圓托盤裝盛 (B)以長方型托

盤端送 (C)以客房餐飲推車送 (D)以L型推車送。

( )42.格局設計的基本原則，下列敘述何者為非？ (A)正門設計要便於進出 (B)物品進出要有專門通道 (C)座位規劃愈多愈好，以利營運 (D)工作有關部門規劃在同一樓層。

( )43.客人所需餐桌面積寬度為 (A)450 mm～530 mm (B)710 mm～760 mm (C)530 mm～610 mm (D)900 mm以上。

( )44.〝pastry hors d'oeuvre〞是一種推車，其主要功能在於 (A)保溫食物 (B)烘烤肉製品 (C)展式各點心及冷藏品 (D)處理生鮮牛肉。

( )45.庫房中的貨品，其放置地點以多高較為適宜？ (A)地面上 (B)16吋～27吋 (C)28～56吋 (D)56吋～72吋。

( )46.供膳面積與廚房面積的比例，最好為 (A)1：3 (B)1：4 (C)3：1 (D)4：1。

( )47.餐廳動線是指 (A)客人與服務員 (B)客人、食品與服務員 (C)客人、服務員與設備器皿 (D)客人、服務員、食品與設備器皿 在廳內的流動方向和路線。

( )48.廚房中鐵柵架烤爐和明火烤箱功能不同的地方是 (A)熱源的方向 (B)設置高度不同 (C)熱度不同 (D)價格不同。

( )49.通常椅子的高度為 (A)45公分 (B)55公分 (C)65公分 (D)75公分。

( )50.中凹銀器（hollowware）指 (A)湯盤、魚肉盤 (B)刀叉、匙 (C)湯杯、咖啡杯 (D)沙司船。

解答

1.C；2.D；3.D；4.A；5.C；6.C；7.B；8.C；9.D；10.B；11.D；
12.D；13.C；14.B；15.B；16.D；17.B；18.D；19.C；20.D；21.B；
22.D；23.C；24.B；25.C；26.B；27.D；28.B；29.C；30.A；31.A；
32.C；33.C；34.B；35.A；36A；37.B；38.A；39.C；40.A；41.C；
42.C；43.C；44.C；45.C；46.C；47.D；48.A；49.A；50.D

模擬試題（十六）

（　）1.廚房工作人員對各種調味料之補充應如何處理？ (A)應每天檢查 (B)不定期檢查 (C)吩咐檢查 (D)不必要檢查。

（　）2.主要負責每天食物材料是否齊全的是誰？ (A)經理 (B)廚師 (C)推工 (D)學徒。

（　）3.颱風後某些菜餚成本價格提高，應如何做？ (A)菜量減少，仍維持原有方式供應 (B)部分食物原料改用價廉者代替 (C)維持正常量及價格 (D)建議客人更換菜式。

（　）4.廚師上班的時間安排應如何？ (A)必須固定班次 (B)隨工作需要調整班次 (C)因個人需要排班 (D)由老闆決定即可。

（　）5.廚房的工作以何者最為重要？ (A)學徒 (B)領班 (C)主廚 (D)以上皆是。

（　）6.對於要求特別多的客人應如何處理？ (A)小心服務 (B)敷衍一下 (C)不理會他 (D)與他理論。

（　）7.職業道德最重要之因素為 (A)敬業精神 (B)顧客至上 (C)供應美味可口的食品 (D)杜絕浪費。

（　）8.餐飲業是一種 (A)製造業 (B)觀光業 (C)服務業 (D)交通業。

（　）9.一個品德與修養良好的廚師是指其人 (A)很會作名菜 (B)服飾整潔 (C)待人和氣，能與同事協調合作 (D)很有交際手腕。

（　）10.廚師的工作主要是製備餐食給顧客食用，因此工作中最需要注意的是 (A)衛生習慣 (B)烹調技巧 (C)溝通能力 (D)儀態表現。

（　）11.一個敬業的廚師應有什麼心態？ (A)將菜餚作得色、香、味俱全即好 (B)只要將廚房環境之衛生做好 (C)多花時間與主管攀交情最重要 (D)看重自己的每一項工作，並將熱忱投入與廚師相關之工作。

（　）12.廚師調理食物的能力是 (A)天生有限無法改進 (B)可以進修、練習、培養而增加 (C)全靠師傅所傳授 (D)靠顧客評估而定。

(　)13.若餐廳的招牌菜是由某一位廚師所開發出來的，該廚師應有何種態度？　(A)隨時請求加薪 (B)伺機跳槽 (C)以幫助餐廳生意興隆爲榮 (D)隱藏技術。

(　)14.作業剩餘的高級材料應以下列何種方式處理？　(A)先檢查品質，待整理後妥善保存再使用 (B)丟棄以免增加麻煩 (C)改作員工伙食之用 (D)煮成自己愛吃的口味，獨自享用。

(　)15.目前的工作條件雖佳，但他處又高薪徵才，餐廳員工應如何考量未來？　(A)立即跳槽 (B)先評估適應性才決定 (C)不爲所動 (D)先去試做一個月，不滿意再回頭。

(　)16.臨下班時忽遇到主管交辦臨時任務應如何應對？　(A)勉強接受，消極應付 (B)事出突然而拒絕接受 (C)儘可能配合公司作業 (D)口頭答應，私下找他人代辦。

(　)17.營業時間中如有親屬或朋友來訪，應如何處理？　(A)找藉口離開一下 (B)陪其至餐廳共餐 (C)放下工作立即會客 (D)經主管核可即可見客。

(　)18.工作中廚房濕熱容易流汗，應如何處理？　(A)以衣袖擦汗最方便 (B)用餐巾擦汗較省事 (C)到外場吹冷氣 (D)用手帕擦拭。

(　)19.鮮奶油（cream）係由下列何物製成？　(A)牛脂肪 (B)牛肥肉 (C)牛乳 (D)牛瘦肉。

(　)20.魚子醬（caviar）是由下列何種魚類的卵製成？　(A)比目魚（sole）(B)鱒魚（trout）(C)鱘魚（sturgeon）(D)鮪魚（tuna）。

(　)21.肉品處理室應保持在何種攝氏溫度？　(A)12～14度 (B)15～17度 (C)18～20度 (D)21～23度。

(　)22.下列何種食物之纖維較多？　(A)雞肉 (B)烏魚 (C)櫻桃 (D)西洋芹。

(　)23.下列何項調味料是西餐烹調極少使用的？　(A)精鹽 (B)味精 (C)胡椒粉 (D)砂糖。

(　)24.下列何者屬於黃桔色蔬菜？　(A)胡蘿蔔 (B)紅甜菜（beetroot）

(C)洋芋 (D)高麗菜。

( )25.下列哪一項不是蛋在西餐烹調時的用途？ (A)澄清劑 (B)凝固劑 (C)潤滑劑 (D)乳化劑。

( )26.除了矯臭、賦香、著色等作用外，香辛料還有下列哪一種作用？ (A)焦化作用 (B)辣味作用 (C)醋酸作用 (D)軟化作用。

( )27.香辛料的保存方法除了應避免光線、濕氣及高溫外，還應避免下列何物？ (A)震動 (B)空氣 (C)搖晃 (D)噪音。

( )28.下列何物是西餐烹調所醃浸液（marinade）的材料之一？ (A)米酒 (B)米酒頭 (C)葡萄酒 (D)紹興酒。

( )29.當西餐食譜只提到要調味（seasoning），而沒說明何種調味料時，指的是什麼？ (A)醬油和味精 (B)糖和醋 (C)鹽和胡椒 (D)糖和鹽。

( )30.西餐烹調的基本調味料是指何物？ (A)醬油和味精 (B)鹽和胡椒 (C)糖和醋 (D)糖和鹽。

( )31.西餐烹調所使用的胡椒有四種顏色，除了黑、白、綠色外，還有哪一色？ (A)紅 (B)藍 (C)黃 (D)褐。

( )32.下列何種蔬菜其可食用部位主要為莖部？ (A)青蒜（leek） (B)玉米（sweet corn） (C)朝鮮薊（artichoke） (D)萵苣（lettuce）。

( )33.蘆筍可食部分主要是何部位？ (A)根部 (B)葉部 (C)芽部 (D)花部。

( )34.奶油（butter）中含量僅次於油脂的成分為何？ (A)蛋白質 (B)乳醣 (C)無機鹽 (D)水分。

( )35.奶油中乳脂肪含量大約多少？ (A)100% (B)90% (C)80% (D)70%。

( )36.奶油在鍋中溶解成液體狀的溫度約是攝氏幾度？ (A)28度 (B)38度 (C)48度 (D)58度。

( )37.奶油的冒煙點（smoke point）溫度約是攝氏幾度？ (A)97度 (B)107度 (C)117度 (D)127度。

（　）38.含鹽奶油（salted butter）中鹽分含量約多少？　(A) 2.5% (B) 3.5% (C)4.5% (D) 5.5%。

（　）39.選購香辛料時應如何判斷其品質？　(A)價格最高者品質最佳 (B)有標示且信用良好的品牌較佳 (C)多年保存者香味沈重 (D)透明容器受光度夠者較佳。

（　）40.選購香辛料時應如何判斷其品質？　(A)價格高者品質佳 (B)透明容器受光度較夠 (C)多年保存者香味沈重 (D)用深色容器包裝者較佳。

（　）41.鮭魚（salmon）是屬於何類？　(A)淡水魚類 (B)海水魚類 (C)兩棲類 (D)甲殼類。

（　）42.下列何者為淡水魚？　(A)虹鱒（rainbow trout）　(B)鮭魚（salmon）(C)板魚（lemon sole）(D)鮮魚（herring）。

（　）43.玉蜀黍（maize）屬於下列何類食物？　(A)蔬菜類 (B)五穀類 (C)水果類 (D)豆莢類。

（　）44.香辛料中番紅花（saffron）的主要功能是　(A)矯臭作用 (B)賦香作用 (C)著色作用 (D)辣味作用。

（　）45.香辛料中凱莉茴香子（caraway seed）的主要功能是　(A)矯臭作用 (B)賦香作用 (C)著色作用 (D)辣味作用。

（　）46.香辛料中鼠尾草（sage）的主要功能是　(A)矯臭作用 (B)賦香作用 (C)著色作用 (D)辣味作用。

（　）47.紅龍蝦（lobster）和紫斑龍蝦（crawfish）最大的不同特徵在於何處？　(A)觸鬚 (B)鉗爪 (C)尾 (D)腳部。

（　）48.乳酪（cheese）通常是由何種乳汁加工製作？　(A)牛乳 (B)羊乳 (C)牛羊乳混合 (D)以上皆是。

（　）49.鮭魚（salmon）通常長至幾年時會游向大海？　(A)六個月左右 (B)一年左右 (C)二年左右 (D)三年左右。

（　）50.鮭魚通常長至幾年時肉質最鮮美？　(A)二年 (B)三年 (C)四年 (D)五年。

解答

1.A；2.B；3.C；4.B；5.D；6.A；7.A；8.C；9.C；10.A；11.D；

12.B；13.C；14.A；15.B；16.C；17.D；18.D；19.C；20.C；21.C；

22.D；23.B；24.A；25.C；26.B；27.B；28.C；29.C；30.B；31.A；

32.A；33.C；34.A；35.C；36.B；37.D；38.A；39.B；40.D；41.B；

42.A；43.B；44.C；45.A；46.B；47.B；48.D；49.C；50.B

（　）1.有關食品的冷凍儲存，下列何者是錯誤的？　(A)保存期限視食物種類而異 (B)烹煮過的食物冷凍儲存期限較短 (C)儲存溫度上下波動並不會影響品質 (D)食品適用與否不能單以包裝上標示的保存期限為準。

（　）2.驗收食物（品）時最需注意的是下列何者？　(A)物美價廉 (B)送貨時間 (C)是否合季節 (D)品質與數量。

（　）3.卡達乳酪（cottage cheese）應放在攝氏幾度的庫房保存？(A)-5~-1℃ (B)0~5 ℃(C)6~10℃ (D)11~15℃。

（　）4.乳酪（cheese）應放在多少濕度比例的庫房保存？　(A)20-30 (B)40-50 (C)60-70 (D)80-90。

（　）5.下列何者儲存時會釋出乙烯氣體？　(A)蘋果 (B)西瓜 (C)柳丁 (D)葡萄。

（　）6.新鮮雞肉在冰溫可保存多少天？　(A)1 (B)2 (C)3 (D)4。

（　）7.下列何者不是西餐填充料（stuffing或farce）調理的目的？　(A)增進風味 (B)調整濕潤度 (C)增加份量 (D)降低成本。

（　）8.下列何者不是西餐肉品捆綁（trussing）的目的？　(A)增進風味 (B)美化外觀 (C)容易切割 (D)易於烹調。

（　）9.何種作用可使鮮乳凝固、水分排出以製造乳酪？　(A)鹽滷（salting）作用 (B)乳清蛋白凝固作用 (C)凝乳酵素（rennet）作用 (D)木瓜酵素（papin）作用。

（　）10.通常主廚以下列何者來評定新進廚師？　(A)菜樣的新奇性 (B)烹調味道 (C)烹調的速度 (D)切菜技術。

（　）11.下列何種切割方式引起細菌污染的程度最快、最多？　(A)肉塊 (B)肉片 (C)絞肉 (D)肉絲。

（　）12.下列何處是生剝蛤蜊（elam）最佳的下刀處？　(A)上殼 (B)下殼 (C)圓嘴處 (D)尖嘴處。

(　)13.烹調羹湯調味，通常在何時段加入鹽最恰當？　(A)前段 (B)中間 (C)後段 (D)隨時。

(　)14.水波煮（poaching）的烹調溫度約為攝氏幾度？　(A)45-65度 (B)65-85度 (C)85-105度 (D)105-125度。

(　)15.慢煮（simmering）的烹調溫度約為攝氏幾度？　(A)63-74度 (B)74-85度 (C)85-96度(4)96-107度。

(　)16.蒸氣煮（steaming）的烹調溫度約為攝氏幾度？　(A)180-200度 (B)200-220度 (C)220-240度 (D)240-260度。

(　)17.荷蘭醬（hollandaise sauce）之主要油脂材料為何？　(A)葵花油（sunflower）(B)橄欖油（olive oil）(C)牛油 (D)奶油（butter）。

(　)18.片割醃燻鮭魚（smoked salmon）的最佳室溫是攝氏幾度？(A)26度 (B)22度 (C)18度 (D)14度。

(　)19.清湯（consomme）是由何種湯烹調成的？　(A)濃湯（thick soup）(B)高湯（clear soup）(C)奶油湯（cream soup）(D)醬湯（soup）。

(　)20.蛋黃醬（mayonnaise）乳化狀態最穩定的溫度約攝氏幾度？(A)5-10度 (B)10-30度 (C)15-35度 (D)20-40度。

(　)21.咖哩（curry）的原產地是哪一國？　(A)印度 (B)英國 (C)泰國 (D)馬來西亞。

(　)22.下列何種魚是凱撒沙拉（Caesar salad）的材料之一？　(A)燻鮭魚 (B)鮮魚 (C)鯷魚 (D)鰻魚。

(　)23.油醋沙拉醬（vinaigrette）之主要油脂材料為何？　(A)鮮奶油 (B)奶油 (C)牛油 (D)植物油。

(　)24.什麼骨頭材料是熬煮褐高湯（brown stock）用的？　(A)小牛骨 (B)豬骨 (C)魚骨 (D)鴨骨。

(　)25.下列什麼材料是熬煮褐高湯之褐色來源？　(A)醬油 (B)醬色 (C)骨頭 (D)著色料。

(　)26.褐高湯的褐色是因加熱產生何種變化所致？　(A)凝固作用 (B)膠

化作用 (C)焦化作用 (D)蒸氣作用。

( )27.麵糊（roux）在烹調上的功效爲何？ (A)焦化 (B)軟化 (C)稠化 (D)液化。

( )28.食物下油炸鍋前應如何處理？ (A)沾水 (B)沾鹽 (C)擦拭乾燥 (D)沾醬汁。

( )29.油炸食物時油溫不要超過攝氏幾度，油脂才不易敗壞？ (A) 196度 (B)216度 (C) 236度 (D)256度。

( )30.油炸鍋暫時不炸食物時油溫應保持在攝氏幾度間最適宜？ (A)62-91度 (B)92-121度 (C)122-151度 (D)152-181度。

( )31.油炸食物要如何才能降低油炸鍋中油脂氧化作用？ (A)多炸高水分食物 (B)多用高溫油炸 (C)多用低溫油炸 (D)多炸高鹽食物。

( )32.同油溫油炸冷凍食物要比室溫食物約多出多少時間？ (A)10% (B)15% (C)20% (D)25%。

( )33.在何種油溫油炸食物含油量會比較高？ (A)高溫 (B)中溫 (C)低溫 (D)與溫度無關。

( )34.要有色澤金黃、鬆脆好吃的炸薯條應油炸幾次？ (A)1次 (B) 2次 (C) 3次 (D)4次。

( )35.德國酸菜是哪道主菜的配菜？ (A)炸雞 (B)橙汁鴨 (C)鹹豬腳 (D)烤羊排。

( )36.維也納小牛排是哪一國的名菜？ (A)盧森堡 (B)奧地利 (C)義大利 (D)澳大利亞。

( )37.愛爾蘭燉肉（Irish stew）是用哪種主材料烹調的？ (A)豬肉 (B)牛肉 (C)鹿肉 (D)羊肉。

( )38.牛尾湯（oxtail soup）是哪一國的名湯？ (A)美國 (B)法國 (C)英國 (D)德國。

( )39.海鮮總匯湯是哪一國的名菜？ (A)奧國 (B)西班牙 (C)法國 (D)美國。

( )40.巧達湯（chowder）是起源自哪一國的名湯？ (A)奧國 (B)法國

(C)美國 (D)德國。

( )41.巧達湯現今是哪一國的名湯？ (A)奧國 (B)法國 (C)美國 (D)德國。

( )42.巧達湯原屬哪一類湯餚？ (A)牛肉湯 (B)蔬菜湯 (C)海鮮湯 (D)羊肉湯。

( )43.明雷士通蔬菜湯（Minestrone）是哪一國的湯餚？ (A)奧地利 (B)比利時 (C)義大利 (D)盧森堡。

( )44.羅宋湯是哪一國的名湯？ (A)呂宋 (B)美國 (C)法國 (D)俄羅斯。

( )45.下列何者是美（英）式早餐炒蛋的英文名稱？ (A)scrambled egg (B) fried egg (C) boiled egg (D)poached egg。

( )46.吃生蠔時下列哪一種材料不適合搭配？ (A)檸檬 (2)紅蔥頭 (C)酒醋 (D)橄欖油。

( )47.下列哪種乳酪（cheese）較常搭配於義大利麵食？ (A)藍紋（blue） (B)卡曼堡（camembert） (C)百美仙（parmesan） (D)哥達（gouda）。

( )48.食用燻鮭（smoked salmon）時哪一項材料不適含搭配？ (A)洋蔥 (B)蒜頭 (C)檸檬 (D)酸豆（gaper）。

( )49."hers d'oeuvre"是指餐譜中哪一道菜？ (A)開胃前菜 (B)美味羹湯 (C)珍饌主菜 (D)餐後甜點。

( )50."appetizer"是指餐譜中哪一道菜？ (A)珍饌主菜 (B)開胃前菜 (C)美味羹湯 (D)餐後甜點。

解答

1.C；2.D；3.B；4.D；5.A；6.B；7.D；8.A；9.C；10.D；11.C；
12.C；13.C；14.B；15.C；16.B；17.D；18.C；19.B；20.B；21.A；
22.C；23.D；24.A；25.C；26.C；27.C；28.C；29.A；30.B；31.C；
32.D；33.C；34.B；35.C；36.B；37.D；38.C；39.C；40.B；41.C；
42.C；43.C；44.D；45.A；46.D；47.C；48.B；49.A；50.B

模擬試題（十八）

（　）1.馬鈴薯用水煮熟後冷卻的方法有下列哪一種？　(A)冷水沖 (B)冷風吹 (C)溫水沖 (D)放冰箱。

（　）2.下列何者不屬烹調熱源導熱法？　(A)傳導法 (B)對流法 (C)輻射法 (D)感應法。

（　）3.明火烤爐（salamander）是何種導熱法？　(A)傳導法 (B)對流法 (C)輻射法 (D)感應法。

（　）4.煎爐（griddle）是何種導熱法？　(A)傳導法 (B)對流法 (C)輻射法 (D)感應法。

（　）5.烤箱（oven）是何種導熱法？　(A)傳導法 (B)對流法 (C)輻射法 (D)感應法。

（　）6.迴風烤箱（convection oven）是何種導熱法？　(A)傳導法 (B)對流法 (C)輻射法 (D)感應法。

（　）7.油炸烹調（deep-frying）是何種導熱法？　(A)傳導法 (B)對流法 (C)輻射法 (D)感應法。

（　）8.丁骨牛排（T-bone steak）的基本重量是多少公克？　(A)240-300 (B)360-420 (C)480-540 (D)600-660。

（　）9.下列何者是切割法中最細的刀工？　(A)塊（chop）(B)丁（dice）(C)粒（brunoise）(D)末（mince）。

（　）10.最適宜雞尾酒會（cocktail party）供應之食物大小規格為何？(A)可一口食用者 (B)愈大塊愈實際 (C)愈小愈精緻 (D)依食物種類而異。

（　）11.通常烹調蛋包（omelette）需使用幾顆雞蛋？　(A)4 (B)3 (C)2 (D)1。

（　）12.西餐早餐雞蛋的烹調除了有水波蛋、水煮蛋、煎蛋、炒蛋外還有哪些？ (A)蛋包 (B)蒸蛋 (C)烘蛋 (D)滷蛋。

（　）13.匈牙利牛肉（beef goulash）必須加下何物？ (A)紅辣椒粉 (B)紅

甜椒粉 (C)番茄醬 (D)番茄糊。

( )14.冷凍薯條應如何烹調？ (A)解凍再炸 (B)直接油炸 (C)先燙再烤 (D)直接烘烤。

( )15.西餐的主菜是指下列何類食物？ (A)澱粉類 (B)蔬菜類 (C)肉品類 (D)水果類。

( )16.下列何者不是牛排烹調法之生熟度的用語？ (A)rare (B)medium (C)well done (D)raw。

( )17.西式早餐除了單點式及歐陸式外還有下列何者？ (A)法式 (B)俄式 (C)德式 (D)美式。

( )18.油炸新鮮薯條，炸半熟後應再以攝氏幾度炸至全熟？ (A)163 (B)170 (C)191 (D)205。

( )19.食物用水來殺菁（blanching）時水溫是攝氏多少度？ (A)100 (B)90 (C)80 (D)70。

( )20.食物用油來殺菁時油溫是攝氏多少度？ (A)70 (B)90 (C)110 (D)130。

( )21.殺菁時食物與水量的比率是多少？ (A)1：1 (B)1：5 (C)1：10 (D)1：15。

( )22.食物水波煮（poaching）時水溫是攝氏多少度？ (A)40-60 (B)65-85 (C)90-110 (D)115-135。

( )23.油炸（deep-fryng）時油溫是介於攝氏多少度間？ (A)80-100 (B)120-150 (C)160-190 (D)200-230。

( )24.蔬菜是否可以燒烤（broiling）？ (A)可以 (B)不可以 (C)視種類而定 (D)須先燙過才可。

( )25.下列何種肉質適合爐烤（roastino）？ (A)菲力牛排 (B)丁骨牛排 (C)牛肝 (D)牛後腿。

( )26.下列何種肉質不適合爐烤？ (A)菲力牛排 (B)雞 (C)豬里肌 (D)牛腩肉。

( )27.下列何種食物適合燴（stewins）？ (A)雞肉 (B)菠菜 (C)麵條 (D)鮭魚。

( )28.起司之最佳風味與口感在何溫度下可品嚐出？ (A)高溫 (B)低溫 (C)室溫 (D)體溫。

( )29.下列何種器皿適合微波爐使用？ (A)琺瑯器 (B)銀銅器 (C)陶瓷器 (D)不鏽鋼器

( )30.水果盤之裝飾以何種材料最適宜？ (A)巴西利〔parsley〕 (B)薄荷葉 (C)生菜〔萵苣〕葉 (D)鮮花朵。

( )31.用新鮮蔬果所切雕的花朵，最適用於何種菜餚的盤飾？ (A)燴 (B)炒炸 (C)燉煮 (D)冷盤。

( )32.通常盛裝熱菜的盤子溫度保持在攝氏幾度最適宜？ (A)29度 (B)39度 (C)49度 (D)59度。

( )33.主菜牛排類宜用何種器皿盛裝？ (A)沙拉盤 (B)點心盤 (C)主菜盤 (D)魚肉盤。

( )34.沙拉中各式蔬菜顏色宜如何調配？ (A)全一色 (B)各種顏色蔬菜分明 (C)不須講究 (D)混合攪拌。

( )35.開胃菜宜用何種器皿盛裝？ (A)沙拉盤 (B)主菜盤 (C)點心盤 (D)魚肉盤。

( )36.下列何者不是做為盤飾的蔬果須有的條件？ (A)外形好且乾淨 (B)用量不可以超過主體 (C)葉面不能有蟲咬的痕跡 (D)添加食用色素。

( )37.製作盤飾時，下列何者較不重要？ (A)刀工 (B)排盤 (C)配色 (D)火候。

( )38.熱食不宜盛裝於 (A)美耐皿盤 (B)不鏽鋼盤 (C)陶製盤 (D)碗盤。

( )39.用番茄簡單地雕一隻蝴蝶所需的工具是 (A)果菜控球器 (B)長竹籤 (C)短竹籤 (D)普通用的薄而利的刀。

( )40.盛放帶湯之甜點器皿以何種材質最美觀？ (A)透明玻璃製 (B)陶器製 (C)木製 (D)不鏽鋼製。

( )41.西餐牛排烹調時可以加入少許 (A)葡萄酒 (B)冰淇淋 (C)咖啡 (D)番茄醬。

( )42.牛排置於瓷盤客人要求加熱時應 (A)直接放入烤箱 (B)更換銀盤
入烤箱 (C)直接放上瓦斯爐 (D)更換不鏽鋼盤入烤箱。

( )43.開胃菜魚類通常可和哪些食物搭配？ (A)黑麵包 (B)沙拉醬 (C)
番茄醬 (D)奶油。

( )44.煙燻的魚類開胃菜通常附帶下列何種食物？ (A)檸檬、全麥麵
包 (B)水果、白麵包 (C)義大利麵、全麥麵包 (D)果醬、全麥麵
包。

( )45.通常龍蝦濃湯加入少許何種酒可增加美味？ (A)米酒 (B)蘭姆酒
(C)紹興酒 (D)白蘭地。

( )46.烤羊排通常附帶何種醬汁（sauce）？ (A)薄荷醬 (B)紅酒醬 (C)
白酒醬 (D)蘑菇醬。

( )47.沙朗牛排採用的是牛體的哪一部位？ (A)前腿部 (B)腹部 (C)後
腿部 (D)背肌部。

( )48.乳酪通常可和哪些食物搭配？ (A)肉類 (B)魚類 (C)麵包類 (D)
蛋類。

( )49.乳酪通常附帶 (A)西瓜 (B)柳丁 (C)葡萄 (D)木瓜。

( )50.主菜配盤除蔬菜外通常均附有 (A)水果 (B)澱粉類食品 (C)番茄
(D)蛋類。

解答

1.B；2.D；3.C；4.A；5.B；6.B；7.A；8.C；9.D；10.A；11.B；
12.A；13.B；14.B；15.C；16.D；17.D；18.C；19.A；20.D；21.C；
22.B；23.B；24.C；25.D；26.A；27.A；28.C；29.C；30.B；31.D；
32.C；33.C；34.B；35.D；36.D；37.D；38.A；39.D；40.A；41.A；
42.D；43.A；44.A；45.D；46.A；47.D；48.C；49.C；50.B

模擬試題（十九）

（ ）1.廚房地面應保持何種斜度以維持排水功能？　(A)0.5%-10% (B)1.0%-15% (C)1.5%-20% (D)2.0%-2.5%。

（ ）2.廚房之理想室溫應在攝氏幾度？　(A)10-15度 (B)15-20度 (C)20-25度 (D)25-30度。

（ ）3.廚房之最佳濕度比應是多少？　(A)45% (B)55% (C)65% (D)75%。

（ ）4.乾貨架之規格深度應為多少公分？　(A)30公分 (B)35公分 (C)40公分 (D)45公分。

（ ）5.乾貨架上下間隔之高度應為多少公分？　(A)30公分 (B)35公分 (C)40公分 (D)45公分。

（ ）6.乾貨架之底層應離地面多少公分？　(A)10-15公分 (B)15-20公分 (C)20-25公分 (D)25-30公分。

（ ）7.乾貨架之規格高度應為多少公分？　(A)155-165公分 (B)165-175公分 (C)175-185公分(D)185-195公分。

（ ）8.下列何者不是抽油煙機的排除對象？　(A)油水氣 (B)熱氣 (C)噪音 (D)煙霧。

（ ）9.購買或使用廚房之器具，其設計上不應有何種現象？　(A)四面採直角設計 (B)彎曲處呈圓弧形 (C)與食物接觸面平滑 (D)完整而無裂縫。

（ ）10.下列哪一項是西式炒鍋特徵？　(A)平底式 (B)圓弧式 (C)圍尖底式 (D)凸凹式。

（ ）11.廚房生產設備器具，其主要電壓為幾瓦？　(A)110V, 210V (B)110V, 220V (C)120V, 230V (D)130V, 240V。

（ ）12.餐具櫥宜採用何種材質？　(A)紙板 (B)木製 (C)不鏽鋼 (D)磁磚。

（ ）13.大型自助餐熟食盛裝於何種器皿？　(A)大瓷盤 (B)大銀盤 (C)保溫鍋 (D)平底鍋。

( )14.大型自助餐冷開胃菜盛於何種器皿？ (A)大銀盤 (B)保溫鍋 (C)平底鍋 (D)大湯鍋。

( )15.芥茉醬、檸檬汁不宜盛裝於何種器皿？ (A)玻璃器 (B)瓷器 (C)銀器 (D)不鏽鋼器。

( )16.炒蛋食物不宜放入何種質材的器皿？ (A)銀器 (B)瓷器 (C)玻璃器 (D)不鏽鋼器。

( )17.炒蛋時使用何種器具？ (A)平底鍋 (B)湯鍋 (C)沙司鍋 (D)小型鋁鍋。

( )18.做湯使用何種器具？ (A)平底鍋 (B)電鍋 (C)大湯鍋 (D)小鋁鍋。

( )19.烤箱的主要用途是 (A)烤牛肉 (B)烤蔬菜 (C)烤義大利麵 (D)烤土司。

( )20.鋸肉機最適用於切何種肉類？ (A)完全冷凍牛肉 (B)完全解凍的牛肉 (C)煮熟過的牛肉 (D)完全解凍的大條魚。

( )21.操作廚房器具時必須 (A)使用說明圖表或手冊 (B)聽老闆意見使用 (C)自己隨意操作 (D)由資深同仁教授。

( )22.廚房烤箱使用後之清洗宜在何時？ (A)用完立即清洗 (B)用完冷卻至微溫時清洗 (C)完全冷卻後清洗 (D)隔天再洗。

( )23.肉類攪拌機放入填充料時應用何種方式？ (A)用木質攪拌器 (B)用玻璃攪拌器 (C)用手填入 (D)用肉類填入。

( )24.依衛生法規規定，廚房面積應佔餐廳總面積之多少比例？ (A)1：2 (B)1：4 (C)1：6 (D)1：8。

( )25.旋風烤爐（convection oven）和傳統烤爐的比較，下列何者不正確？ (A)前者溫度較均勻 (B)前者較省時 (C)前者較耗費能源 (D)前者成品色澤較均勻。

( )26.油炸機在營業中之「待炸」時應保持在攝氏幾度為佳？ (A)100 (B)150 (C)200 (D)250。

( )27.下列何者較不適合用切片機？ (A)乳酪 (B)蔬菜 (C)軟質食物 (D)冷凍肉類。

（　）28.有關食物調理機（food processor）的敘述，下列何者是錯誤？ (A)能切碎核果仁 (B)能攪拌奶油湯 (C)能將蔬果做作液狀濃湯 (D)能榨取果汁。

（　）29.切片機的刀片一般是用何種材質製成？ (A)鐵 (B)碳鋼 (C)鋁 (D)銅。

（　）30.有關切片機的敘述，下列何者是錯誤？ (A)成品規格較一致 (B)縮短切割時間 (C)節省人力 (D)增加切割損失。

（　）31.當切片機不再使用時，應如何處理刀面厚薄控制柄？ (A)調高 (B)調低 (C)歸零 (D)調至常用厚度。

（　）32.一家牛排館為做好食物成本控制，應採用下列何種方法來經營？ (A)採用標準食譜 (B)以量制價 (C)以價制量 (D)隨師傅興致配菜。

（　）33.下列何項不是產品控制的方法？ (A)標準食譜 (B)標準口味 (C)標準成本 (D)標準份量。

（　）34.下面哪一項不是使用標準食譜的優點？ (A)確保品質口味一致 (B)確保成本一致 (C)確保外觀色澤一致 (D)提升營養價值。

（　）35.誰最應瞭解標準食譜之使用目的與成本控制的關係？ (A)經理 (B)主廚 (C)顧客 (D)老闆。

（　）36.油鍋起火時最方便有效的滅火方法是什麼？ (A)用水澆熄 (B)蓋鍋蓋隔絕空氣 (C)移開油鍋 (D)關閉瓦斯開關。

（　）37.油脂（B類）火災發生時首先應如何處置？ (A)澆水滅火 (B)大聲呼救 (C)關閉電源 (D)撲滅火源。

（　）38.電氣（C類）火災發生時，首先應如何處置？ (A)澆水滅火 (B)大聲呼救 (C)關閉電源 (D)趕快逃生。

（　）39.油脂（B類）火災發生時首先應如何處置？ (A)澆水滅火 (B)大聲呼救 (C)關閉電源 (D)撲滅火源。

（　）40.火災現場濃煙密佈一片漆黑應如何逃生？ (A)大聲喊叫引人來救 (B)跑步快速逃離現場 (C)採低姿快速爬行離開 (D)速找防煙面罩。

(　)41.火災現場，離地面距離越高的溫度如何？ (A)愈低 (B)愈高 (C)沒有變化 (D)還可忍受。

(　)42.廚房的滅火設備若有不足或維護不良致發生火災，最大受害者是 (A)設計師與建築師 (B)老闆與股東 (C)顧客與員工 (D)保全員與管理員。

(　)43.調理熟食之廚師，其手部每隔多久就應清洗一次？ (A)30分鐘 (B)60分鐘 (C)90分鐘 (D)120分鐘。

(　)44.身體的哪一部分是廚師傳播有害微生物的主要媒介源？ (A)手 (B)胸 (C)臉 (D)頭。

(　)45.下列哪項設施不適設於廚房洗手槽？ (A)指甲剪 (B)香水劑 (C)消毒劑 (D)洗潔劑。

(　)46.廚房工作不可配戴飾物是何原因？ (A)可以增進工作效率 (B)減少工作摩擦 (C)減少隱藏細菌 (D)減少身體負荷。

(　)47.餐飲從業人員的定期健康檢查，每年至少幾次？ (A)一次 (B)二次 (C)三次 (D)四次。

(　)48.餐具器皿消毒可浸泡於攝氏幾度以上之熱水2分鐘？ (A)60度 (B)70度 (C)80度 (D)90度。

(　)49.餐具器皿消毒應浸泡於多少氯含量之冷水中2分鐘以上？ (A)100 ppm (B)150 ppm (C)200 ppm (D) 250 ppm以上。

(　)50.飲用水水質標準之有效餘氯量必須在多少ppm之內？ (A)0.2-1.5 ppm (B)1.6-2.9 ppm (C)3.0-4.3 ppm (D)4.4 ppm以上。

解答

1.C；2.C；3.C；4.D；5.B；6.B；7.D；8.C；9.A；10.A；11.B；12.C；13.C；14.A；15.C；16.A；17.A；18.C；19.A；20.A；21.A；22.B；23.A；24.B；25.C；26.B；27.C；28.D；29.B；30.D；31.C；32.A；33.B；34.D；35.B；36.B；37.D；38.C；39.D；40.C；41.B；42.C；43.A；44.A；45.B；46.C；47.A；48.C；49.C；50.A

（　）1.一般清洗酒杯的毛刷洗杯機安置在何處？　(A)冰箱上 (B)製冰機上 (C)工作檯上 (D)水槽內。

（　）2.下列哪一項不是酒吧之消耗品？　(A)杯墊（coaster）　(B)冰夾（ice tong）(C)吸管（straw）(D)調酒棒（stirrer）。

（　）3.葡萄酒是由下列哪一種原料釀造而成？　(A)小麥 (B)大麥 (C)葡萄 (D)玉米。

（　）4.table wine指的是 (A)佐餐酒 (B)汽泡酒 (C)烈酒 (D)香檳酒。

（　）5.當今全世界生產葡萄酒較為出名的國家很多，首推 (A)加拿大、日本及南非 (B)法國、德國及義大利 (C)西班牙、葡萄牙及奧地利 (D)美國、澳洲及智利　等三個國家。

（　）6.義大利人稱spumante，西班牙人稱espumosa，德國人稱sekt的是 (A)氣泡葡萄酒 (B)紅葡萄酒 (C)強化酒精葡萄酒 (D)白葡萄酒。

（　）7.法國東北角有一處專生產白葡萄酒的區域稱　(A)夏保區（Chablis）　(B)蘇丹區（Sauternes）(C)阿爾薩斯區（Alsace）(D)羅瓦爾河區（Loire valley）。

（　）8.世界上知名度最高的強化酒精葡萄酒（fortified wine）、雪莉酒（sherry）及波特酒（port），它原產於哪個國家？　(A)西班牙及葡萄牙 (B)法國及義大利 (C)德國及瑞士 (D)南非及加拿大。

（　）9.香檳中的氣泡源自於 (A)一次發酵 (B)二次發酵 (C)三次發酵 (D)發酵後再加入二氧化碳。

（　）10.下列何者是氣泡酒（sparkling wine）？　(A)波特酒（port）(B)雅詩提酒（astir）(C)雪莉酒（sherry）(D)苦艾酒（vermouth）。

（　）11.葡萄酒侍酒師英文稱謂　(A)sommelier (B)bartender (C)bus boy (D)waiter。

（　）12.一般營業時下列何種器皿較不常在大型酒會中使用？　(A)冰夾

（ice tong） (B)冰車（ice trolley） (C)開瓶器（opener） (D)雪克杯（shaker）。

( )13.下列何者非酒會常用之基酒？ (A)琴酒（gin） (B)蘭姆酒（rum） (C)伏特加（vodka） (D)蘋果酒（calvados）。

( )14.下列何者較不適用在雞尾酒之裝飾品？ (A)櫻桃 (B)檸檬 (C)小黃瓜 (D)橄欖。

( )15.下列何者不屬於保存未開過的葡萄酒時應注意的要點？ (A)溫度 (B)光線 (C)土壤 (D)橫放。

( )16.在波爾多，"chateau" 稱為 (A)市中心 (B)裝瓶 (C)葡萄品種 (D)城堡／酒莊。

( )17.下列何種酒可搭配各種菜餚？ (A)白葡萄酒 (B)紅葡萄酒 (C)香檳 (D)雪莉酒。

( )18."still wine" 是指 (A)氣泡葡萄酒 (B)強化的葡萄酒 (C)不起泡的葡萄酒 (D)起泡之香檳酒。

( )19.下列法國葡萄酒最高等級為 (A)A.O.C (B)vin de pys (C)V.D.Q.S (D)vin de table。

( )20.德國的葡萄酒規定，商標上標示的葡萄品種使用比率少要含 (A)75% (B)80% (C)85% (D)90%。

( )21.法國的阿爾薩斯（Alsace）葡萄酒規定，商標上標示的葡萄品種，使用比率最少要含 (A)85% (B)90% (C)95% (D)100%。

( )22.葡萄酒瓶上標示vin de pays d'oc是表示生產於何地區之酒？ (A)聖艾美農區（Saint Emilion） (B)葛富區（Graves） (C)龐馬魯區（Pomerol） (D)梅多克區（M'edoc）。

( )23.法國薄酒萊新酒（Beaujolais Nouveau）是於每年11月份的第幾個星期四全球同步銷售？ (A)1 (B)2 (C)3 (D)4。

( )24.負責吧檯操作的人員英文稱為 (A)bartender (B)sommelier (C)waiter (D)waitress。

( )25.以下哪一種不是製作白葡萄酒的原料？ (A)白葡萄汁 (B)紅葡萄汁果肉及果皮 (C)白葡萄汁及紅葡萄汁 (D)紅葡萄汁。

( )26.玫瑰紅葡萄酒的製作原料是 (A)白葡萄 (B)白葡萄及紅葡萄 (C)白葡萄汁 (D)紅葡萄汁。

( )27.人的舌頭味覺分布是 (A)舌尖苦，兩邊甜，舌根酸 (B)舌尖甜，兩邊苦，舌根酸 (C)舌尖甜，兩邊酸，舌根苦 (D)舌尖酸，兩邊甜，舌根苦。

( )28.一般葡萄酒的上酒程序是 (A)紅酒在白酒之前 (B)濃味在淡味之前 (C)白酒在紅酒之前 (D)甜味在不甜之前。

( )29.客人點長島冰茶（long island tea），以下材料何者不須準備？ (A)葡萄酒 (B)琴酒 (C)伏特加 (D)深色蘭姆酒。

( )30.曼哈頓（Manhattan）雞尾酒之裝飾物，應準備何物？ (A)橄欖 (B)紅櫻姚 (C)小洋蔥 (D)荳蔻粉。

( )31.營業吧檯，會將先行製作完成之裝飾物品安全儲存何處？ (A)工作檯砧板正前方 (B)近水槽處 (C)冷藏冰箱內 (D)冷凍冰箱中。

( )32.調製血腥瑪琍（bloody Mary）應準備之物，下述何者不當？ (A)麻油 (B)鹽／胡椒 (C)高飛球杯 (D)芹菜棒。

( )33.品嚐葡萄酒的第一個動作是 (A)看酒的顏色或外觀 (B)聞酒的香氣 (C)品嚐酒的味道 (D)看酒瓶的形狀。

( )34.紅葡萄酒的顏色是來自 (A)葡萄籽 (B)葡萄皮 (C)可食用色素 (D)葡萄葉子。

( )35.飲料儲存管理是採 (A)先進後出 (B)先進先出 (C)後進先出 (D)隨心所欲。

( )36.葡萄本身哪一部分沒有含單寧酸？ (A)籽 (B)皮 (C)梗 (D)果肉。

( )37.酒吧的飲料盤存應多久盤點一次？ (A)每班盤存 (B)每三天一次 (C)每五天一次 (D)每星期一次。

( )38.鹹狗（salty dog）、血腥瑪莉（bloody Mary）、瑪格麗特（Margarita），以下何者是此三道雞尾酒之相同用料？ (A)葡萄柚汁 (B)伏特加酒 (C)番茄汁 (D)鹽。

餐飲管理：重點整理、題庫、解答

（　）39.下列何者是國產之釀造酒？　(A)參茸酒 (B)紹興酒 (C)米酒 (D)烏梅酒。

（　）40.下列何者是國產之蒸餾酒？　(A)高粱酒 (B)臺灣啤酒 (C)花雕酒 (D)長春酒。

（　）41.下列何者是國產之再製酒？　(A)陳年紹興酒 (B)玫瑰紅 (C)大麴酒 (D)竹葉青。

（　）42.英國的穀物威士忌（grain whisky）規定，大麥含量是　(A)10% (B)20% (C)30% (D)40%。

（　）43.以多種威士忌蒸餾後，立即混合再裝桶儲存的是　(A)愛爾蘭威士忌 (B)蘇格蘭威士忌 (C)波本威士忌 (D)加拿大威士忌。

（　）44.含有50%以上中性酒精的是　(A)裸麥威士忌（rye whisky）　(B)美國綜合威士忌（American blended whiskey）　(C)波本威士忌 (D)加拿大威士忌。

（　）45.酒精含量在多少以上的飲料即稱之為酒？　(A)0.5% (B)1% (C)3% (D)5%。

（　）46.愛爾蘭威士忌（Irish whisky）的蒸餾次數是？　(A)1次 (B)2次 (C)3次 (D)4次。

（　）47.蘇格蘭威士忌（Scotch whisky）的法定儲存年限最少是？　(A)2年 (B)3年 (C)4年 (D)6年。

（　）48.波本威士忌的酒精含量，不得超過　(A)43% (B)50% (C)52.5% (D)62.5%。

（　）49.下列哪一種白蘭地標示的年份，不受法國政府認可？　(A)三星 (B)V.S.O.P. (C)F.B.O.P (D)X.O.。

（　）50.通常用搖盪法製做雞尾酒時使用的器皿為？　(A)調酒匙（bar spoon） (B)雪克杯（shaker） (C)刻度調酒杯（mixing glass） (D)調酒棒（stirrer）。

解答

1.D；2.B；3.C；4.A；5.B；6.A；7.C；8.A；9.B；10.B；11.B；
12.D；13.D；14.C；15.C；16.D；17.C；18.B；19.A；20.B；21.A；
22.D；23.C；24.A；25.B；26.D；27.C；28.C；29.A；30.D；31.C；
32.A；33.A；34.B；35.B；36.A；37.A；38.D；39.B；40.A；41.D；
42.D；43.B；44.A；45.C；46.B；47.B；48.A；49.C；50.B

餐飲管理──重點整理、題庫、解答

編 著 者／陳堯帝、王佳鳳、許雄傑
出 版 者／揚智文化事業股份有限公司
發 行 人／葉忠賢
總 編 輯／閻富萍
執　　編／宋宏錢
地　　址／台北縣深坑鄉北深路三段 260 號 8 樓
電　　話／(02)8662-6826
傳　　真／(02)2664-7633
E-mail ／service@ycrc.com.tw
印　　刷／鼎易印刷事業股份有限公司
ISBN ／978-957-818-867-9
初版一刷／2003 年 2 月
二版一刷／2008 年 4 月
定　　價／新台幣 500 元

國家圖書館出版品預行編目資料

餐飲管理：重點整理、題庫、解答／陳堯帝,
王佳鳳,許雄傑編著. -- 二版. -- 臺北縣深坑
鄉：揚智文化, 2008.04
　　面；　公分.

　ISBN　978-957-818-867-9（平裝）

　1.餐飲管理

483.8　　　　　　　　　　　　97003722